最新 農業技術

花卉

vol.10

農文協

ダリアの切り前
（収穫適期の開花程度）

適期の収穫や品質保持剤の利用などで，日持ち性を向上させることができる（品質保持技術の解説は19ページ）

■ 黒蝶

（写真提供：（株）大田花き）

(1)

■ ミッチャン　　　　　　　　　　　　　　　　　　　　（写真提供：(株)大田花き）

切り前は硬いほうから順に①→④。①〜④の切り前は目安で絶対的なものではなく，収穫時期や品種などによって多少異なる

ダリアのウイルス病 病徴

ダリア栽培でもっとも問題となるのがウイルス，ウイロイド。とくに，トマト黄化えそウイルス（TSWV：*Tomato spotted wilt virus*）によるダリア輪紋病と，ダリアモザイクウイルス（DMV：*Dahlia mosaic virus*）によるダリアモザイク病の被害が深刻である。

典型的な症状は，目視でおおむね診断できるが，自信がない場合や症状が軽微な場合，あるいは健全株選抜のためにウイルスの有無を確認したいときなどは，PCRや抗血清による検定が必要となる（浅野峻介，26ページ）

■ TSWVによるダリア輪紋病

①葉の黄斑，②葉の輪紋，③葉のえそ輪紋，④葉や葉柄のえそ条斑，⑤葉の稲妻状の黄変，⑥葉の黄斑が複数重なったモザイク様の症状，⑦球根のえそ条斑，⑧植物体全体の生育抑制

(3)

TSWVと間違えやすいハダニ類による葉の黄変

ハダニ類や，葉の白変・褐変やクモの巣状の糸などで見分ける

■DMVによるモザイク病

①葉のモザイク，②葉脈黄化，
③稲妻状のクロロシス，
④葉の先端の萎縮，
⑤植物全体の生育抑制（葉脈黄化とわい化）

DMVと間違えやすい生理障害による葉の萎縮

葉が波打つ症状

本書の読みどころ —— まえがきに代えて

　今号は切り花ダリアを特集した。ダリアと言えば，これまではブライダルなどの業務需要が主だったが，ここ数年で一般向けのカジュアルフラワーが広がってきている。課題は健全な種苗の確保や日持ち対策，冬切り作型のつくりこなしなど。特集ではこれらの課題に向けた最新研究と経営事例を集めた。

　切り花ダリアのほかは，輪ギク栽培の研究と経営事例，トルコギキョウの経営事例を収録した。

◆特集＿切り花ダリア栽培最前線

　ダリア栽培の課題といえばウイルス・ウイロイド病対策がある。一度感染すると治療はできず，ダリア栽培はウイルス・ウイロイドとうまく付き合うことが肝要である。そのためには，健全種苗の育成が必要だ。茎頂培養苗を親株に用いた挿し芽育苗をはじめ，各種増殖法の手順を奈良県農業研究開発センターの仲照史氏に詳述いただいた。現在，茎頂培養は生産者レベルでも取り組む例が出てきている。また，ウイルス・ウイロイド病の診断と対策は，同センターの浅野峻介氏に解説していただいた。目視で見分けられる典型的な病徴や健全株選抜のための検定方法がわかる。

　一方で，日持ちがしないイメージがあるダリアだが，その日持ち対策の最新研究や各種資材については辻本直樹氏(奈良県北部農林振興事務所)に解説していただいた。品種や収穫ステージ，日長や温度など環境によっても日持ちは変わってくるが，ダリアに使える各種品質保持剤が各メーカーから販売されるようになり，以前よりも早い段階で収穫できるようになってきている。

　切り花用とガーデン用，それぞれの品種開発の手法については天野良紀氏（株式会社ミヨシ）に紹介していただいた。例えば，切り花用品種は，日持ち性を最優先とし，冬切り栽培の作型に最適なものを目指している。選抜基準は「日持ち性」「花色・花弁数の変化が少ない」「早生性」「分枝性」など。一方，ガーデン用品種は，強健な「皇帝ダリア」と園芸ダリアをかけ合わせたバラエティ豊かな皇帝ダリアハイブリッドの品種群が育成されている。

　また，育種といえば，経営事例コーナーで紹介する町田ダリア園・北村恒明氏の一年草化（種子繁殖）へむけた取り組みも興味深い。大輪咲きタイプの実生群が作られれば，ウイルス病の問題を克服できる。その他，ダリアの経営事例は，露地栽培とハウス栽培を組み合わせて長期出荷をする山形県・小形義美さん，巨大輪で有名な愛知県・片山知生氏のきめ細かい栽培管理，宮崎県・富永秀寿氏の冷房育苗による冬切り作を紹介した。

◆キク＿メイン品種の栽培体系を整理

　キクでは，輪ギクのメジャー品種である「神馬」（永吉実孝氏・鹿児島県農業開発総合センター），「神馬」の系統で,低温開花性系統の「神馬2号」と半無側枝性でかつ低温開花性の「新

神」系品種（今給黎征郎氏・鹿児島県農業開発総合センター），夏秋ギクの「精の一世」（矢野志野布氏・イノチオ精興園株式会社）の栽培体系を，それぞれ整理した。

　また，キクは従来の重量重視のつくり方だけでなく，近年は量販向けサイズのつくり方や，トマトやイチゴなどの施設野菜で先行している環境制御技術への関心も高い。経営事例としてそうしたさまざまな取り組みをしている農家を取り上げた。北海道・桑原敏さんは精の一世を中心にハウスの有効利活用で出荷期間の拡大をはかる。長野県・大工原隆実さんは，ブームスプレイヤー等の防除機械も積極的に導入し，量販向け輪ギクの大規模経営を目指す。静岡県・木本大輔さんは輪ギクを周年生産しているが，一部スプレー品種を一輪に仕立てる「ディスバッドマム」づくりにも取り組む。愛知県の河合清治・恒紀さんは，大苗直挿しと環境制御で生産性の向上をはかる。やはり愛知県の山内英弘・賢人さんは環境データの「見える化」を進め，スタッフで環境データを共有，栽培管理の改善に生かしている。福岡県・近藤和久さんは「神馬」と「優花」，「精の一世」の経営。白さび病対策や日持ち対策，雇用の作業の振り分けを工夫している。沖縄県・親川登さんは，輪ギクと小ギクを組み合わせた経営。

　病害虫対策のコーナーでは，ウイルスの媒介虫としても問題となっているミカンキイロアザミウマや生理障害の黄斑病を収録。ヤガ類防除はキクの開花に影響しない黄色ＬＥＤを用いた防蛾灯について石倉聡氏（広島県立総合技術研究所）に詳述いただいた。この防蛾灯は最近商品化されている。

◆トルコギキョウ＿苗生産に注目

　トルコギキョウは近年，種苗コストが上昇傾向にあり，育苗の出来・不出来が経営に大きく影響するといわれている。そこで経営事例では，それぞれの育苗・苗調達の方法に注目してみた。

　長野県・（農）いなアグリバレーは地元の育種家と組み，地域の組合員用の苗を生産。活着率向上のため，利用者の定植時期によって大苗から小苗まで作り分けている。

　長野県・フロムシードは，前述の「いなアグリバレー」で生産された苗を利用し，大苗で栽培期間の短縮を図っている。また，いなアグリバレーで用いるオリジナル品種の育種も担当し，地域をバックアップしている。

　福島県・（株）土っ子田島 farm（湯田浩仁さん）は，作型によって自家育苗と購入苗を使い分けている。とくに自家育苗では省スペース化と高品質化をねらって「吸水種子冷蔵処理」技術を導入している。

　今号はダリア，キク，トルコギキョウとメイン品目で力のこもった報告，事例紹介が目立った。それぞれの経営，栽培実践などに役立てていただければ幸いである。

　本書への掲載を許諾いただいた農業技術大系『花卉編』執筆者のみなさまに厚くお礼申し上げます。

2018 年 2 月　農文協編集部

最新農業技術　花卉 Vol.10　目次

カラー口絵 ― ダリアの切り前／ダリアのウイルスの病徴

本書の読みどころ ―― まえがきに代えて ……………………………………… 1

◆特集　切り花ダリア栽培最前線

●技術の基本と実際
種苗増殖 ……………………………………………………… 仲　照史　7
日持ち特性と品質保持技術 ……………………………………辻本直樹　19
ウイルス，ウイロイド ………………………………………浅野峻介　26

●育種の着眼点と実際
切り花用 ……………………………………………………… 天野良紀　39
ガーデン用 …………………………………………………… 天野良紀　45

●経営事例
山形県・小形義美　露地栽培とハウス栽培を組み合わせた長期出荷 ………奥山寛子　49
東京都・町田ダリア園（北村恒明）　観光ダリア園としての「町田薬師池公園　四季彩の
　　杜ダリア園」の管理と運営 ……………………………………北村恒明　59
愛知県・片山知生　最高品質の巨大輪ダリアでトップを走る個選経営 ……高倉なを　71
宮崎県・富永秀寿　冷房育苗による冬春出荷 ………………………………石井明子　79

◆キクの栽培技術と経営事例

●輪ギクの技術体系と基本技術
秋ギク（神馬）の技術体系 …………………………………… 永吉実孝　87
低温開花性系統神馬2号の技術体系 ………………………… 今給黎征郎　98
秋ギク新神系品種（半無側枝性，低温開花性）の技術体系 ………… 今給黎征郎　105
夏秋ギク（精の一世）の技術体系 ………………………… 矢野志野布　111

●栽培技術と障害対策
ミカンキイロアザミウマ ……………………………………… 片山晴喜　127
黄斑病 …………………………………………………………… 後藤丹十郎　131
キクの開花に悪影響を及ぼすことなく適用可能な LED 黄色パルス光によるヤガ類防除
　　………………………………………………………………… 石倉　聡　139

●輪ギクの経営事例

北海道・桑原　敏　ハウスの有効利活用による出荷期間の拡大 ………… 羽賀安春　149

長野県・大工原隆実　量販向けの輪ギク生産で大規模経営を目指す ……… 竹澤弘行　158

静岡県・木本大輔　白色花と有色花を組み合わせた周年生産体系 ……… 興津敏広　167

愛知県・河合清治・恒紀　大苗直挿しと環境制御による生産性の向上 … 坂場　功　173

愛知県・山内英弘・賢人　環境データの「見える化」への取組み ……… 大羽智弘　181

福岡県・近藤和久　神馬と優花，精の一世の省力安定生産技術 ………… 佐伯一直　188

沖縄県・親川　登　施設＋露地で電照抑制，輪ギクと小ギクの組合わせ

　　　　　　　　　　　　　　　　　　　　　　　　………… 宮城悦子・町田美由季　197

●キクの分類と原産地

キクの学名 …………………………………………………… 柴田道夫　204

キクの起源と日本への伝来 ………………………………… 柴田道夫　206

キクの原産地と野生種 ……………………………………… 柴田道夫　209

◆トルコギキョウの経営事例

●苗生産事例

長野県・（農）いなアグリバレー　地域に適した苗の生産，上伊那オリジナル品種の開発

　　　　　　　　　　　　　　　　　　　　　　　………………………… 城取五十昭　219

●経営事例

長野県・㈱フロムシード（伊東茂男・雅之）　抑制栽培作型を主体にオリジナル品種の組
　合わせによる安定生産 ……………………………………… 中村幸一　223

福島県・㈱土っ子田島 farm（湯田浩仁）　作業効率の向上，高品質・花持ち性を確保

　　　　　　　　　　　　　　　　　　　　　　　………………… 湯田浩仁・高田真美　230

特集
切り花ダリア栽培最前線

技術の基本と実際　7ページ

育種の着眼点　39ページ

経営事例　49ページ

種 苗 増 殖

ダリアには，DMV（ダリアモザイクウイルス）など，数種の病原性のあるウイルスおよびウイロイドが感染することが知られている。なかでもDMVとTSWV（トマト黄化えそウイルス）による被害が，産地内で多く見られる。露地圃場では，外見上は無病徴の植物体であっても，RT-PCR法などのウイルス検定によって，かなりの高率で各種ウイルスの感染が確認されている（第1表）。

これらウイルスによる病害は，一度感染すると治療が困難で，罹病株の抜取り処分と，感染予防を徹底するしか対策がない。感染予防としては，健全種苗の導入，はさみなど刃物の消毒，アザミウマ類などの害虫防除が重要である。ここでは，ウイルス対策として大きな役割を果たす健全種苗の育成を中心に，ダリアの増殖方法について記載する。なお，ダリアの球根は学術的には塊根であるが，本稿においては統一して，球根と表記する。

（1）茎頂（生長点）培養苗の利用と作成方法

ダリアでは，江面・本図（1990）をはじめとして，茎頂培養によるウイルスフリー化について多くの報告がある。ウイルス検定の手法については，近年，著しい進展が見られ，高感度の検定が可能となった。しかし，そのことは，感染個体からウイルスフリーといえる個体を再生することの困難さを明らかにすることにもなってきている。

奈良県農業研究開発センターでも2002年以降，茎頂培養苗の県内供給を進めるとともに，その効果を継続的に調査している。この過程で，茎頂培養苗を親株に用いた挿し芽育苗では，芽出し球根を親株に用いる従来法と比較して，第2表のように，発根と初期生育が優れることが明らかとなった。このため，球根生産に用いる種球の効率的な増殖方法として，挿し芽育苗方法を検討した。

第1表　RT-PCR法によるダリアのウイルス検定結果（細川ら，2006）

品　種	検定数	CSVd	TSWV	DMV	CMV	TSV
あずま紅	1	0	1	0	0	0
桃ぼたん	2	0	0	2	0	1
フラミンゴ	4	1	2	4	1	0
初　春	4	0	2	2	1	1
おぼろ月	4	0	4	2	0	0
涼　秋	4	0	4	1	0	0
淡い玉	4	0	0	1	0	4
ジャパニーズビショップ	4	0	1	3	0	4
朱　雀	4	0	2	2	0	3
童　話	3	0	0	3	0	1
祭ばやし	29	0	11	15	12	10
白　陽	29	4	1	21	13	25
計 （感染率）	92	5 （5%）	28 （30%）	56 （61%）	27 （29%）	49 （53%）

注　奈良県内で栽培されている植物体からサンプリング
　　CSVd：キクわい化ウイロイド，TSWV：トマト黄化えそウイルス，
　　DMV：ダリアモザイクウイルス，CMV：キュウリモザイクウイルス，
　　TSV：タバコ条斑ウイルス
　　CMVについては，RT-PCRでは検出されず，Nested-PCRによる検出数を示している

第2表　在来球根株および茎頂培養株から挿し芽増殖した苗の初期生育
（仲ら, 2007a）

品　種	系　統	地上部			地下部			
		茎　長 (mm)	節　数 (節)	地上部 新鮮重 (g)	根　数 (本)	地下部 新鮮重 (g)	最大 根長 (mm)	発根率 (%)
プリンセス マサコ	球　根	99	1.8	2.89	1.2	0.10	24	20
	茎頂培養	124	2.6	7.29	5.0	0.88	154	100
モナコ	球　根	137	3.3	3.27	4.1	0.52	101	100
	茎頂培養	183	3.8	3.02	5.0	1.10	151	100
ソフト ムード	球　根	108	1.7	2.43	4.5	0.38	108	100
	茎頂培養	207	3.3	7.10	16.0	1.97	130	100

注　2006年7月16日に，展開葉および腋芽各1対をつけ9～10cmに調製した穂木を，128穴セルトレイに挿し芽
　　間欠ミスト下で管理して，8月7日に調査
　　ソフトムードのみ，9月4日に挿し芽，9月27日に調査

特集　切り花ダリア栽培最前線

第3表　在来球根系統と茎頂培養由来系統の生育および収量

品種・来歴	調査時期[1] 調査項目	分枝伸長始期調査 分枝長[2] (cm)	葉身長[3] (cm)	節数 (節)	発蕾期調査 分枝長 (cm)	葉身長 (cm)	節数 (節)	分枝数 (本/株)	欠株率 (%)	収穫期調査 定植球当たり切り花本数(本)	平均採花日[4] (月/日)
神秘の輝き (5世代目)	在来球根系統	6.8	—	1.6	42.5	19.4	4.7	3.76	10	1.23	—
	茎頂培養系統	16.2	—	2.8	70.1	25.2	5.8	4.49	10	1.81	—
祝杯 (4世代目)	在来球根系統	15.8	7.7	2.8	46.3	11.6	7.0	3.13	23	2.01	10/11
	茎頂培養系統	22.1	9.6	3.1	64.5	13.6	8.1	4.22	10	2.88	10/ 8

注　1）神秘の輝きの分枝伸長始期および発蕾期の調査は，6月8日（摘心後10日後）および6月28日（摘心後30日後）に行なった。祝杯の分枝伸長始期および発蕾期の調査は，8月15日（摘心後21日後）および9月8日（摘心後45日後）に行なった
　　2）分枝長は，株ごとにもっともよく伸長した苗条について調査
　　3）葉身長は，分枝上位の完全展開葉で測定。神秘の輝きについては葉身長の調査データなし
　　4）神秘の輝きについては，平均採花日の調査データなし

本法は，従来の人工気象下において無菌の培養ビンで大量増殖する方法と比較しても，培地作成，無菌操作および順化作業が不要となり，省力的であるだけでなく，1世代の継代に必要な期間が，これまでの5～6週間から，約3週間に短縮できる。

また，発症株の抜取りと害虫防除を適正に実施していれば，茎頂培養から4～5年の球根繁殖を繰り返した集団でも，春の萌芽が良好で，茎葉の生育量，切り花品質および球根収量が在来球根集団よりも優れることが明らかになっている（第3表）。これらのことから，いたずらにウイルスの再汚染を懸念するのではなく，数年単位での計画的な茎頂培養苗導入によって，産地の生産力を大幅に高めることができるものと考えられる。

茎頂培養の手法についてはさまざまな培地組成や手順が公表されているが，ここでは江面・本図（1990）の報告に準じて，当センターで行なっている方法を作業手順ごとに紹介する。

①茎頂採取のための株養成

圃場に栽培されている植物体から直接，茎頂を採取すると雑菌汚染が激しいため，茎頂を採取する個体は，ハウス内でいったん，第1図のように底面給水による，採穂母株養成の鉢栽培を行なう。このさいには，暗期中断によって花芽分化を抑制しておくとよい（第4表）。

茎頂培養によるウイルス除去の成功率は，第5表のように，

第1図　底面給水による採穂母株の養成

第4表　日長処理が，挿し芽苗における花芽の分化と発達に及ぼす影響

(仲ら，2007b)

花芽発達段階	花芽発達段階別のシュート数の割合（単位：％，処理後131日目）						
	モナコ				ソフトムード			
	12時間	14時間	16時間	暗期中断[1]	12時間	14時間	16時間	暗期中断[1]
開花	70	4	0	0	14	0	0	0
発蕾	22	8	0	0	11	0	0	0
花芽分化	0	50	0	0	0	3	0	0
未分化	9	38	100	100	74	97	100	100

注　2006年6月21日に鉢上げ，6月29日に摘心後，日長処理を行なった（n＝23～37）
　　1）暗期中断は，21：00～翌2：00の深夜5時間の電照

第5表　茎頂培養による各種ウイルス（ウイロイド）除去の成功率（単位：%）

出　典	DMV	CMV	TSV	TSWV	CSVd
Albouy *et al.* (1992)	82.3	87.1	37.5	63.5	—
仲ら（2007）	81.8	68.2	4.5	100.0[1)	72.7

注　1）ウイルスが局在する影響のため，RT-PCRによる検出感度が低い可能性がある

ウイルス種によって大きな違いが見られる。茎頂近傍までウイルスが分布しているTSVとCSVdでは，茎頂培養のみでフリー化できるとは限らない（中島ら，2007；Nakashima *et al.*, 2007）。その一方，ウイルスが植物体内で局在しやすいTSWV（Asano *et al.*, 2017）では，同一個体でも病徴の見られないシュートを選ぶことで，ウイルス除去の成功率を格段に向上できる。

このため，鉢栽培の期間中には観察を徹底し，できるだけウイルスの病徴が見られない個体およびシュートを選んで，鉢表面から十分に離れた枝先からシュート先端部を採取する。

②茎頂採取のための材料調製

生長点を含むシュート先端部を切り，第2図のように，葉を外して生長点部分を1cm程度に切り取り，泡立つ程度の中性洗剤を添加した水道水の入ったビーカーに入れて撹拌し，5分間程度洗浄する。次に，水道水で洗浄したあと，70％エタノールに30秒程度浸漬して表面殺菌する。シュート先端部を蒸留水で洗浄したあと，あらかじめ滅菌しておいた培養ビンに滅菌溶液（有効塩素1％の次亜塩素酸ナトリウム）とともに入れて，5〜10分間撹拌する。材料の大きさによって滅菌時間は異なるが，全体が白色になる直前まで材料が色抜けした程度が目安となる。この状態でクリーンベンチに持ち込み，これ以降は無菌操作となる。

③茎頂の採取と初代培地

次亜塩素酸ナトリウム溶液で滅菌した材料を滅菌水で3回以上洗浄し，ろ紙を敷いたシャーレに移す。1本ずつ取り出して，実体顕微鏡下で，第3図のように葉原基1対を残した0.3mm程度の生長点をカミソリの刃で切り出し，シ

第2図　採取・滅菌する部位（囲み部分）

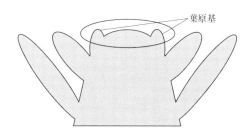

第3図　茎頂培養に切り出す部位（囲み部分，直径で0.3mm程度）

ャーレに入れた初代培地（BA0.05mg/*l*を含む1/2MS培地（第6表），ショ糖3％，寒天0.8％，pH5.8）に置床する。切り出す茎頂は，小さいほどウイルスフリー化できる可能性は高くなるが，葉原基をつけない微小な茎頂では，活着率が著しく低下する。培養条件は22〜23℃のやや低めの温度で，$50\mu mol \cdot m^{-2} \cdot s^{-1}$での16時間日長とする。

④継代培養とウイルス検定

初代培養の開始から1〜2か月で伸び出してくるシュートを1〜2節ごとに切り取り，培養ビンに入れた継代培地（1/2MS培地，ショ糖3

特集　切り花ダリア栽培最前線

%，寒天0.8%，pH5.8）に挿す。培養条件は，初代培地と同じ22〜23℃，$50\,\mu\mathrm{mol}\cdot\mathrm{m}^{-2}\cdot\mathrm{s}^{-1}$ の16時間日長とする。

培養ビンで増殖する場合は，この継代培養を3〜4週間おきに繰り返すが，増殖にあたっては，RT-PCR法などによるウイルス検定を必ず行ない，非検出の個体のみを増殖する。

⑤培養容器内での球根形成

継代培養でウイルスフリーの種苗を維持するためには，定期的な継代培養が必要となる。しかし，増殖を目的とせず，品種ごとの母株を遺伝資源として維持することを目的とした場合には，できるだけ管理労力を削減できることが望ましい。そのための方法として近年，培養系の中で小さな球根を形成させる方法が検討されている。

この方法で得られた球根は，滅菌したビンに入れて暗黒低温下で1年程度保存できることがわかっており，通常の継代培養から球根形成までの期間（100日前後）と合わせると，継代期間を1年半程度まで延長できることが確認されている（第4図）。

第6表　MS培地の基本組成

成　　分	成分量（mg/l）
$CaCl_2\cdot 2H_2O$	440
KH_2PO_4	170
KNO_3	1,900
$MgSO_4\cdot 7H_2O$	370
NH_4NO_3	1,650
$CoCl_2\cdot 6H_2O$	0.025
$CuSO_4\cdot 5H_2O$	0.025
$FeSO_4\cdot 7H_2O$	27.8
H_3BO_3	6.2
KI	0.83
$MnSO_4\cdot 4H_2O$	22.3
$Na_2MoO_4\cdot 2H_2O$	0.25
Na_2-EDTA	37.3
$ZnSO_4\cdot 4H_2O$	8.6
glycine	2
inositol	100
nicotinic acid	0.5
pyridoxine	0.5
thiamine	0.1

〈節培養の開始〉
（節直下での採穂）
1/2MS寒天培地200ml

初期生育期間
60日
→
22℃
16時間日長
PPFD 100μmol

〈切り戻し処理〉
（1節残し）

球根肥大期間
40日程度
→
22℃
16時間日長
PPFD 100μmol

〈in vitro球根〉

〈冷蔵処理〉

貯蔵期間
3か月〜1年半
→
5℃
暗黒

〈再置床〉
1/2MS寒天培地
100ml

再萌芽期間
15日程度
→
15℃
16時間日長
PPFD 50μmol

〈再萌芽〉

第4図　培養容器内での球根形成，冷蔵貯蔵および再萌芽の作業の流れ

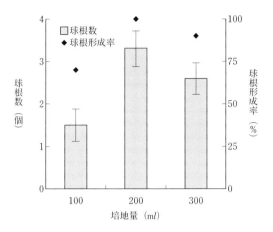

第5図　培地量が球根数および球根形成率に及ぼす影響　　　　　　　（辻本ら，2015）
22℃，16時間日長，$100\mu mol\cdot m^{-2}\cdot s^{-1}$で60日間培養後切り戻し処理し，根径が5mm以上の不定根を球根として調査した
エラーバー（Ⅰ）は標準誤差（n＝10）

培養容器内で球根を形成させるためには，慣行の継代培養と多少異なる培養条件が必要となる。まず，植物体の養成にあたっては，通常100ml程度で分注，作成される継代培養の培地よりも多くの培地量を準備する。これは，球根の肥大に一定の根域量が必要なためだと考えられ，培地量が少ないと球根の肥大が悪くなる（第5図）。

また前出の第4図にも示したが，球根を形成させるためには，培養容器内での栽培期間を60～90日間程度として，十分な大きさの地上部を生育させることが必要である。その後，地上部の茎葉を1節だけ残して切り戻すことで，球根肥大が40日程度で誘導される。切り戻し位置が高いと側枝が伸び出して，球根の肥大が悪くなる。

切り戻し前後の各培養期間の環境条件は，継代培養と同様に22℃，16時間日長でよいが，光強度（PPFD）は50～100$\mu mol\cdot m^{-2}\cdot s^{-1}$の範囲で，強いほうが球根の肥大が優れる。

（2）茎頂培養苗からの挿し芽増殖

茎頂培養苗から挿し芽繁殖系を利用することで，球根生産のための種子球確保だけでなく，切り花生産でも球根に比べて初期生育が揃い，開花も斉一で省力的な栽培が可能となる。このため近年では，冬春季の切り花生産は挿し芽苗の定植からスタートすることが一般的になってきている。この場合でも，親株のウイルス対策についてはとくに注意が必要である。茎頂培養苗の順化からセル育苗までの挿し芽繁殖系の手順を，第6図に示した。以下に，各工程の詳細を示す。

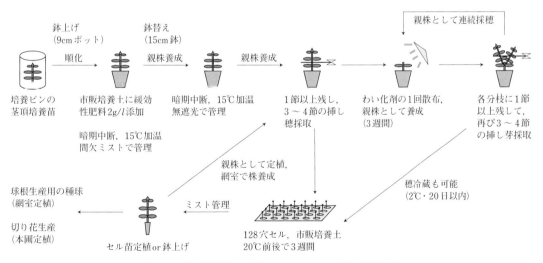

第6図　茎頂培養苗を原種としたダリアの挿し芽繁殖系

特集　切り花ダリア栽培最前線

第7表　鉢上げの用土と施肥が、順化後21日目の生育に及ぼす影響

用土	施肥	分枝節数 (節)	分枝長 (mm)	地際茎径 (mm)	SPAD値	葉身長 (mm)	分枝数 (本)
バーミキュライト	あり	4.8a	129b	3.4ab	39.6b	80.2b	1.3a
市販培養土	あり	5.2b	144b	3.6b	38.5b	88.4b	1.3a
市販培養土	なし	4.2a	101a	2.9a	27.8a	54.2a	1.3a

注　市販培養土にはBM2（Burger社）を、施肥にはマイクロロングトータル100日タイプで窒素成分量240mg/lを使用
同一カラム内の異なるアルファベット間には、Tukeyの多重検定で5%水準で有意差あり

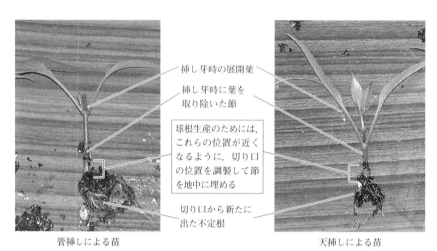

第7図　栽培目的に応じた挿し穂の調製方法

①茎頂培養苗の順化

茎頂培養苗は適温・適日長の高湿条件で生育しているため、そのまま過酷な圃場環境に出すと枯死してしまうことが多い。そのため一般的に、低湿度や強光にならすための順化段階を経ることが必要とされている。しかし、挿し芽に利用する間欠ミストで管理できるならば、遮光率の調製だけで順化が可能である。

茎頂培養苗を培養容器から取り出し、寒天培地を流水で洗い流したあと、緩効性肥料（マイクロロング201など）を窒素成分で240mg/l程度を混和したピートモス主体の市販培養土（BM2、メトロミックス#350など）に鉢上げする。鉢サイズは2〜3号ポット程度がよい。一般的には無肥料で順化することが多いが、ダリアでは順化時の培養土に緩効性肥料を添加しておくことでその後の生育が早まる（第7表）。植替え直後は70〜90％遮光とし、天候を見ながら1〜2週間程度の時間をかけて無遮光まで、徐々に強光に順化させる。この時の間欠ミストは、葉の萎れを防ぐため少量多頻度の管理とする。

2〜3週間程度で順化を終えた株は、5号ポット以上の大鉢に鉢上げして、親株として養成する。鉢上げ用土は、排水性のよい無病の培養土（バーミキュライト、パーライトおよびピートモスの等量混合など）を用い、緩効性肥料を添加する。

②挿し穂の調製

地ぎわから3対以上の葉が展開した段階になると、挿し穂を採取することができる。親株として連続採穂するためには、1対以上の葉を残すようにして、2対以上の展開葉を含む挿し穂を採取する。親株もしくは球根増殖のみを目的とする場合の挿し穂は、茎頂を含まない管挿しでも十分であるが、切り花生産用の定植苗とす

種苗増殖

第8表 挿し芽時の温度条件が，ダリアかまくらと黒蝶の発根と地上部の生育に及ぼす影響

(山形ら，私信)

品　種	温度条件 (昼温／夜温)	発根率 (%)	根　数 (本)	根　重 (g)	展開葉数 (節)	茎　長 (cm)	地上部新鮮重 (g)
かまくら	30℃／25℃	67	17.0	1.5	3.3	6.5	3.7
	25℃／20℃	100	19.7	2.4	3.9	7.1	5.1
	20℃／15℃	100	13.2	1.0	3.3	6.9	3.5
黒　蝶	30℃／25℃	33	8.8	0.9	2.5	6.3	2.8
	25℃／20℃	100	7.8	1.8	3.3	6.2	4.1
	20℃／15℃	94	11.4	2.9	3.0	6.9	4.3

注　72穴セルトレイにメトロミックス#350を充填して，長さ6cmの穂を挿して20日後に調査

る場合には，生育を揃えるため茎頂を含む天挿しとする（第7図）。

ただし，球根生産を目的とするときは，切り口の位置に注意が必要である。ダリアの挿し芽苗では，不定根の発生はほとんどが切り口部分から生じる。一方，球根の休眠芽となる芽は不定芽ではなく，すべて茎の腋芽（定芽）が茎の肥大に伴って分割され，茎基部全体に分散されてゆくことに由来する（土屋，1993）。このため，不定根が生じる切り口と球根の芽となる節ができるだけ近くなるよう，挿し穂の最下位節直下で切り，1つ以上の節を培養土中に埋めるようにする（第7図）。

③挿し穂の貯蔵

調製した挿し穂は，キクと同様に，2～5℃の暗黒条件下で2週間程度まで貯蔵することができる。それ以上の長期間の挿し穂貯蔵では，下位葉から褐変が生じ，挿し芽後の生育も悪くなる。2週間以内の穂冷蔵であれば，無冷蔵と比べた苗の生育は同等である（仲ら，2007）。

④挿し芽と水管理

調整した挿し穂は，切り口が乾かないうちにセルトレイに挿し芽する。発根の良好な茎頂培養苗を親株とする限り，IBAなどの発根剤は不要である。挿し芽用土は，キクなどで用いられるピートモス主体の培養土（メトロミックス#350など）でよく，順化時と同様，緩効性肥料（マイクロロングなど）を窒素成分で240mg/l程度添加すると，生育が優れる。セルサイズは，200穴トレイでは発根量と地上部の生育が劣るため，128穴もしくは72穴のセルト

レイを用いる。

葉が大きく重なる品種では一部の展開葉を切除してもよいが，萎れが生じない範囲で葉を多く残すほど発根が優れるため，少なくとも1枚（可能なら1対）以上の展開葉を残すように心がける。

挿し芽したセルトレイは，葉を萎れさせないように間欠ミスト下で管理し，遮光はできるだけ行なわない。気温は15～20℃を保つようにし，最低15℃に加温，25℃換気での管理を目安とする。とくに，昼温30℃，夜温25℃以上の条件下では発根が悪くなることが，秋田県農業試験場の山形らによって明らかにされている（第8表）。このため高温期の挿し芽では，遮光や夜冷処理などの対策が必要となる。適温条件であれば，2～3週間で定植苗が得られる。

⑤親株の管理

茎頂培養苗からの順化苗や挿し芽苗は，親株として適正な管理を行なえば，1年程度の連続採穂が可能である。これらの親株は，ウイルスの再汚染を防ぐために必ず網室内で栽培し，挿し穂の花芽分化を抑制するため5時間の暗期中断（75W白熱灯を7～10m²当たり1灯）と，最低気温10℃以上の加温によって管理する。

また，採穂量に応じて適宜，緩効性肥料を追肥するとともに，親株の生育をよく観察して，採穂母枝の更新を行なうことが大切である。親株に1節を残した採穂を繰り返すと，採穂節位が段階的に高くなるため，株元から新たな分枝が発生したときに，古い採穂母枝を切除する。ダリアでは高温期に株枯れを生じることが多い

特集　切り花ダリア栽培最前線

第9表　摘心時のダミノジッド処理濃度が、採穂時の親株の生育と挿し芽苗由来の球根形成に及ぼす影響

処理濃度 (%)	採穂時調査				球根調査	
	節　数	分枝長 (mm)	葉身長 (mm)	節間長 (mm)	芽　数 (芽/株)	分球数 (球/株)
1.6	3.6	90	60	17.2	4.3	3.0
無処理	3.6	118	63	25.2	3.0	2.5

注　2006年5月27日に親株を摘心し、ダミノジット水溶剤を茎葉散布処理、6月15日に採穂して育苗した挿し芽苗を、7月4日に露地圃場に定植、11月13日に球根形成を調査

ため、キクの親株のように、地ぎわで一斉に切り戻す台刈りは、原則として行なうべきではない。

球根生産を目的とした挿し芽育苗では、地中に定芽が埋まるよう、下位節間の短い挿し穂が望ましい。こうした挿し穂を多く得るためには、摘心直後にダミノジッド水溶剤を茎葉散布すると効果的である（第9表）。

(3) 挿し芽苗からの球根生産

挿し芽苗から球根を効率的に得るためには、球根生産向けの育苗、適切な定植および掘り上げ時期、再汚染対策および増殖計画が重要である。

①育　苗

芽をつけて分球しやすい球根を多く得るには、以下の2点が重要である。

一つは、球根の芽の元となる下位節の腋芽をできるだけ多く地中に埋めるため、下位節間の詰まった挿し穂をつくること、もう一つは、球根の元となる初期の不定根の出る切り口と下位節の腋芽の距離を近づけるため、葉を切除した節の直下で切って挿し穂を調製することである。切り花栽培用の苗では問題とならないが、球根生産用の挿し芽苗では、これらを遵守しないと、球根は肥大しても芽のある球根を分球できないこととなる。

また、定植までの育苗日数については、切り花生産用苗よりも短い2週間程度を目安とし、挿し穂基部からの発根が始まれば、できるだけ早く本圃に定植することが望ましい。球根増殖で根巻きしたセル苗を用いると、第8図のように、球根も巻きついた分球困難な状態となる。

②定植および掘り上げ

4月下旬に種球を定植した場合、新たな球根となる不定根の発生は、7月中旬までの定植後2～3か月の生育前期に集中しており、この時期までに、球根を含む全根数がほぼ決定され

第8図　根巻きしたセル苗から形成された球根

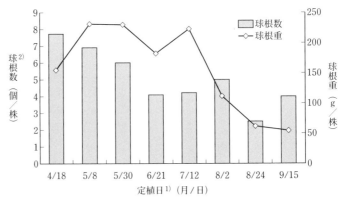

第9図　挿し芽苗の定植時期が球根数および球根重に及ぼす影響
（品種：ソフトムード）
1) 各定植日とも、12月4日に掘り上げて球根を調査
2) 球根数は、1つ以上の芽をつけて分球できた球根数を示す

る。一方，球根肥大は9月以降，とくに10月中旬以降に盛んとなる。このため，球根肥大の始まる9月までに，地上部の十分な生育が得られない7月以降の定植では，一般に球根収量が低くなるとされている（青葉ら，1960；土屋，1993）。

このことは挿し芽苗からの球根生産でも同様で，4～9月まで約2週間おきに茎頂培養苗を定植し，12月に球根を掘り上げた実験結果を第9図に示した（仲ら，2008）。球根数は4月定植でもっとも多く，定植時期がおそくなるほど少なくなり，球根重は7月中旬までの定植ではほぼ一定であるが，8月上旬以降の定植になると急速に小さくなった。このことは，球根の肥大期とされている10月までに2か月以上の期間がある7月中旬以前の定植では，球根を肥大させるのに十分な地上部の生育が得られていたものと考えられる。

このため，露地で挿し芽苗から球根を生産する場合，4月から7月中旬までの期間に挿し芽苗を定植するのがよい。この定植適期の期間にも，親株の連続採穂によって挿し芽苗の増殖は可能であるので，球根生産量を確保するうえでは，挿し芽苗を順次，育苗して定植するとよい。奈良県農業研究開発センターの実験では，3月に順化を始めて当年内に，1つの培養苗から約50個体の挿し芽苗が得られ，ここから約200球の原種球を得ることができている。

挿し芽苗を用いたときの球根肥大の条件については，10もしくは12時間日長の短日条件と，12，20および28℃の温度条件を組み合わせた人工気象室での実験結果でも，第10図のように，12時間日長より10時間日長で球根肥大が進みやすいこと，好適条件の12～20℃の10時間日長では8週間で肥大が完了していること，ならびに28℃の高温条件では，10～12時間の短日であっても球根肥大が大きく抑制されることが明らかとなっている（山形ら，2015）。

このため，気温が下がり短日となる秋以降で，8週間以上の低温短日期間を経たあとに，球根を掘り上げて分球する。奈良県の事例では，9月に球根肥大が始まり，初霜の降りる11月以降に掘り上げる場合，球根の肥大に充てられる期間は2か月程度となる。この時期の気温が高温に推移すると，球根肥大が十分に進まず，保存性に劣る球根となるため，掘り上げ時期の決定にあたっては，気温の推移を勘案して，十分な低温短日期間を確保するようにしておく。

挿し芽由来の球根は，種球由来の球根よりも休眠が浅く，その期間も短いとされている（小西・稲葉，1967）。しかし，奈良県内の事例で

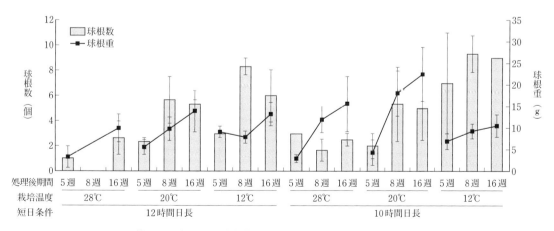

第10図 短日と温度条件が，ダリア黒蝶の球根形成に及ぼす影響　　　　（山形ら，2015）
定植：4月4日，6月5日まで自然条件で栽培後，各処理条件下に搬入し，5，8および16週間後に，掘り上げて球根を調査

特集　切り花ダリア栽培最前線

第10表　地理的隔離と0.4mm目ネットによるウイルス再汚染抑止効果

栽培場所	栽培終了時の再汚染状況 （汚染株数/生存株数）		
	TSWV	DMV	CSVd
露地圃場（産地内）	6/7	2/7	0/7
露地圃場（産地外）	6/6	0/6	0/6
ネットハウス（産地内）	0/9	0/9	0/9

注　産地内の露地圃場とネットハウスには、ウイルスフリーを確認後に鉢植えした株を、2007年6月6日（産地外の露地圃場は同年7月1日）〜11月15日まで配置し、試験終了時に未発蕾の分枝の最上位展開葉をサンプリングしRT-PCRで検定した

見る限り、挿し芽苗から得られた球根と従来の種球から得られた球根との間で、貯蔵性と翌年の生育に差は見られていない。

③再汚染対策

茎頂培養苗由来の挿し芽苗は、多くの時間と労力をかけて作出されたものであり、ウイルスの再汚染に注意して、できるだけ長期間、ウイルスフリー株の増殖母本として維持することが重要である。このためには、各ウイルスの感染経路を、1つずつ排除してゆく必要がある。

ダリアでの感染経路は、大きく分けて、作業者の使う刃物による汁液伝搬と、アブラムシ類およびアザミウマ類といった害虫による伝搬の2つである。

はさみなどの刃物については、茎頂培養で作出した親株や種球を扱うときには、必ず、作業前の消毒を習慣づけるようにする。栽培管理や分球で用いているはさみには、汁液だけでなく植物の残渣が多く付着しており、これが感染源となる。しかし、消毒薬の多くは表面殺菌には有効であるものの、こうした植物残渣の内部まで短時間で消毒することはできない。このため、消毒薬を用いる前に刃物を洗浄することは、感染源を減らすうえで重要である。また、消毒薬も十分な薬液量を用意しておき、できるだけ長時間、消毒液に浸漬しておく必要がある。

ダリアへの感染も報告されているキクわい化ウイロイドの感染防止策を、キク‘神馬’で検討した中村ら（2013）の報告によれば、有効塩素5%の次亜塩素酸ナトリウム溶液に15秒以上浸漬して、同時に汚染残渣をブラシでこすり落とす処理によって、CSVdが検出されなくなっている。また、少なくともCSVdに関しては、エタノール（99%）、ホルマリン（2%）および第3リン酸ナトリウム（5%）への5秒浸漬だけでは、消毒効果が得られていない。

消毒薬を用いない確実な方法としては、小型のガスバーナーを携行して刃先を火炎消毒すると、植物残渣が多少あっても短時間で作業を繰り返すことができて便利である。ただ、このさいにも刃物を単に炎であぶるだけでは効果が不十分であり、少なくとも、刃物表面の植物残渣が十分に赤熱することを目安としておくことが大切である。

一方、害虫類については、0.4mm目以下の防虫ネットで被覆した網室（ネットハウス）の中で、原種株や種球生産株を栽培することが基本となる。さらに可能であれば、これら原種株や種球生産株の栽培場所を、ほかのダリア栽培圃場と離れた場所に設けることが望ましい。

露地でのダリア営利栽培が行なわれている産地内のネットハウスと露地圃場、ならびにダリア産地外の露地圃場に茎頂培養由来株を配置して、害虫による再汚染の状況を調べた結果を第10表に示した。刃物の火炎消毒を励行したため、虫媒伝染しないCSVdの再汚染はいずれにおいても生じていなかったが、ダリアが周囲にある産地内の露地圃場では、1作目の段階で早くもTSWVとDMVに再汚染される株が発生している。しかし、産地外では、露地圃場においてもDMVの再汚染は見られなかった。

これらに対し、産地内にあってもネットハウスの中では、TSWV、DMVおよびCSVdのいずれの再汚染も防止できていた。ただし、ネットハウスの中にも雑草や残渣から再生したダリアなどがあり、そこにTSWVやDMVが感染している場合も考えられる。また、ネットハウスであっても、出入口や排水溝など一部に開口部は必ずある。このため、ネットハウス内においてもアブラムシ類とアザミウマ類の定期的防除

種苗増殖

第11図 培養苗から球根販売までの増殖手順

は必須である。とくにこれらの害虫の飛翔や移動が多い春から初夏にかけては，必ず薬剤防除を行なうようにする。

④増殖計画

ダリアは品種の多様性が魅力であり，産地競争力を維持するうえで，それらの種苗管理が必要である。このため第11図のように，増殖段階をいくつかのステージに分け，数年先を見越した増殖計画を立案したうえで，各ステージに応じた再汚染対策と施設規模を準備する必要がある。

奈良県での事例では，暖房が不要となる4月以降に培養苗を順化，増殖して原種球を1年目に確保している。2年目には，この原種球から生産用の種球を増殖し，3年目に種球から販売用球根を増殖する。品種ごとの茎頂培養由来株の保存は，親株管理ならびに原種生産の段階で回転させるようにし，施設規模の限られる培養室では順次，より多くの品種を対象として茎頂培養株を作出するようにしている。

ただし，これらの各段階では，おのおのに応じた再汚染チェックの仕組みを考慮しておくことが重要である。とくに，比較的少数の個体を扱う培養，親株管理，原種生産の各段階では，1作に1回以上のウイルス検定（PCR法）を行なって，保毒株を随時，除去することが肝要である。これらの段階では保毒株でも病徴が明らかでないことが多いため，この作業を怠ると，以後のステージでウイルスのまん延を招くこととなる。

また，原種生産と種球生産の段階では，生育期間中の病徴観察を常に行ない，モザイク症状や生育が遅れるなど，ウイルス汚染が疑われる株は引き抜いて，必ず網室外に持ち出して処分する。分球のさいにも，株ごとに刃物の消毒を徹底することが大切である。とくに，TSWVによる球根表皮のえそ条斑には注意を払い，疑わしい株には刃物を入れずに処分するようにする。

ただ，多くの品種を大量に扱う必要のある球根生産では，すべての品種をただちにウイルスフリー化することは現実的にむずかしい。そう

特集　切り花ダリア栽培最前線

した産地では，生産量の多い品種から計画的に
ウイルスフリー化を進めるとともに，種球生産
までのステージをできるだけ隔離した環境で行
なうことによって，産地全体のウイルス密度を
大幅に下げることが可能となる。

　　執筆　仲　照史（奈良県農業研究開発センター）

参 考 文 献

Albouy, J., M. Lemattre, W. C. Wangand and A.
　Amevel. 1992. Production of pathogen-tested
　Dahlia in France. Acta Hort. **325**, 781—786.

青葉高・渡部俊三・斎藤智恵子. 1960. ダリア塊根
　の形成肥大に関する研究　第1報，塊根の形成肥
　大時期について. 園学雑. **29**（3），247—252.

Asano. S., Y. Hirayama and Y. Matsushita. 2017.
　Distribution of Tomato spotted wilt virus in dahlia
　plants. Lett Appl Microbiol. **61**, 297—303.

江面浩・本図竹司. 1990. ダリヤウイルスフリー株
　の組織培養による大量増殖. 茨城園試研報. **15**,
　64—69.

細川宗孝・中島明子・前田茂一・矢澤進. 2006. ダ
　リアにおけるキクわい化ウイロイドの感染. 園学
　雑. **75**（別1），409.

小西国義・稲葉久仁雄. 1967. ダリアの促成および
　抑制栽培に関する研究　第7報，球根の休眠につ
　いて. 園学雑. **36**（1），131—140.

仲照史・藤井祐子・細川宗孝・中島明子・前田茂
　一・浅尾浩史・岡田恵子. 2007a. ダリアの茎頂培
　養が生育とウイルス保毒程度に及ぼす影響. 奈良
　農総セ研報. **38**，17—22.

仲照史・前田茂一・角川由加. 2007b. 茎頂培養株を
　親株とした挿し芽増殖によるダリア種球生産. 奈
　良農総セ研報. **38**，23—30.

仲照史・前田茂一・角川由加. 2008. ダリア茎頂培
　養苗の定植時期が切り花と塊根の生産性に及ぼす
　影響. 奈良農総セ研報. **39**，35—36.

中村恵章・福田至朗・柬山幸子・服部裕美・平野哲
　司・大石一史. 2013. キク矮化ウイロイド（CSVd）
　の蔓延を防ぐ鋏等器具の消毒方法. 愛知農総試研
　報. **45**，61—67.

Nakashima, A., M. Hosokawa, S. Maeda and S.
　Yazawa. 2007. Natural infection of Chrysanthemum
　stunt viroid in Dahlia plant. Journal of General
　Plant Pathology. **73**, 225—227.

中島明子・細川宗孝・仲照史・矢澤進. 2007. 難除
　去性病原体であるタバコ条斑ウイルスのダリア茎
　頂近傍における分布. 園学研. **6**（別2），343.

土屋照二. 1993. ダリアの塊根生産に関する研究.
　石川県農業短大特別研究報告. **18**，1—69.

辻本直樹・仲照史・虎太有里. 2015. ダリアの*in
　vitro*における塊根形成条件の探索. 園学研. **14**（別
　2），240.

山形敦子・横井直人・間藤正美. 2015. 日長と温度
　がダリアの塊根形成へ及ぼす影響. 園学研. **14**（別
　2），542.

日持ち特性と品質保持技術

　切り花品目の多くで流通量が減少傾向にある中，ダリアの切り花は近年，'黒蝶'など大輪種を中心として，全国的に生産・消費が拡大している数少ない品目の一つとなっている。しかし，日持ちが悪いという印象が根強く，家庭における消費は未だ十分に広がっていないことから，日持ち延長などの品質保持技術の確立が求められている。

　ダリアではほかの切り花と同様，糖と抗菌剤を主成分とした品質保持剤の日持ち延長効果が見られるため，まずその内容について触れるとともに，環境条件が日持ち性に与える影響について説明する。加えて，近年効果が明らかとなってきた植物ホルモンの一つである，ベンジルアミノプリン（6-benzylaminopurin，以下BA）の適切な利用方法と，これらを組み合わせた総合的な品質管理方法について提案する。

（1）生け水添加による品質保持

①糖

　切り花の日持ちが短くなる原因として，光合成の制約による糖の不足があげられる。糖は呼吸基質としてだけではなく，花弁細胞の浸透圧を高めて花弁を大きく展開させるために不可欠である。しかし，切り花は室内に置かれることが多いため，光合成が不足する。そのため，水だけで切り花を生けると，日持ちが短くなり，開花時の花径が小さくなる。これに対し，品質保持剤として切り口から糖を与えると，こうした問題点を改善できる。

　ダリアでは生け水に2～8％の糖を添加し連続処理をすると，水だけの場合よりも日持ちが長くなるとともに，花色が鮮明となり，最大花径および切り花重が増加する。しかし，4％以上の高濃度では，葉縁や総苞（萼）の褐変など障害が生じるため，生産者段階での収穫から出荷までの短時間における高濃度の糖による前処理は適しておらず，2％程度の糖を連続して吸収させるとよい。

糖処理にはショ糖もしくはブドウ糖が利用されることが多いが，果糖による処理で品質保持効果が優れるとする報告（高橋ら，2016）もあり，今後の検討が必要である。

②抗菌剤

　切り花では生け水の吸水量低下により，日持ち性が悪化する。この原因の一つは導管閉塞であり，生け水と導管内の細菌の増殖にともなって進行するとされており，これには，抗菌剤を含む品質保持剤の利用が有効である。

　抗菌剤としては，8-ヒドロキシキノリン硫酸塩（8-HQS，200ppm）やイソチアゾリン系抗菌剤（Kathon-CG，0.5ml/l）の効果がダリアで確認できている。とくに，生け水に糖を添加している場合には細菌の増殖が助長されるため，これら抗菌剤の併用は必須である。

③凝集剤

　凝集剤は水中の濁質コロイド（にごり）を沈澱させる作用があり，硫酸アルミニウムが水道の浄水過程では一般的に用いられている。ダリアでは抗菌剤だけを処理するより，硫酸アルミニウムを50mg/l程度添加すると，安定して日持ちが長くなる。作用機作については明らかではないが，何らかの導管閉塞を引き起こす物質を凝集させることによって，萎れや花首曲がりが抑制されるためと考えられる。

④市販品質保持剤の利用

　現在では，各メーカーからダリアに使えるさまざまな品質保持剤が販売されている。それらの内容成分は非公開とされている場合が多いため，試験的に利用して効果を確認するほかないが，糖や抗菌剤を主成分とするものについては前述のとおり，一定の効果があると想定される。

　クリザール・ジャパン（株）のフラワーフードやブルボサス，OATアグリオ（株）の美咲，美咲BCおよび美咲ファームについては，これまでに奈良県農業研究開発センターの試験でも十分な効果を確認できている。

特集　切り花ダリア栽培最前線

（2）日持ち性と環境条件の影響

①品種間差

ダリアはさまざまな花径や花型の品種が存在する品目であり，日持ち日数についても大きな品種間差が存在する（第1表）。このことは，切り花ダリアの消費を拡大させていくうえでは，日持ち性も考慮した品種選択が必要であることを意味している。

なお筆者らは，'レッドアイドル'などの大輪系から'フィダルゴブラッキー'などの小輪系まで幅広い花径の品種，またデコラティブ咲きだけでなくボール咲き，カクタス咲き，スイレン咲きなど，さまざまな花型の品種で日持ち性を調査したが，花径や花型と日持ち日数との明確な関係性は認められなかった。

②収穫ステージ

冬春期の切り花は，夏秋期より開花が進んだ状態で採花して湿式輸送されるが，花弁の展開した切り花はいたみやすく，流通過程における品質の低下が課題である。一方，収穫ステージを早めると日持ちは長くなるが，花径が小さくなる。これに対し，糖を含む品質保持剤を添加することで，日持ち日数がさらに延長されるとともに，花径の拡大が維持できる（第2表）。

ただし，第1図のステージ II よりも硬い切り前では，最大花径が慣行の切り前（ステージ IV）に比べて顕著に小さくなるだけでなく，花首が軟らかく，花首曲がりが発生しやすく，商品性に悪影響を及ぼすため，極端な早切りは避けるべきであろう。

第1表　日持ち日数の品種間差異

品　種	花　型[1]	最大花径 (cm)	日持ち日数 (日)[2]
凜　華	FD	13	17.4
祝　盃	FD	14	12.4
ムーンワルツ	WL	17	10.2
紅風車	FD	13	10.0
ミッチャン	BA	12	9.8
曙手まり	BA	10	9.6
日　傘	FD	11	9.4
真　心	ID	13	9.0
レッドアイドル	FD	26	9.0
ロザリーゴールドン	FD	22	9.0
フィダルゴブラッキー	FD	8	8.6
エオナG	FD	23	8.6
黒　蝶	SC	21	8.6
愛の芽生え	ID	24	8.4
ポートライトピンク	FD	14	8.0
ピンクサファイア	BA	13	8.0
太公望	FD	20	7.8
声変わり	FD	13	7.6
熱　唱	SC	14	7.6
祭ばやし	FD	14	7.6
ねむの雨	SC	18	7.6
純愛の君	FD	19	7.4
おさななじみ	FD	13	7.2
明　朗	FD	12	6.4
童　心	IC	25	6.2
かまくら	FD	15	6.0
瑞　鳳	FD	12	5.6

注　1）BA：ボール咲き，FD：フォーマルデコラティブ咲き，IC：インカーブドカクタス咲き，ID：インフォーマルデコラティブ咲き，SC：セミカクタス咲き，WL：スイレン咲き
　　2）生け水はブドウ糖1％，Kathon－CG0.5m*l*/*l*，硫酸アルミニウム50mg/*l*を含む処理液を使用

第2表　収穫ステージが日持ち日数と最大花径に及ぼす影響

収穫ステージ[1]	日持ち日数（日）		最大花径（cm）	
	蒸留水	品質保持剤[2]	蒸留水	品質保持剤
I	10.4	13.8 **[3]	11.2	17.6 **
II	8.0	10.6 **	17.8	18.8 n.s.
III	8.2	9.4 *	20.2	20.9 n.s.
IV	8.2	9.0 n.s.	21.2	21.6 n.s.
V	7.6	8.2 n.s.	22.4	21.7 n.s.

注　1）収穫ステージは以下に区分した
　　I：慣行3日前，すべての舌状花が未展開
　　II：慣行2日前，最外列舌状花数枚が展開を始める
　　III：慣行1日前，すべての最外列舌状花が展開を始める
　　IV：慣行の収穫適期，最外列の舌状花がすべて水平まで展開
　　V：慣行1日後，最外列舌状花が水平から外反に展開
　　2）ブドウ糖1％，Kathon－CG0.5m*l*/*l*，硫酸アルミニウム50mg/*l*を含む処理液
　　3）t検定により，＊＊は1％，＊は5％水準で有意差あり，n.s.は有意差なし（n＝5）

日持ち特性と品質保持技術

第1図　黒蝶における収穫ステージ

③日長および季節変動の影響

　冬春期出荷作型では，慣行の14.5時間日長よりも短日の12時間日長で栽培すると，慣行栽培に比べて最大花径が小さくなり，日持ちも短くなる。このことは，電照操作が適切でないと，早期開花や露心花といった問題だけでなく，日持ち性にもマイナスの影響があることを示している。

　また，14.5時間以上の日長で栽培された切り花は，23℃の一定の観賞条件で糖の連続処理を行なうと，日持ち日数に年間を通じて大きな変動が見られず，品種固有の日持ち日数を示す。このことから，季節によってダリアの日持ち日数が変動するとされている原因は，栽培温度にあるのではなく，輸送時や観賞時における環境の影響である可能性が高い。

④輸送時の温度の影響

　収穫後48時間を輸送期間としたシミュレーション実験では，輸送温度を低くするほど，日持ち日数が長くなる（第3表）。20℃と比較すると，10℃以下の場合に，有意に日持ち日数が延長する。ただし5℃では，低温による障害と思われる葉の褐変が発生する（第2図）。また，輸送温度が低いほど花弁展開が抑えられ，花径の拡大はおそくなるが，最終的な最大花径には差が見られない。

　このように，ダリア切り花の日持ち性を向上させるためには，低温での輸送が重要であるが，5℃まで下がると葉の障害が見られるため，10℃程度の管理が適切だと考えられる。

第3表　輸送温度が日持ち日数に及ぼす影響

輸送温度[1]	日持ち日数（日）	
	かまくら	黒蝶
5℃	8.4 a[2]	11.0 a
10℃	8.2 a	10.4 ab
15℃	7.0 b	9.4 bc
20℃	6.8 b	8.8 c

注　1）試験開始後48時間，暗黒条件とした各試験区に配置し，48時間以降は気温23℃で観察
　　　生け水はブドウ糖1%，Kathon−CG0.5m*l*/*l*，硫酸アルミニウム50mg/*l*を含む処理液を各区使用
　　2）同一カラム内の異なるアルファベット間にはTukeyのHSD検定で有意差（p＜0.05）あり

第2図　輸送温度5℃で発生した葉の褐変症状
色が濃く見えるところが褐変症状（品種：黒蝶）

特集　切り花ダリア栽培最前線

第3図　BA製剤（5,000倍）の生け水添加が黒蝶の花色に及ぼす影響（収穫後11日目）
観賞開始後に展開する内花弁の発色が悪くなる（色が淡い）

⑤観賞時の温度の影響

　観賞時の気温が高くなるほど，日持ち日数が短くなり，品種間差もわかりづらくなる。花弁の伸長も26℃以上の高温で抑制され，最大花径が小さくなる。また花色については，中位部と最外周の舌状花とも，20℃以上では，高温ほど赤系品種'祝盃'のL値とb値が増加しており，淡色化する傾向が見られる。

　このように，観賞時の高温はダリア切り花の日持ち性と開花時品質にマイナスの影響を与えることから，観賞・消費段階での23℃以上の高温は，できるだけ避けることが望ましい。

（3）BA製剤の利用方法

　ダリアではBAによる品質保持効果が確認されており（Shimizu-Yumoto *et al.*, 2013；仲ら，2014），すでにBAを成分として含む製剤（商品名：ミラクルミスト，フィニッシングタッチ，フラワーベールBA＋など）も販売されている。すでに生産者や小売店でも利用が進みつつあるため，ここでは実用性を考慮して，市販BA製剤（ミラクルミスト）を用いた利用方法について説明する。

①処理方法

　これまでの品質保持剤の多くは，切り花の切り口から吸液させることで品質保持の効果を得ている。しかし，BA製剤の場合はその方法ではうまくいかない。500〜5,000倍の濃度範囲でBA製剤を生け水に添加すると，観賞開始後に展開する内花弁の発色が悪くなり，花弁の伸長阻害が発生するからである（第3図）。このためBA製剤については，ほかの品質保持剤と同じように，生け水添加による吸液処理という形での利用は現段階ではむずかしいといえる。

　現段階で日持ち延長に効果的な処理方法は，花弁に直接BAを吸収させる方法である。頭花に対して浸漬もしくは散布の処理を行なうと，花弁の萎凋や褐変が抑制されて日持ち日数が延長され，無処理より長期間，花径が大きい状態が維持される（第4表，第4図）（辻本ら，2016b）。これらの効果は，通常外側の花弁から順番に生じる萎凋と褐変が，BA処理によって抑制されたためである。

　ただしBAは植物体内で移行しにくく，処理による花弁の萎凋・褐変の抑制効果は，散布時にすでに展開している花弁でしか得られない。試験的に頭花の半面だけにBAを処理すると，その半面だけで褐変が抑制されたことからも，このことが示唆される（第5図）。このため，BAを処理するさいには，頭花全体に均一に付着させるよう処理することが肝要である。

　頭花に対する処理では，十分に花が濡れるような処理が必要である。浸漬処理については，散布処理と比較して多量の製剤が必要であり，浸漬時の水圧によって花首が軟らかい品種では花首曲がりが発生する危険もあるため，処理方法としては，20cm程度の近距離からの散布処理が適切である。

②散布回数

　収穫直後のBA処理に加えて，その3日後および6日後に再度BA処理すると，日持ち日数がさらに長くなる（第5表）。これは，収穫時には未展開であり散布処理されなかった花弁が，収穫後展開し，2回目の散布処理で新たにBAを吸収できたため，効果がさらに向上した

ものと考えられる。

ただし、品種によっては3回散布で吸液処理と同様の発色異常が見られたことから、2回散布が適当である。処理間隔については、品種ごとに最適な間隔が異なる可能性が考えられるが、実際の利用場面としては、収穫直後に生産者でBA処理を行ない、さらに販売時に小売店で再度BA処理を行なう2回処理が、現実的な方法だと考えられる。

一方で、BA処理には外花弁の萎凋と褐変を抑制する効果があるものの、内花弁の伸長、開花を促進する効果は見られない。このため、小売店などにおける2回目のBA処理を想定した

第4表 BA製剤の処理方法が日持ち日数に及ぼす影響

処理方法[1]	日持ち日数（日）	
	かまくら	黒　蝶
浸漬1秒	8.2 a[2]	9.2 a
浸漬1分	8.0 a	9.4 a
散布20cm	8.4 a	9.4 a
散布60cm	7.6 ab	9.2 a
散布100cm	6.8 bc	8.0 ab
無処理	6.4 c	7.4 b

注 1) 散布区ではスプレーから頭花までの距離を示す
　　 散布には1本当たり10mlを使用
　　 生け水はブドウ糖1%、Kathon－CG0.5ml/l、硫酸アルミニウム50mg/lを含む処理液を各区使用
　 2) 同一カラム内の異なるアルファベット間にはTukeyのHSD検定で有意差（p＜0.05）あり

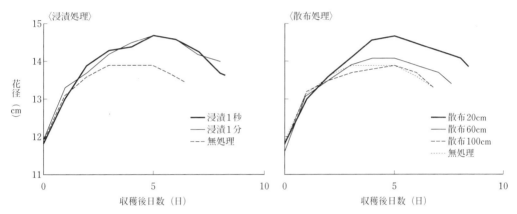

第4図 BA製剤の処理方法がかまくらの花径に及ぼす影響
グラフは日持ち終了日までを示す

第5図 花弁の萎凋・褐変程度（収穫後8日目）
花の左半面がBA処理、右半面が無処理、品種：かまくら

第5表 BA製剤の散布回数が日持ち日数に及ぼす影響

散布回数[1]	日持ち日数（日）	
	かまくら	黒　蝶
3回	9.4 a[2]	11.0 a
2回	9.4 a	10.8 a
1回	8.4 ab	11.0 a
無処理	7.4 b	9.4 b

注 1) 散布処理のタイミングを以下に示す
　　 （1回：1日目、2回：1、4日目、3回：1、4、7日目）
　　 生け水はブドウ糖1%、Kathon－CG0.5ml/l、硫酸アルミニウム50mg/lを含む処理液を各区使用
　 2) 同一カラム内の異なるアルファベット間にはTukeyのHSD検定で有意差（p＜0.05）あり

特集 切り花ダリア栽培最前線

第6表 収穫ステージがBA処理による日持ち延長日数に及ぼす影響

品 種	収穫ステージ	日持ち日数（日）[1]	
		無処理	BA処理
かまくら	I	11.8	12.0 n.s.[2]
	II	10.0	10.2 n.s.
	III	8.2	9.2 **
	IV	7.6	9.2 **
	V	7.0	9.0 **
黒 蝶	I	13.8	13.4 n.s.
	II	10.6	11.0 n.s.
	III	9.4	10.6 **
	IV	9.0	11.2 **
	V	8.2	10.6 **

注 1) 生け水はブドウ糖1%，Kathon－CG0.5m*l/l*，硫酸アルミニウム50mg/*l*を含む処理液を各区使用
2) t検定により，＊＊は1%水準で有意差あり，n.s.は有意差なし（n＝5）

第7表 BA処理と無処理における日持ち日数と日持ち延長日数の品種間差異

品 種	日持ち日数（日）[1]	
	無処理	BA処理
凜 華	17.4	18.4（1.0）n.s.[2]
祝 盃	12.4	14.6（2.2）**
ムーンワルツ	10.2	11.2（1.0）*
紅風車	10.0	11.0（1.0）n.s.
ミッチャン	9.8	12.6（2.8）**
曙手まり	9.6	11.4（1.8）**
日 傘	9.4	10.6（1.2）n.s.
真 心	9.0	11.0（2.0）*
レッドアイドル	9.0	10.0（1.0）*
ロザリーゴールドン	9.0	9.6（0.6）n.s.
フィダルゴブラッキー	8.6	11.0（2.4）**
エオナG	8.6	9.8（1.2）**
黒 蝶	8.6	10.4（1.8）**
愛の芽生え	8.4	9.8（1.4）**
ポートライトピンク	8.0	10.8（2.8）**
ピンクサファイア	8.0	10.0（2.0）**
太公望	7.8	9.6（1.8）**
声変わり	7.6	9.4（1.8）**
熱 唱	7.6	8.8（1.2）**
祭ばやし	7.6	8.4（0.8）n.s.
ねむの雨	7.6	8.2（0.6）n.s.
純愛の君	7.4	9.8（2.4）**
おさななじみ	7.2	8.8（1.6）n.s.
明 朗	6.4	7.8（1.4）*
童 心	6.2	7.4（1.2）**
かまくら	6.0	8.2（2.2）**
瑞 鳳	5.6	7.2（1.6）n.s.

注 1) 生け水はブドウ糖1%，Kathon－CG0.5m*l/l*，硫酸アルミニウム50mg/*l*を含む処理液を各区使用
2) 括弧内は無処理とBA処理の日持ち日数の差を示す
t検定により，＊＊は1%，＊は5%水準で有意差あり，n.s.は有意差なし（n＝5）

とき，輸送時および観賞時の生け水に糖を添加しておくことで，BA処理による品質保持効果はより大きくなる。

③収穫ステージ

収穫ステージを早くすることは，流通時の花弁のいたみを防いで商品価値を高め，1箱当たりの出荷数量を増やすことで流通コストを抑えるという点で重要である。しかし，前述したように，BA処理による花弁の萎凋と褐変の抑制効果は，散布時にすでに展開している花弁でしか得られず，花弁が未展開のステージ I ～ II（第1図）では，BAの処理効果が見られなくなる。そのため，BA処理を前提としたときには，ステージ III 以降での収穫が必要である（第6表）。

④品種と作型

BA処理による日持ち延長効果には品種間差が見られるものの，第7表に示すように，BA処理によって無処理区と同等もしくは日持ちが長くなり，日持ち日数の短縮や，切り花品質の低下などマイナスの影響は見られない（辻本ら，2016a）。幅広い花径の品種，さまざまな花型の品種での効果も確認できている。冬期（2～3月）と，夏期（6～7月）のいずれの時期における試験でも，同様の効果が見られた。このようにBA処理は，広範な品種と作型に利用

できる技術であり，実用上の価値は高い。

ダリアはエチレンに対しては感受性とされているが，カーネーションやスイートピーで見られるようなSTSの卓効はみとめられていない。そのため，BA処理は糖や抗菌剤などの吸液処理と組み合わせることによって，日持ち日数を延長できる貴重な手法であるといえる。

（4）総合的な品質管理

これまでにあげた品質管理を組み合わせることによって，日持ちが悪いとされてきたダリア

第8表 品質保持剤とBA製剤の組合わせ処理が日持ち日数に及ぼす影響

輸送処理[1]	後処理[2]	BA処理[3] 回数	日持ち日数（日）		
			かまくら	黒　蝶	祝　盃
品質保持剤[4]	品質保持剤	2	11.6 a[5]	12.4 a	13.8 a
		0	7.6 d	9.6 bc	11.4 abc
	蒸留水	2	9.2 b	9.4 bc	8.4 cd
		0	6.0 e	7.6 cd	7.2 d
蒸留水	品質保持剤	2	11.2 a	11.4 ab	11.6 ab
		0	7.8 cd	8.8 cd	10.4 bc
	蒸留水	2	9.0 bc	10.0 abc	11.8 ab
		0	6.6 de	6.8 d	10.0 bcd

注 1) 輸送処理時（試験開始から48時間，10℃管理）の生け水を示す
　　2) 輸送処理後から日持ち終了までの生け水を示す
　　3) 試験開始時および輸送処理後にBA製剤を散布により処理
　　4) ブドウ糖1%，Kathon−CG0.5m*l*/*l*，硫酸アルミニウム50mg/*l*を含む処理液
　　5) 同一列内の異なるアルファベット間にはTukeyのHSD検定で有意差（p＜0.05）あり（n＝5）

切り花も，十分な日持ち性を確保することができる（第8表）。

ダリアでは前処理（輸送時を含む）と後処理のいずれも一定の効果が見られるが，日持ち日数を最大にするためには，これらを組み合わせた継続的な品質保持剤の処理が望ましい。そのため，産地だけでなく流通−販売の各段階において，コールドチェーンなどの総合的な品質管理が不可欠である。

　　執筆　辻本直樹（奈良県北部農林振興事務所）

参 考 文 献

仲照史・辻本直樹・虎太有里・湯本弘子・東明音. 2014. BA製剤と糖処理がダリア切り花の日持ち性と品質に及ぼす影響. 園学研. **13**（別1），417.

Shimizu-Yumoto, H. and K. Ichimura.2013. Postharvest characteristics of cut dahlia flowers with a focus on ethylene and effectiveness of 6-benzylaminopurine treatments in extending vase life.Postharvest Biology and Technology. **86**, 479 −486.

高橋志津・鈴木勝治・市村一雄. 2016. 糖質と抗菌剤の後処理によるダリア切り花の品質保持期間延長. 園学研. **15**（1），87—92.

辻本直樹・仲照史・虎太有里・湯本弘子・東明音. 2016a. BA製剤散布処理によるダリア切り花の日持ち延長効果における品種間差異. 奈良農研セ研報. **47**，11—17.

辻本直樹・仲照史・虎太有里・湯本弘子・東明音. 2016b. BA製剤の処理方法がダリア切り花の日持ち日数に及ぼす影響. 園学研. **15**（別1），523.

ウイルス，ウイロイド

(1) ダリアに感染するウイルス・ウイロイド病

ダリアへの感染が報告されているウイルス，ウイロイドは，トマト黄化えそウイルス（TSWV：*Tomato spotted wilt virus*），ダリアモザイクウイルス（DMV：*Dahlia mosaic virus*），タバコ条斑ウイルス（TSV：*Tobacco streak virus*），インパチェンスえそ斑点ウイルス（INSV：*Impatiens necrotic spot virus*），キュウリモザイクウイルス（CMV：*Cucumber mosaic virus*），キク矮化ウイロイド（CSVd：*Chrysanthemum stunt viroid*），ジャガイモやせいもウイロイド（PSTVd：*Potato spindle tuber viroid*），ダリア潜在ウイロイド（DLVd：*Dahlia latent viroid*）と多数存在する。

これらの中でも日本ではTSWVによるダリア輪紋病とDMVによるダリアモザイク病の被害が深刻である（末松ら，1978；仲ら，2007a）。CSVdについては，わが国の花き生産における最重要品目であるキクと共通病害でありながら，ダリアの生産性への影響は明らかになっていないため今後の研究の進展が求められる。

① TSWV（トマト黄化えそウイルス，病名：輪紋病）

TSWVはブニヤウイルス科トスポウイルス属に分類され，ウイルス粒子はほぼ球形でその直径は80〜100nmである。ウイルス粒子は宿主由来の脂質膜で覆われており，その中に3分節に分かれた1本鎖RNAとそれを保護するヌクレオカプシドタンパク質（Nタンパク質）が存在する（津田，1999）。1915年にオーストラリアで初めて発見され，日本では1972年にダリアで初めて検出された。その後はさまざまな植物で被害が確認されるようになったが，とくに1994年以降，ミカンキイロアザミウマの侵入・発生拡大に伴ってキクやトマトで全国的に被害が問題となった（奥田，2002）。

TSWVによるダリア輪紋病の病徴を第1図に示す。

葉に黄斑や輪紋，輪紋状のえそ，稲妻状の黄変，茎や葉柄にえそ条斑，球根にあざ状のえそ条斑を生じ，生育が抑制されるが，品種，生育

第1図　TSWVによるダリア輪紋病の病徴
①葉の黄斑，②葉の輪紋，③葉のえそ輪紋，④葉の稲妻状の黄変，⑤葉や葉柄のえそ条斑，⑥球根のえそ条斑，⑦植物体全体の生育抑制，⑧葉の黄斑が複数重なったモザイク様の症状

ウイルス，ウイロイド

第2図　TSWVと間違えやすいハダニ類による葉の黄変と見分け方
ハダニ類や，葉の白変・褐変やクモの巣状の糸などで見分ける

ステージ，気温などにより病徴の程度はさまざまである（Albouy, 1995）。また葉の黄斑が複数重なるとモザイク症状のようにも見える。感染は栽培管理中の汁液もしくは虫媒伝染により起こり，アザミウマ類による永続伝播が報告されており，ダリア生産圃場での著しい被害の拡大が確認されている（浅野ら，2015a）。

盛夏の高温期には病徴がマスキングされるため，春，秋が病徴の観察に適している。初期症状としては黄斑を生じることが多く，葉の黄化が進むと顕著に生育が抑制される。ハダニ類による葉の黄変と間違うことがあるため，判断に迷う場合は葉裏を確認するとよい（第2図）。診断のポイントは輪紋を探すことであり，虫や細菌，糸状菌により輪紋は形成されないため，輪紋が見られた場合は本ウイルスによる症状である可能性がきわめて高い。診断のさいは，植物体全体を観察して，輪紋を探すことを推奨する。

② **DMV**（ダリアモザイクウイルス，病名：モザイク病）

DMVはカリモウイルス科カリモウイルス属に分類され，DNAを遺伝情報としてもつ。ウイルス粒子の直径は48〜50nmであるが，植物体内では5〜9μmの封入体が確認される。

DMVによるダリアモザイク病の病徴を第3図に示す。

葉には，モザイク，葉脈黄化，稲妻状や斑点などのクロロシス，萎縮が生じ，植物全体の生育が抑制される（Albouy, 1995）。

感染は栽培管理中の汁液，もしくは虫媒伝染により起こり，ワタアブラムシ，モモアカアブラムシ，チューリップヒゲナガアブラムシなど，16種のアブラムシ類による非永続伝播が報告されている。宿主範囲は狭く，実験室内ではヒャクニチソウやオオカッコウアザミでの感染が確認されているものの，野外ではダリア以外の植物での感染は確認されていない（Brunt, 1971）。

品種，生育ステージ，気温などにより病徴の程度はさまざまであり，潜在感染もしくは病徴が軽微な時期が多く，目視による病徴の見分けはTSWVによる輪紋病よりもむずかしい。発病株の除去が困難なため定期的なウイルス検定と親株の更新が必要である。DMVの症状と混同しやすい葉が波打つ症状も確認されているが（第4図），DMV感染との関連はみられない。種子伝染が確認されていることから（Phalawatta et al., 2007），育種時には交配親の保毒の有無に注意する。

③ **TSV**（タバコ条斑ウイルス，病名：ウイルス病）

TSVはブロモウイルス科イラルウイルス属に分類されており，RNAを遺伝情報として持ち，その粒径は27〜35nmである。感染は栽培管理中の汁液もしくは虫媒により起こり，アザミウマ類によって永続伝播される。

TSVによるウイルス病の病徴として，葉に薄い斑点やモザイク症状を生じ，花弁の脱色や奇形が生じる。その病徴は軽微であり，また病徴が現われないことも多く，実用上問題となることは少ない（Albouy, 1995）。ただ，'黒蝶'や'フィダルゴブラッキー'などの黒色系のダリアで，TSVの感染によって花色が紫がかることが確認されている（Deguchi et al., 2015）。

④ **INSV**（インパチェンスえそ斑点ウイルス）

INSVはブニヤウイルス科トスポウイルス属

27

特集　切り花ダリア栽培最前線

第3図　DMVによるモザイク病の病斑
①葉のモザイク，②葉脈黄化，③稲妻状のクロロシス，④葉の先端の萎縮，⑤植物全体の生育抑制（葉脈黄化とわい化）

に分類されており，ニューギニアインパチェンスから初めて分離された。当初はTSWV-I系統として同定されていたが，現在は独立した種として分類されている（櫻井，2006）。ダリアに関してはTSWVと同様の病徴を示すとされている（Albouy, 1995）。ただし，日本のダリアからの検出・被害に関する報告はなく，生産現場での被害程度は低いと考えられる。

⑤ CMV（キュウリモザイクウイルス，病名：モザイク病）

CMVはブロモウイルス科ククモウイルス属に分類され，RNAを遺伝情報としてもち，ウイルス粒子は約29nmの球形である。

ダリアでの症状はモザイクや葉がやや細く小型化し，全体の生育も悪くなる（Albouy,

第4図　DMVと混同しやすい葉が波打つ症状

1995）。ダリアでの感染は比較的少なく，その病徴もDMVより軽微であることが多い。感染は栽培管理中の汁液もしくは虫媒伝染により起こり，アブラムシによる非永続伝播が報告され

ている。宿主範囲が広く，ウリ科など多くの栽培植物に感染し，伝染源となる。

　⑥ CSVd（キク矮化ウイロイド，病名：わい化病）

　CSVdはポスピウイロイド科に分類され，その構造は，環状1本鎖の約350塩基のRNAである。外被タンパク質はもたず，RNAはタンパク質をコードしていない。

　2017年時点でキクわい化病として病名登録されているが，ダリアでわい化症状を示した株は，TSV，CMVなどのウイルスと複合感染していた（Nakashima *et al.*, 2007）。そのため，CSVd単独感染時のダリアの生育への影響についてさらなる調査が必要であり，その病徴としては，キクわい化病と同様にわい化や葉の小型化と予想される。塩基配列については，ダリアに感染していたCSVdの系統は，キクに感染する系統と相同性が高く，共通のものも確認されている。感染は栽培管理中の汁液により起こる一方で，虫媒伝染は報告されていない。

　⑦ PSTVd（ジャガイモやせいもウイロイド，病名：ウイロイド病）

　PSTVdはポスピウイロイド科に分類され，環状1本鎖のRNAからなる。PSTVdによるダリアの生育への影響は確認されていないが，ジャガイモでは塊茎の奇形化，収量の減少，トマトでは頂葉の葉巻，黄化，縮葉，葉脈や茎のえそ，株の萎縮，収量の減少が報告されている。このウイロイドは日本の規制対象病害として特定重要病害虫に指定されており，2008年に福島県のトマト，そして2009年に山梨県内のダリアで感染が確認され（松下・津田，2010；Tsushima *et al.*, 2011），その後の徹底した防除により発生は終息した。感染は栽培管理中の汁液により起こるだけで，虫媒伝染は報告されていない。また，トマトでは種子伝染が報告されている（Matsushita and Tsuda, 2014）。

　⑧ DLVd（ダリア潜在ウイロイド）

　DLVdはポスピウイロイド科様の形態をとり，その構造は環状1本鎖の342塩基のRNAである（Jacobus *et al.*, 2013）。日本のダリアでの感染が確認されているものの（Tsushima *et al.*, 2015），latent（潜在）という名のとおり無病徴の株から検出されており，このウイロイドによる病徴は確認されていない。

(2) 国内のダリア圃場でのウイルス，ウイロイドの感染状況と症状

　2014年の北海道，東北，関西および九州地域の圃場でのTSWV，DMV，CSVdの感染状況とその症状を調査した。結果を第1表に示す（浅野ら，2015b）。

　① DMV の場合

　検出されたウイルスやウイロイド種は地域によって異なり，DMVは関西を除く3地域で約40％と高い頻度で検出されていた。唯一検出されなかった関西の圃場では，メリクロン苗由来の株が使用されていたために，苗による持ち込みを回避できていた。さらに，DMVは宿主範囲が狭く，外部からの感染リスクが低いことが影響していると考えられた。このことから，DMVの防除のためには，健全な苗を使用することが何より有効であると考えられる。

　② TSWV の場合

　一方，TSWVは宿主範囲が広く，健全苗を使用しても周囲の感染植物からのアザミウマ類による媒介での再汚染するリスクが高い。

　関西の圃場では，苗を10月に定植し，翌年の2月から翌々年の10月まで長期にわたり収穫する作型であり，周辺にキクやトマトなどの宿主となり得る植物も栽培されていた。

　九州では，8月中旬に定植し10月から翌年の5月まで収穫する作型である。栽培期間が関西と比較して短く，アザミウマ類の発生密度が低下する8月に定植することから，九州での虫媒伝染のリスクは低くなると考えられる。

　北海道，東北については，4月に定植し6月から11月に収穫する作型である。冬季の積雪によってアザミウマ類の越冬数が少ないことに加え，冷涼な気候のため発生密度が低いことが考えられる。しかし，一部にTSWV感染率の高い圃場があり，こうした圃場ではTSWV感染株を母株として使用した可能性がある。TSWVの被害を減らすには，健全な苗の確保

特集　切り花ダリア栽培最前線

第1表　各地域での，トマト黄化えそウイルス（TSWV），ダリアモザイクウイルス（DMV）およびキクわい化ウイロイド（CSVd）の検出状況および症状

地域	症状	検出されたウイルス，ウイロイド								
		TSWV	DMV	CSVd	TSWV DMV	TSWV CSVd	DMV CSVd	TSWV DMV CSVd	非検出	合　計
北海道	黄斑	0	0	0	0	0	0	0	0	0
	黄斑＋輪紋	0	0	0	0	0	0	0	0	0
	黄斑＋モザイク	0	0	0	0	0	0	0	0	0
	モザイク	0	2(3.7)	0	0	0	1(1.9)	0	0	3(5.6)
	葉脈黄化	0	3(5.6)	0	0	0	9(16.7)	0	0	12(22.2)
	葉脈黄化＋モザイク	0	0	0	0	0	2(3.7)	0	0	2(3.7)
	葉脈黄化＋わい化	0	0	0	0	0	0	0	0	0
	縮葉	0	0	0	0	0	0	0	0	0
	無病徴	0	2(3.7)	21 (38.9)	0	0	6(11.1)	0	8 (14.8)	37 (68.5)
	合　計	0	7(13.0)	21 (38.9)	0	0	18(33.3)	0	8 (14.8)	54 (100)
東　北	黄斑	0	0	0	2(2.1)	0	0	0	0	2(2.1)
	黄斑＋輪紋	5(5.2)	0	0	0	1 (1.0)	0	0	0	6(6.3)
	黄斑＋モザイク	0	0	0	0	0	0	0	0	0
	モザイク	0	10 (10.4)	0	0	0	0	0	0	10 (10.4)
	葉脈黄化	0	3(3.1)	0	0	0	2(2.1)	0	0	5(5.2)
	葉脈黄化＋モザイク	0	5(5.2)	0	0	0	0	0	0	5(5.2)
	葉脈黄化＋わい化	0	0	0	0	0	3(3.1)	0	0	3(3.1)
	縮葉	0	2(2.1)	0	0	0	0	0	0	2(2.1)
	無病徴	0	12 (12.5)	8(8.3)	0	0	0	0	43 (44.8)	63 (65.6)
	合　計	5(5.2)	32 (33.3)	8(8.3)	2(2.1)	1(1.0)	5(5.2)	0	43 (44.8)	96 (100)
関　西	黄斑	7(10.1)	0	0	0	0	0	0	0	7(10.1)
	黄斑＋輪紋	9(13.0)	0	0	0	1(1.4)	0	0	0	10 (14.4)
	黄斑＋モザイク	2(2.9)	0	0	0	0	0	0	0	2(2.9)
	モザイク	0	0	0	0	0	0	0	0	0
	葉脈黄化	0	0	0	0	0	0	0	0	0
	葉脈黄化＋モザイク	0	0	0	0	0	0	0	0	0
	葉脈黄化＋わい化	0	0	0	0	0	0	0	0	0
	縮葉	0	0	0	0	0	0	0	0	0
	無病徴	3(4.3)	0	0	0	0	0	0	47 (68.1)	50 (72.5)
	合　計	21 (30.4)	0	0	0	1(1.4)	0	0	47 (68.1)	69 (100)
九　州	黄斑	0	0	0	0	0	0	0	0	0
	黄斑＋輪紋	0	0	0	0	0	0	0	0	0
	黄斑＋モザイク	0	0	0	0	0	0	0	0	0
	モザイク	0	5(6.3)	0	0	0	0	0	0	5(6.3)
	葉脈黄化	0	2(2.5)	0	0	0	0	0	0	2(2.5)
	葉脈黄化＋モザイク	0	0	0	0	0	0	0	0	0
	葉脈黄化＋わい化	0	2(2.5)	0	0	0	0	0	0	2(2.5)
	縮葉	0	0	0	0	0	0	0	0	0
	無病徴	0	21 (26.3)	3(3.8)	0	0	1(1.3)	0	46 (57.5)	71 (88.8)
	合　計	0	30 (37.5)	3(3.8)	0	0	1(1.3)	0	46 (57.5)	80 (100)

注　TSWV，DMVおよびCSVdはマルチプレックスmicro tissue direct RT－PCR（浅野ら，2015b）により検出。表中の数値は，ウイルスとウイロイド検出株数（ウイルスとウイロイドの検出率（％））

とともに，アザミウマ類による再汚染に注意する必要があると考えられる。

③ CSVdの場合

CSVdは，北海道で72.2％と高い感染率を確認したが，キクでの報告（Matsushita, 2013）によれば，虫媒伝染はなく汁液により伝染することから，感染株を母株とした増殖や管理作業によって感染拡大したと考えられる。

病徴を示した株は，すべてTSWVもしくはDMVに感染していた。このことから，日本におけるダリア栽培で重要なウイルスはこの2種ウイルス（TSWVとDMV）であると考えられた。

病徴は各ウイルスで報告されたものと同様であり，症状と検出されたウイルス種とは明瞭な相関がみられた。TSWVの主要な症状は，黄斑と輪紋であり，少数の株でモザイクが確認された。DMVについては，モザイクと葉脈黄化が主であり，少数の株で葉の萎縮が確認された。TSWVとDMV，TSWVとCSVd，DMVとCSVdの複合感染も確認されたが，複合感染に特有の症状は確認されなかった。一方で，CSVdの単独感染株には，ウイロイド特異的な病徴は確認されなかった。このことから，CSVd単独感染時のダリアの生育への影響についてさらなる調査が必要といえる。

(3) ダリアのウイルス・ウイロイド病の防除対策

① 茎頂培養由来の苗を使用

ウイルス，ウイロイド対策としては，まず非感染の種苗の確保が必要となる。さまざまな植物と同様にダリアでも茎頂培養によるウイルスのフリー化が報告されている（仲ら，2007b）。培養ビンでの増殖はMS培地を用いて16時間日長，蛍光灯での照射環境で可能である。また，茎頂培養由来の苗を親株に使うと，挿し芽増殖の効率がよい。

② 栽培管理・虫媒伝染による再汚染の防止

茎頂培養由来の株や，ウイルス・ウイロイド検定により陰性であることを確認した株などは，非感染の母株として再汚染しないように維持することが重要である。このためには，各ウイルスの感染経路を遮断する必要がある。ダリアでの感染経路は大きく分けて，作業者が使う刃物と，アザミウマ類およびアブラムシ類といった害虫である。

はさみなどの刃物については，親株や種球を扱うときには，必ず作業前の消毒を習慣づけるようにする。栽培管理や分球で用いているはさみには，汁液だけでなく植物の破片が多く付着しており，エタノールや次亜塩素酸ナトリウムなどの消毒薬の多くは表面殺菌には有効であるが，植物の破片の内部まで短時間で消毒することはできない。このため，消毒薬を用いる場合には，十分な薬液量で洗い流すとともに，できるだけ長時間，消毒液に浸漬しておく必要がある。確実な方法としては，ホームセンターなどで売っている小型のガスバーナーにより刃先を火炎消毒することで，植物の破片があっても短時間で作業を繰り返すことができる。

害虫によるウイルスの媒介を防ぐには，0.4mm目合いの防虫ネットで被覆した網室（ネットハウス）での栽培が基本となる。しかし，ネットハウスであっても，出入口や排水溝など一部に開口部があるため，そこからウイルス保毒虫が侵入することが考えられる。そのためネットハウス内であってもアザミウマ類とアブラムシ類の定期的防除は必須である。とくに，これらの害虫の飛翔や移動が多い春から初夏にかけては，薬剤散布の回数を増やすようにする。

アザミウマ類は，幼虫期にTSWV感染植物を摂食することでウイルス媒介能力を獲得できる一方で，成虫期の摂食では獲得できない。幼虫体内に取り込まれたウイルスは，中腸内で増殖し，アザミウマの発育に伴って感染部位を拡大し，唾液腺に到達する（櫻井，2006）。

媒介虫になるには，唾液腺でのウイルス濃度が高いことが必須となる。ただし，すべてのアザミウマ類がTSWVを媒介するわけでなく，特定の種のみが媒介する。ミカンキイロアザミウマ，ヒラズハナアザミウマ，ネギアザミウマ，ダイズウスイロアザミウマ，ウスグロアザミウマなどは媒介能をもち（Riley et al., 2011），

特集　切り花ダリア栽培最前線

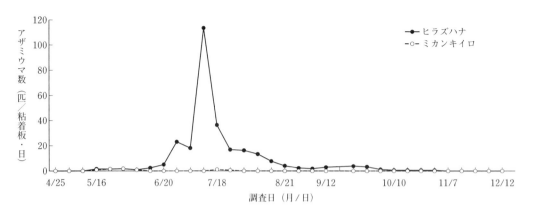

第5図　ダリア生産圃場におけるアザミウマ類の発生消長
圃場内に青色粘着版を設置し、約1週間後に回収した

ハナアザミウマ，ミナミキイロアザミウマ，カキクダアザミウマなどは媒介能をもたない。そのため，すべてのアザミウマ類ではなく，TSWV媒介能をもつアザミウマ類の発生消長を考慮して殺虫剤の散布時期を決める必要がある。

第5図に，奈良県の中山間地での，TSWV媒介能をもつアザミウマ類の発生消長を示した。この産地ではミカンキイロアザミウマの発生が確認されたものの，ヒラズハナアザミウマが優占種となっている。ヒラズハナアザミウマは4月下旬から発生が確認され始め，7月中旬にピークに達し，その後，発生は終息していき，12月には発生が確認されなくなった。この場合，露地圃場では発生量の増加が始まり，ピークを迎える前の5～6月に薬剤散布を重点的に実施する必要があると考えられる。また，ネットハウスでは，野外での発生が多く，しかもウイルス保毒虫の侵入リスクが高い6～8月に，殺虫剤の散布回数を増やすべきである。

アザミウマ類の同定については，詳細に行なうさいはプレパラートを作製して光学顕微鏡での観察が必要となるが，実体顕微鏡を用いた簡

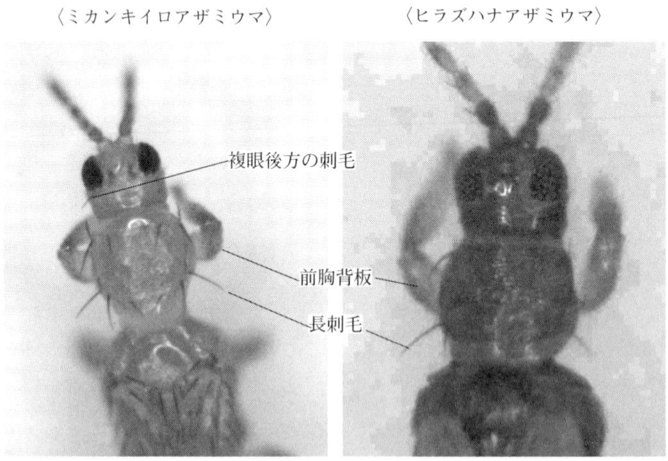

第6図　ミカンキイロアザミウマとヒラズハナアザミウマの簡易同定のポイント
複眼後方の刺毛が長いのがミカンキイロアザミウマ（左），短くて見えないのがヒラズハナアザミウマ（右）

易同定法でも優占種を判別するには十分である（井村，2011；千脇ら，1994）。

アザミウマ類の発生消長のモニタリングは，圃場内に青色粘着板を設置し，回収のさいは粘着板をサランラップで包んで実験室に持ち帰る。サランラップの上から実体顕微鏡で観察し，種の同定を行なうことができる。前胸背板の前縁と後縁にそれぞれ長刺毛があるものは，*Frankliniella*属に分類される，ミカンキイロアザミウマかヒラズハナアザミウマである（第6図）。この2種をさらに見分けるには，複眼後

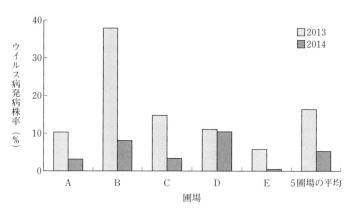

第7図　ダリア生産圃場におけるウイルス発病株率の推移
2013年の調査後にウイルス発病株の抜き取りを実施した

か所の事例の平均では，2013年にウイルス発病株率が16.3％であったものが，同年の発病株の抜き取りにより，翌年には5.3％まで低下した（第7図）。単年の抜き取りでも効果が確認されており，毎年継続して行なうことでさらなる効果が期待できる。

TSWVについては病徴がわかりやすいため抜き取りの効果が出やすいが，DMVについては潜在感染の割合が高く，さらに病徴がはっきりしないものが多いため，潜在感染を検出できるRT-PCRなどを用いたうえで感染株を除去すると，さらに効果が高くなる。

方の刺毛が長いものがミカンキイロアザミウマであり，短くて見えないものがヒラズハナアザミウマである。

③ ウイルス・ウイロイド病感染株の抜き取り

本圃やネットハウス内でウイルス・ウイロイド病感染株を見つけたさいは，すぐに感染株を抜き取り，ハウス外で処分する必要がある。管理作業時やウイルス媒介虫の伝染源を除去できることに加え，翌年に親株として使用しないようにするためである。

感染株の抜き取りは，作業自体は単純であるが，その防除効果は高い。露地球根生産圃場5

(4) TSWVの植物体内での分布

TSWVを含むトスポウイルス属は，植物体内での分布が不均一であることが知られている。TSWVではダリアをはじめ，キク，ジャガイモ，ラナンキュラスなどで，そのような分布の傾向が確認されている（Aleksandra et al., 2013；Matsuura et al., 2004；Whitfield et al., 2003）。ウイルス検定はおもにRT-PCR，

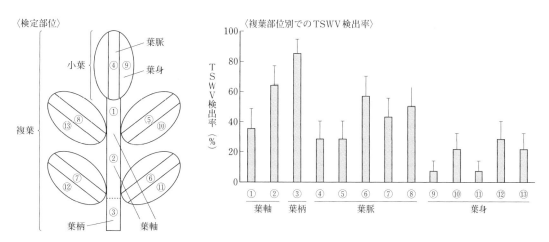

第8図　ダリア複葉における部位別でのTSWVの検出
エラーバーは標準誤差を示す

特集　切り花ダリア栽培最前線

ELISA，イムノストリップなどを使用するが，検定部位が1cm四方程度と小さく，感染植物であっても，ウイルスが存在していない部位をサンプリングしてしまうことで，検定の結果が陰性となる可能性がある。そのため，ダリアでも，ウイルスの分布の傾向を理解したうえでサンプリングすることが重要である（Asano *et al.*, 2017）。

①葉での分布

複葉では，潜在感染株の中位葉での，micro tissue direct RT-PCRによる調査結果では，TSWVの検出率は葉柄でもっとも高く，次に葉脈，葉軸となり，葉身ではやや低い傾向がある（第8図）。Tissue blot immunoassayによるTSWVの分布でも，葉脈近辺では安定して分布しており，葉身では不均一になる傾向がある（第9図）。また，病徴部とTSWVの分布はほぼ一致しており，病徴が見られる場合は，その部位でウイルス検定を実施することが重要である。

②茎での分布

茎では，感染株の栄養生長期および開花期

第9図　ダリア小葉でのTSWVの検出
①～③TSWVに感染した小葉，④TSWV非感染の小葉，⑤～⑧上記サンプルでのTSWVの検出結果
Tissue blot immunoassayによりTSWVを検出。凍結融解した小葉をニトロセルロースメンブレンに押し付け，抗原抗体反応を実施。葉脈の中心部のみ葉の汁液が付着しなかった

での，節位別のTSWVの検出率がTissue blot immunoassayにより調査されている。栄養生長期では，上位節は，中位および下位節と比べてTSWVの検出率が低い（第10図）。一方，開花期においては上位節で検出率が高く，下位節ほど検出率が低くなっており（第11図），生育ス

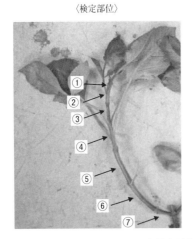
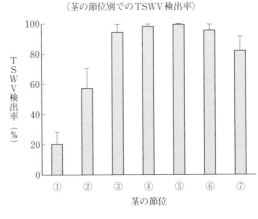

第10図　栄養生長期におけるダリア茎でのTSWVの検出
Tissue blot immunoassayによりTSWVを検出。エラーバーは標準誤差を示す

ウイルス，ウイロイド

〈検定部位〉

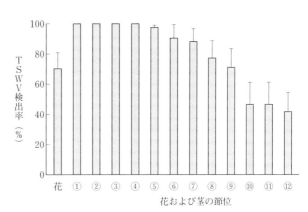
〈花および茎の節位別でのTSWV検出率〉

第11図　開花期におけるダリア花および茎でのTSWVの検出
Tissue blot immunoassayによりTSWVを検出。エラーバーは標準誤差を示す

テージによりTSWVの分布が異なっている。
　この要因については，栄養生長期では茎の伸長がTSWVの増殖や移行より速いため，あるいは上位節でのウイルス増殖と移行が，植物体側の防御反応により抑制されていると考えられている。一方，開花期については茎の伸長が止まるため，TSWVが上位へ移行しやすくなったと考えられる。また，開花期で上・中位節と比較して下位節で検出率が低かったことに関しては，光合成同化産物とともにウイルスが転流することにより，老化した下位節から上位の活性が高い部位へウイルスが移動した可能性が考えられる（Hipper *et al*., 2013）。茎における光合成同化産物の転流についての知見は少ないが，キクの茎で葉と同様に転流が行なわれていることも確認されている（Adachi *et al*., 1999）。

③球根での分布

　地上部の病徴が明瞭な株の球根を用いて，部位別のTSWVの分布をTissue blot immunoassay

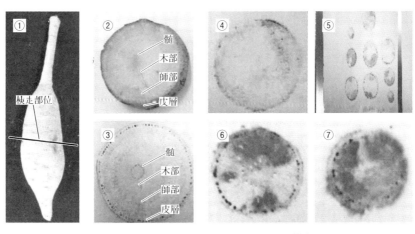

第12図　ダリア球根におけるTSWVの検出
①球根における検定部位，②③球根断面図とニトロセルロースメンブレンへの付着のようす，
④〜⑦TSWVの検出結果（感染程度は④非検出，⑤1/3未満，⑥1/3〜2/3，⑦2/3以上）
Tissue blot immunoassayによりTSWVを検出

により調査したところ，TSWVは球根の表皮，皮層，師部，木部，維管束におもに分布している一方で，髄での分布は少ない傾向にある（第12図）。横断面の分布の程度については，半数以上の個体でTSWVの分布面積は断面の1/3未満であり，分布の不均一性は非常に高い。

④適切な検定部位

ダリアの部位別でのTSWVの分布傾向を考慮すると，分布がもっとも不均一であった球根は，ウイルス検定時のサンプリング部位として適切でないと考えられる。複葉については，検出率が高かった中位葉の葉柄，葉軸，葉脈が検定部位として適していると考えられる。また茎については，栄養生長期では中位節，開花期では上位節が適していると考えられる。

(5) ウイルス，ウイロイドの検定手法

①遺伝子増幅による手法

ウイルス，ウイロイドの検定には，PCR（Polymerase Chain Reaction）による検出法がもっとも利用されている（仲ら，2007a；浅野ら，2015b）。PCRでは，対象とするウイルス，ウイロイドに特異的なDNAの配列を増幅し，その増幅産物の有無を，電気泳動などにより確認する。

DMV以外のウイルス，ウイロイドのゲノムはRNAであるため，RNAを逆転写してcDNAにしたのちに，PCRを実施する。RNAの抽出は100mg程度の葉を液体窒素で凍らせて，乳鉢で摩砕したのちに，抽出バッファーの添加や遠心分離などいくつもの工程を必要とし，労力がかかる。この工程を省略したmicro tissue direct RT-PCR（Hosokawa et al., 2006）では，昆虫針や注射針で検定植物の葉を刺し，針をRT-PCR反応液に浸ける。針先についた汁液に含まれるRNAを利用して，PCRを実施する。

この手法をDNAウイルスであるDMVで用いた場合は，RT-PCR，PCR反応液のいずれでも利用可能である。ただし，抽出したRNAをテンプレートとしたRT-PCRと比べて，検出感度が低くなることに注意する。また，複数のウイルス，ウイロイド種を同時に検出するマルチプレックスRT-PCR法も開発されており（浅野ら，2015b），作業の効率化のために有効である。リアルタイムRT-PCR法は，PCR反応中に蛍光標識された増幅産物を確認することで検出の有無を判別するため，電気泳動の手間が不要である。また，ウイルス，ウイロイドの濃度を測定することも可能である。

②抗血清による手法

抗血清による手法には，各ウイルスに特異的な抗体を用いた酵素結合抗体法（ELISA）や，Tissue blot immunoassay，イムノストリップなどがある。外被タンパク質をもたないウイロイドは，これらの抗血清による手法では検定ができない。しかし，これらの手法は特殊な機器などをあまり必要としない。

ELISAやTissue blot immunoassayは抗原抗体反応に時間がかかるが，イムノストリップは植物を摩砕し，そこに検査紙をつけるだけであり，2分ほどで検定結果がでる。抗血清による手法の検出感度はPCRより劣るものの，ELISAやTissue blot immunoassayは抗原抗体反応の発色程度により，ウイルス濃度が予測できる。DMV以外のウイルス抗体は日本植物防疫協会やagdia社などから入手でき，イムノストリップはTSWV，INSV，CMV用がagdia社から販売されている。

③ウイルス，ウイロイド検定手法の選択

典型的な症状については，目視のみで診断はおおむね可能である。しかし，目視での診断に自信がもてない場合や，症状が軽微な場合，あるいは健全株選抜のためにウイルスの有無を確認したいなどのさいには，検定が必要となる。さまざまな検定手法から，どの手法を選択するかは，1）検出感度，2）作業性，3）コストにより決定する（第2表）。

たとえば，農家からの発病株の持ち込みがあったさいなど，時間をかけずに診断を行ないたい場合は，1検体当たりのコストは高いが，すぐに検定結果がでるイムノストリップを選択するとよい。診断の結果を返すまでに時間がある場合は，比較的省力なmicro tissue direct RT-PCRなどの，RNA抽出が不要な手法を使

ウイルス，ウイロイド

第2表　ウイルス，ウイロイドの検定手法とその特徴

分　類	検定手法	検出感度	作業性[1]	円/1検体
遺伝子増幅	シングルRT-PCR	○	×	376円[3]
	マルチプレックスRT-PCR	○	×	252円[3]
	リアルタイムRT-PCR	○	△	288円[3]
	micro tissue directマルチプレックスRT-PCR	△	○	62円[4]
	micro tissue directリアルタイムRT-PCR	△	○	88円[4]
抗血清[2]	Tissue blot immunoassay	△	△	42円[5]
	ELISA	△	×	24円
	イムノストリップ	△	○	760円

注　1）作業が簡便なものを○とした
　　2）ウイロイドの検定はできない
　　3）RNA抽出200円含む
　　4）針3円含む
　　5）メンブレン20円含む

用する。病徴がでている場合はウイルス濃度が高く，検出感度が低い手法でも十分に検出が可能である。健全な親株の選抜をするさいは，低濃度感染株も除去したいので，高感度の検出方法であるRNA抽出産物を用いたRT-PCRを選択する。

　現地での発生状況調査など検体数が多いときは，作業の簡便さとコストが非常に重要である。そのさいは，検出感度はやや落ちるが，省力的なmicro tissue directリアルタイムRT-PCRや，micro tissue directマルチプレックスRT-PCRを選択する。植物体内でのウイルスの分布を見るときは，ウイルス濃度がわかるELISAや，Tissue blot immunoassayやリアルタイムRT-PCRを選択する。

　また，手法ごとの失敗のしやすさを知っておくことも必要である。PCRによる検定方法はコンタミネーションによる偽陽性反応が起こることがあるが，抗血清による検定手法では，偽陽性反応が起こる確率はきわめて低い。研究機関ではPCRによる検定が主流となっているが，抗原抗体反応による検定手法は特殊な装置が不要であるため，普及事務所などでも実施可能である。実際に，普及事務所でTissue blot immunoassayを実施している県もある。試薬などについては，定期的に研究機関から調整した試薬を配布している。

執筆　浅野峻介（奈良県農業研究開発センター）

参考文献

Adachi, M., S. Kawabata and R. Sakiyama. 1999. Changes in Carbohydrate Content in Cut Chrysanthemum [*Dendranthem* × *grandiflorum* (Ramat.) Kitamura] 'Shuho-no-chikara' Stems kept at Different Temperatures during Anthesis and Scenescence. J. Japan. Soc. Hort. Sci. **68**, 505—512.

Albouy, J. 1995. Dahlia. Virus and Virus-like Diseases of Bulb and Flower Crops. 265—273.

Aleksandra, R. B., M. S. Ivana, B. V. Ana, T. R. Danijela, N. M. Katarina, S. I. Mirko and B. K. Branka. 2013. Tomato Spotted Wilt Virus-Potato Cultivar Susceptibility and Tuber Transmission. Am. J. Potato Res. **91**, 186—194.

浅野峻介・平山喜彦・倉田淳・印田清秀．2015a．ダリアにおけるトマト黄化えそウイルスの主要な伝染方法の特定．関西病虫研報．**57**，143．

Asano, S., Y. Hirayama and Y. Matsushita. 2017. Distribution of *Tomato spotted wilt virus* in dahlia plants. Lett Appl Microbiol. 297—303.

浅野峻介・平山喜彦・仲照史・松下陽介．2015b．ダリアに感染するウイルス・ウイロイドの検出技術の開発および国内における発生状況．植物防疫．**60**（12），12—16．

Brunt, AA. 1971. Some hosts and properties of dahlia mosaic virus. Ann. Appl. Biol. **67**（3），357—368．

千脇健司・佐野敏広・近藤章・田中福三郎．1994．粘着トラップに誘殺されたアザミウマ類の簡易同定法．植物防疫．**48**，521—523．

特集　切り花ダリア栽培最前線

Deguchi, A., F. Tatsuzawa, M. Hosokawa, M. Doi and S. Ohno. 2015. Tobacco streak virus (strain dahlia) suppresses post-transcriptional gene silencing of flavone synthase II in black dahlia cultivars and causes a drastic flower color change. Planta. **242**, 663—675.

Hipper, C., V. Brault, V. Ziegler-Graff and F. Revers. 2013. Viral and cellular factor's involved in phloem transport of plant viruses. Front. Plant Sci. **154**, 1—24.

Hosokawa, M., M. Matsushita, H. Uchida and S. Yazawa. 2006. Direct RT-PCR method for detecting two chrysanthemum viroids using minimal amounts of plant tissue. J Virol Methods. **131**, 28 —33.

井村岳男，2011，野菜栽培で問題になるアザミウマの見分け方，植物防疫特別増刊号．**14**，11—14.

Jacobus, Th. J. V., T. M. Ellis, W. R. Johanna, F. Ricardo and S. Pedro. 2013. *Dahlia latent viroid*: a recombinant new species of the family *Pospiviroidae* posing intriguing questions about its origin and classification. J Gen Virol. **94**, 711—719.

Matsushita, Y. 2013. *Chrysanthemum stunt viroid*. JARQ. **47**, 237—247.

松下陽介・津田新哉．2010．侵入に警戒を要するポスピウイロイド．植物防疫．**64**（7），66—70.

Matsushita, Y. and S. Tsuda. 2014. Seed transmission of *potato spindle tuber viroid, tomato chlorotic dwarf viroid, tomato apical stunt viroid*, and *Columnea latent viroid* in horticultural plants. Eur J Plant Pathol. **145** (4), 1007—1011.

Matsuura, S., S. Ishikura, N. Shigemoto, S. Kajihara and K. Hagiwara. 2004. Localization of *Tomato spotted wilt virus* in Chrysanthemum Stock Plants and Efficiency of Viral Transmission from Infected Stock Plants to Cuttings. J. Phytopathology. **152**, 219—223.

仲照史・藤井祐子・細川宗孝・中島明子・浅尾浩史・岡田恵子・前田茂一．2007a．ダリアの茎頂培養が生育とウイルス保毒程度に及ぼす影響．奈良農総セ研報．**38**，17—22.

仲照史・前田茂一・角川由加．2007b．茎頂培養株を親株とした挿し芽増殖によるダリア種球生産．奈良農総セ研報．**38**，23—30.

Nakashima, A., M. Hosokawa, S. Maeda and S. Yazawa. 2007. Natural infection of *Chrysanthemum stunt viroid* in dahlia plants. J Gen Plant Pathol. **73**, 225—227.

奥田充．2002．わが国におけるトスポウイルス病の発生状況．植物防疫．**56**（1），18—21.

Pahalawatta, V., K. Druffel and H. R. Pappu. 2007. Seed Transmission of *Dahlia mosaic virus* in Dahlia pinnata. Plant Disease. **91**, 88—91.

Riley D. G, S. B. V. Joseph, R. Srinivasan and S. Diffie. 2011. Thrips vectors of Tospoviruses. J Integr Pest Manag. **1**, 1—10.

櫻井民人．2006．アザミウマ類のトスポウイルス媒介特性と防除対策．植物防疫．**60**（8），14—18.

末松俊彦・佐藤裕・仙北俊弘・四方英四郎．1978．北海道におけるダリアのウイルス病．北大農研邦文紀要．**11**（2），138—147.

津田新哉．1999．TSWV トマト黄化えそウイルスの特性と昆虫伝搬について．園芸新知識．**3**，35—38.

Tsushima, T., S. Murakami, H. Ito, Y. Adkar and T. Sano. 2011. Molecular characterization of *Potato spindle tuber viroid* in dahlia. J Gen Plant Pathol. **77**, 253—256.

Tsushima, T., Y. Matsushita, S. Fuji and T. Sano. 2015. First report of *Dahlia latent viroid* and *Potato spindle tuber viroid* mixed-infection in commercial ornamental dahlia in Japan. New Disease Reporots. **31**, 11.

Whitfield, A. E., L. R. Campbell and J. L. Sherwood. 2003. Tissue Blot Immunoassay for Detection of *Tomato spotted wilt virus* in *Ranunculus asiaticus* and Other Ornamentals. Plant Dis. **87**, 618—622.

切り花用

- ●冬切り品種の開発
- ●早生性の重視

天野　良紀（株式会社ミヨシ八ヶ岳研究開発センター）

（1）育種の契機とこれまでの歩み

　ダリアはメキシコからコンロビアに至る中央および南アメリカ原産で，約30種が自生するといわれている。現在栽培されている園芸種バリアビリスの祖先は複雑で，さまざまな種が組み合わさっている。

　日本へ渡来したのは江戸時代末期の1842年，オランダ人によるといわれている。当時は天竺牡丹と呼ばれていた。その後ヨーロッパより優れた品種の導入も盛んとなり，昭和に入って各地の園芸家によって育種が進められ，ダリアは家庭園芸の観賞材料として利用されるようになった。広く花壇植えや切り花として，初夏から晩秋に至るまで多彩な景観を形成した。

　近年ではさらに育種が進み，多種多様な花形や花色を持つ品種が多数作出されている。

　しかし，これだけの多様な花形や花色を持つダリアの切り花の市場規模は非常に小さい。その一番の原因として考えられるのは，花持ちの悪さにある。従来のダリアの栽培は，春に露地に球根を定植し，初夏～晩秋にかけて切り花を行なってきた。これでは温度の高い時期の切り化となり，花持ちに問題が出やすかった。

　そこで，冬切り栽培することにより，ダリアの最大の問題点である花持ちの悪さを克服できないかとの検討を行なった。

（2）育種の目標と着眼点

　ダリアの最大の魅力は，豊富な花色や花形にある。欠点としては，花持ちが悪い，ウイルスやウイロイドに弱い点があげられる。そこで，ダリアの最大の魅力を引き出し，欠点をカバーするために，以下を育種目標とした。

①周年栽培用品種の選抜

　ダリアの最大の欠点である花持ちの悪さの改良を育種でコツコツと進めていくには，非常に時間がかかる。手法の一つとしては，花持ちが良い系統間で交配を行ない，その後代でさらに花持ちの良い系統を選び，交配を進めていく方法がある。

　今回は単純な発想で，暑い夏を避けて冬に花を切ることができれば花持ちが良くなるのではないかと考え，冬切り栽培の作型で選抜を行なうこととした。

②冬切り作型の問題点

　冬切り作型の問題点としては，以下4点があげられる。

　1）花弁枚数の減少

　季咲き栽培では十分な温度および日射量があるが，冬切り作型では温度や日射量不足になるため，花弁枚数の減少が起こる。改善案としては，電照時間を長くすることにより，花弁の枚数を増やすことが可能となる。ただし，電照時間を長くすることにより草丈が伸びるため，品種ごとに電照時間を設定することが理想となる。

　2）奇形花の発生

　短日条件では，奇形花発生の危険性がある。花弁がうまく展開できずに，苞が発達することがある（第1図）。

　3）奇形葉の発生

　4）花色の色あせ

　一般的な傾向として，冬切り作型では花色が淡くなる傾向がある。これは十分な温度および日射量がないことが原因と考えられる。

　通常，ダリアは春にあらかじめ芽出しを行なった球根を露地圃場に定植し，初夏から晩秋にかけて切り花を行なう。この作型では十分な温

特集　切り花ダリア栽培最前線

第1図　短日条件では奇形花発生の危険
花弁がうまく形成されないで、苞が発達

度と日射量があるが，冬切り作型では温度および日射量が十分でないために，上記のような問題が起こる。また，現在販売されている品種のほとんどが季咲き栽培向けに選抜されており，冬切り作型向けに選抜された品種はごくわずかである。そこで冬切り作型で選抜を行なうことで，周年栽培できるダリアの品種育成を進めたのである。

③電照時間および栽培温度の設定

ダリアの電照の効果としては，以下4点があげられる。

1）休眠抑制

短日条件で休眠に入る。電照により休眠を抑制し，周年出荷が可能となる。

2）草丈伸長

量的短日植物のために，電照により開花を遅らせ，草丈を伸ばし，花弁の枚数を増やす効果がある。

3）株を充実させる

とくに8～9月定植の作型では高温時期の定植となるために，十分な草丈が確保できずに開花するおそれがある。そこで，電照をすることにより株を充実させ，短小開花を回避する効果がある。

4）露心の防止

電照時間としては，14～16時間日長になるように調節する。電照時間が短くなるほど露心の危険性がある。また電照時間が長くなるほど草丈が伸び，開花が遅れるために，電照時間の設定にあたっては，品種ごとに最適な電照時間で栽培するのが望ましい。

④仕立て方

2～3節残してピンチを行ない，1番花を4～6本に仕立てる。2番花以降は1節残しで採花することにより，1株当たりの1回の採花本数を10本以下に調整する。10本以上立てると1本当たりのボリュームがなくなり，切り花品質が悪くなる。

⑤育種の方法

冬切り作型で選抜を行なう。以下，その選抜基準である。

1）花色の変化の少ないもの

赤の代表品種の'熱唱'は，晩秋からオレンジ色に変化することで有名な品種である。周年栽培を行なうにあたっては，年間を通して安定した花色で出荷できる品種が望まれる。

2）花弁枚数の変化の少ないもの

周年を通して調査を行なう。とくに冬切り作型で，花弁枚数の変化の少ない系統の選抜を行なう。

3）早生性の重視

冬切り作型で，早生性は非常に重要な選抜項目の一つとなる。夏の開花差1週間が，冬の開花差1か月になることもある。1か月の開花差がつくと，通常3～4番花まで採花できるところが，2～3番花までしか採花できずに，1株当たりの収量が多いときには10本程度減少する。

4）生産性は地ぎわからの分枝性に注目

地ぎわからの分枝性が良く，1株当たりの収量が多い品種が望まれる。

(3) 販売規格の設定

①従来の球根利用のデメリット

従来の規格は，球根が主流である。しかし，球根のデメリットとしては，以下4点があげられる。

1) 増殖倍率が悪い

球根の増殖倍率は最大10倍程度となる。

2) 芽出しが手間

球根からの芽出しは通常バラバラに芽が出てくるために，定植前に芽出しを行ない，圃場に定植する必要がある。

3) 分球がむずかしい

分球作業は1球に対して必ず1芽以上芽をつけるように分球を行なう必要がある。この分球作業は熟練の技が必要となる。とくに掘上げ直後は芽を見分けるのが非常にむずかしい。

4) 切り花栽培には茎が太くなりすぎる

球根にはもともと栄養が豊富にあり，切り花栽培するには茎が太くなりすぎる品種が多い。

②切り花栽培ならプラグ苗で

切り花栽培向けでは，球根は上記のような欠点があるため，販売規格の設定を行なった。その結果，プラグ苗による栽培で問題が解決されることがわかった。プラグ苗による切り花栽培のメリットとしては，以下の5点があげられる。

1) 増殖倍率が高い

球根では最大10倍程度であるが，挿し芽では平均20倍程度となる。

2) 芽出しの手間がない

3) 種苗費が大幅に軽減される

4) 切り花栽培に適した茎の太さに仕上がる

球根栽培では，球根に栄養が含まれているため茎が太くなりやすいが，プラグ苗はちょうど良い太さに仕上がる。

5) 生育の揃いが良く，採花ロスが少ない

プラグ苗を使用しているために，1番花は生育の揃いが良く，球根から栽培するより採花ロスが少ない。

(4) ウイルスおよびウイロイド対策について

ダリアの栽培で一番問題となる病気として，ウイルスやウイロイドがあげられる。

ダリアのウイルス病はおもに，ダリアモザイクウイルス，キュウリモザイクウイルス，トマト黄化えそウイルス，タバコ条斑ウイルスがある。ウイロイドはおもに，キクわい化ウイロイ

第2図 DMV-D10感染株
葉脈に沿って緑色が濃くなり，葉縁が縮葉症状を示す

ド，ポテトスピンドルチューバーウイロイドがある。

これらの病気はアブラムシ類やアザミウマ類（スリップス）などの害虫により媒介されるために，これらの防除に努める。また，はさみなどの器具でも感染を広げるため，はさみの消毒も徹底して行なう。

①問題となるウイルス

ダリアモザイクウイルス（DMV） ダリアでもっともポピュラーなウイルスである。DMVは3種類に分化しており，DMV-D10，DMV-Portland，DMV-Hollandに分類される。その中でとくに感染報告が多いのが，DMV-D10（第2図）である。症状としては，葉脈の緑色がやや濃くなり，アザミの葉のような退緑斑紋を生じる。また，葉縁が波立ったような縮葉症状になることが多い。激しい場合には株全体が萎縮して花もやや小型になる。

宿主範囲は比較的狭い。アブラムシ類によって半永久的に伝搬される。

キュウリモザイクウイルス（CMV） 初期は葉脈に沿って退緑して黄色になり，葉が細く，縮れる。病状が進行してくると，葉では葉脈に沿ってやや緑色が淡く，退色が進むと黄色になり，葉身は細くなる。花は，やや小型になり，花弁の奇形も起こる。全体の生育も悪くなる（第3図）。

宿主範囲は広く，多くの草花，野菜，雑草，

特集　切り花ダリア栽培最前線

第3図　CMV感染株
葉脈に沿って緑色が淡くなり，葉が内側に巻く

樹木などに感染する。アブラムシ類によって半永久的に伝搬される。

トマト黄化えそウイルス（TSWV）　初期は，葉に淡黄緑色ではっきりとした輪紋斑や，退色した斑紋を生じる（第4図）。症状が進行してくると，葉は淡黄緑色，灰白色，褐色あるいは黒褐色など変異がある。輪紋をつくらずに，隔離退色した緑色の斑紋を示す場合もある。茎には縦に細長く黒褐色のえ死斑を生じ，激しい場合には亀裂を生じることがある。しかし，葉が奇形になったり，株が萎縮することはない。

宿主範囲は広く，ダリア，キク，ノゲシなどキク科花卉類のほかに，トマト，ピーマン，タバコなどのナス科，スイカなどのウリ科，雑草などに感染する。アザミウマ類によって伝搬される。

タバコ条斑ウイルス（TSV）　葉に退緑斑や，え死斑を生じる。宿主範囲は広く，タバコ，ジャガイモ，トウガラシ，トマト，ヒマワリ，エンドウ，ダイズ，イチゴなど21科87種以上で感染が報告されている。

②問題となるウイロイド

キクわい化ウイロイド（CSVd）　ダリア栽培でもっとも重要な病害が，キクわい化ウイロイドである（第5図）。キクわい化病は，1947年にアメリカ合衆国で報告されて以来，世界中に被害が拡大している。日本国内では，1977年に初めてその発生が確認され，その後全国的にウイロイドの被害が報告されている。感染した株は健全なダリアに比べ草丈が低く，花が小さくなり，花色や葉色が濃くなる。多くの品種で開花期が早まり，露心しやすくなる。

宿主はキク科植物が中心で，ナス科，ウリ科植物などにも感染する。熱やアルコールなどの薬品に対して高い耐性を持ち，きわめて安定性が高い。

ポテトスピンドルチューバーウイロイド（PSTVd）　PSTVdはナス科を中心に激しい症状の病害を引き起こすため，日本国内では，とくに海外からの侵入を警戒している植物病原体である。これまでに，世界各国で多くの系統が報告されている。おもにナス科などの植物に感染し，株全体が小さくなる，葉が縮む，果実が小型化するなどの症状を引き起こす。人や動物には感染せず，万が一，PSTVdに感染した植物を食べ

第4図　TSWV感染株
葉の表面に，きれいな輪紋を描く

第5図　CSVd感染株
右側4個体がわい化症状を示す

ても，健康に影響はない。現在のところダリア
での病状について報告例はないが，感染は確認
されている。

③ウイルスおよびウイロイド対策

（株）ミヨシでのウイルス，ウイロイド対策
としては，以下の4点があげられる。

1）生長点培養による親株の無病化

1952年に，フランスの病理学者モレルが世
界で初めてダリアのウイルスフリー苗作出に成
功したのが，この生長点培養による親株の無病
化技術の起源となる。その後，ランやキク，カ
ーネーションなどの花卉類で使われている技術
である。

2）ウイルスおよびウイロイド検定の実施

生長点培養しても100％ウイルスフリーに
ならないために，その後検定を実施し，陰性の株
をもとにして苗の生産を行なっている。

3）圃場の開花検定

できあがった苗を実際の圃場に定植し，品質
検定を行なっている。

4）使用する器具の消毒の徹底

（5）おもな育成品種の特徴と育成経過

ピンククォーツ　登録：第25798号　登録
名：ミヨダリピンククォーツ

2015年ジャパンフラワーセレクションで，
ブリーディング特別賞受賞。桃色，セミカクタ
ス咲き品種。青味の少ない桃色が最大の特徴。
露心しにくい品種。

イエロークォーツ　登録：第25799号　登録
名：ミヨダリイエロークォーツ

2016年ソフリー＆ガーデンショウで，切り
花部門1位に輝いた品種。クリームイエロー，
セミカクタス咲き品種。黄色系品種は花弁がい
たみやすいが，この品種は花弁のいたみが目立
ちにくいのが特徴。露心しにくい品種。

ローズクォーツ　ローズ，フォーマルデコラ
咲き品種。中大輪系でボリュームがある。年間
通して花色が安定している。

ガーネット　登録：第24584号　登録名：ミ
ヨダリガーネット

赤色，セミカクタス咲き品種。年間通して花
色が安定している。'熱唱'と比較して耐暑性
がある。露心しにくい品種。

レッドストーン　登録：第25797号　登録
名：ミヨダリレッドストーン

赤色，フォーマルデコラ咲き品種。'朝日て
まり'より茎が細く，開花が早い品種で，露心
しにくい。冬期の栽培で10℃を下回ると，花
色がオレンジに変化することがある。

オレンジストーン　2016年ジャパンフラ
ワーセレクションで，ブリーディング特別賞受
賞。オレンジ，フォーマルデコラ咲き品種。花
弁が硬く，花持ちが良いのが特徴。露心しにく
い品種。冬期の栽培で，花色が淡いオレンジに
変化することがある。

ムーンストーン　淡いラベンダー，フォーマ
ルデコラ咲きの小輪品種。アレンジなど他のア
イテムと合わせやすい品種。年間を通して花色
が安定している。

ペルル　登録：第24585号　登録名：ミヨダ
リペルル

白色，フォーマルデコラ咲きの小輪品種。早
生性で生産性の良い品種。露心しにくい品種。

（6）今後の課題

今後の課題について以下4点があげられる。

①周年栽培できる品種の少なさ

季咲きで栽培できる品種はかなりの数がある
が，周年栽培できる品種はごく一部に限られて
いる。今後ダリアの認知度を上げていくうえで
は，周年栽培できる品種の数を増やすことが必
要となる。

②まだまだ安定しない花弁枚数と花色の安定性

周年栽培できる品種のなかでも周年安定して
いる品種はさらにごくわずかとなる。温度およ
び日長の変化に対して安定した品種の作出が望
まれる。

③消費者に対するさらなるPR

日本ダリア会主催で，毎年10月に一般消費
者向けにダリアの華展のイベントを実施してい
るが，まだまだ認知度が低いのが現状である。
さらなるダリアの底上げのために，よりいっそ

特集　切り花ダリア栽培最前線

うのPR活動が必要となる。

④切り花で流通していない花形および花色がまだまだたくさんある

　切り花で流通しているダリアの花形，花色，花の大きさは限られている。ダリアの魅力を最大限に伝えるには，切り花で流通していない品種を切り花向けに改良する必要がある。

　執筆　天野良紀（株式会社ミヨシ八ヶ岳研究開発センター）

ガーデン用

●皇帝ダリアハイブリッド品種の開発
●うどんこ病耐性を付与

天野　良紀（株式会社ミヨシ八ヶ岳研究開発センター）

国内外園芸界にインパクトを与えようと，（有）鹿毛真耕園と（株）ミヨシで取り組んだダリアの新タイプ品種育成のプロジェクトから生まれたのが，ガーデン向きでありながら園芸品種の良さを持つ，性質強健な皇帝ダリアハイブリッド品種である。

ここでは，皇帝ダリアハイブリッド品種である「ガッツァリアシリーズ」について述べる。

(1) 育種の契機とこれまでの歩み

皇帝ダリアハイブリッドの育成は，2005年にスタートした。シクラメンで有名な（有）鹿毛真耕園と（株）ミヨシとの間で，ダリアの新タイプ品種育成のためにプロジェクトを立ち上げたのが始まりである。プロジェクトのコンセプトは，双方の技術・アイデア・素材を合わせ，国内外園芸界にインパクトを与えられる新規商材の開発とした。具体的には，皇帝ダリアと園芸ダリアの種間雑種の作出を行ない，ガーデン向き，性質強健で園芸品種の花の特性を併せ持つ，木立性ダリア品種群の育成である。

問題点として，種間の壁があるのはもちろんだが，皇帝ダリアは質的短日植物のために11月にしか開花せず，しかも草丈が3m程度と大きくなるため，交配作業には非常に苦労した。しかし，これらの問題点を一つずつクリアーしていき，ようやく皇帝ダリアハイブリッド「ガッツァリアシリーズ」の品種育成に至った。

(2) 育種の目標と着眼点

皇帝ダリアは質的短日植物で，日本では11月上旬ころから開花し，草丈が3～4mになる木立性ダリアである。霜に対してきわめて弱く，高冷地では開花前に霜にあたるため，栽培できない。また，前述したように草丈が3～4mになり，非常に大きく見ごたえはあるが，大きな庭でしか栽培できない。そこで以下の4点を育種目標に設定した。

①開花を1か月程度早める

皇帝ダリアが栽培できない高冷地でも栽培できるように，また，暖地であっても開花後，間もなくして霜にあたり観賞期間が短くならないために，開花を1か月程度早めることができればと考えた。

②皇帝ダリア同様に1株でたくさんの花をつける

皇帝ダリアの魅力の一つに，花つきがある。1株で，多いときでは100輪以上開花させる。最盛期は非常に見ごたえがある。この皇帝ダリアの良い特徴を，新しく作出する品種に取り入れたいと考えた。

③草丈2m前後でボリュームがある姿に

皇帝ダリアは大きくて見ごたえはあるが，スペースがある場所でしか栽培できない。また一方，交配相手の園芸ダリアは，ボリュームに欠ける。そこで草丈は，皇帝ダリアと園芸ダリアの間，2m前後に仕上がるイメージとした（第1図）。

④うどんこ病耐性を付与

9～10月，ダリアの一番の見ごろの時期は，うどんこ病が発生しやすい。園芸ダリアはうどんこ病に弱く，罹病すると弱い品種は葉が真っ白になり，観賞価値がなくなる。そこで，新品種には，皇帝ダリアのうどんこ病耐性を付与することを考えた。

特集　切り花ダリア栽培最前線

第1図　皇帝ダリアハイブリッドと園芸ダリアの草姿
奥が，皇帝ダリアハイブリッドであるガッツァリアダブルピンク。園芸ダリア（手前下）と比べてボリュームがある

第2図　ガッツァリアダブルピンク

第3図　ガッツァリアピンク
1株で花がたくさんつく

第4図　ガッツァリアローズ
小輪一重咲き。花つきが良く，うどんこ病にきわめて強い

（3）おもな育成品種の特徴と育成経過

ガッツァリアダブルピンク　登録：第30508号　登録名：ミヨダリインペEKD

2016年ジャパンフラワーセレクションにおいて，ベスト・フラワーおよびニューバリュー特別賞受賞。ガッツァリアシリーズ待望の八重咲き品種。シリーズのなかでは開花が早く，8月から開花する品種（第2図）。

ガッツァリアピンク　登録：第30508号　登録名：ミヨダリインペEKD

花径約20cm程度の大輪一重咲き品種。茎が剛直で，倒伏しにくい（第3図）。

ガッツァリアローズ　登録：第30508号　登

ガーデン用

第5図 ガッツァリアアプリコット
従来の皇帝ダリアはピンク花色であるが，この品種は
めずらしいアプリコット花色

録名：ミヨダリインペEKD
　花径約10cm程度の小輪一重咲き品種。花つき良く，草丈も2m前後とボリュームがある。うどんこ病にきわめて強い（第4図）。
　ガッツァリアアプリコット　品種登録出願中
　花径約15cm程度の大輪一重咲き品種。うどんこ病に強く，花つきが良い（第5図）。

(4) 今後の展開

　シリーズの花色追加，ならびに，八重咲き品種の拡充を当面の目標にあげている。
　コンセプトとしては，手をかけずに簡単に栽培できる「メンテナンスフリー」。具体的な育種目標は，以下6点をあげている。
　1) 倒伏しにくい
　2) 草丈1m前後
　3) 株元からの分枝旺盛
　4) 豪華な大輪八重系
　5) 芽整理不要
　6) 茎および花首が硬い

　ここ最近，皇帝ダリアハイブリッドの認知度も徐々に上がってきている。新しい品目であるため認知されるまでには時間がかかるが，リピーターは非常に多い。一度栽培されると，皆さんその魅力に取り憑かれる品目である。

　　執筆　天野良紀（株式会社ミヨシ八ヶ岳研究開発センター）

山形県東置賜郡川西町　小形　義美

〈ダリア〉5～12月出荷

露地栽培とハウス栽培を組み合わせた長期出荷

―高品質切り花生産を支える排水対策，マルチ，定植方法，フラワーネットと茎葉管理・収穫方法，日持ち性向上の取組み―

1. 経営と技術の特徴

(1) 地域・産地の状況

①地域の概況

　川西町は，山形県内陸南部の置賜地方のほぼ中心に位置する（第1図）。昼夜の気温差が大きい，盆地特有の内陸性気候であり，冬期は降雪・積雪も多く，町全体が特別豪雪地帯に指定されている。

■経営の概要

経営　水稲と花卉の複合経営（水稲5ha，ダリア1,870m^2，デルフィニウム1,287m^2）
気象　平均気温10.9℃，最高気温30.7℃，最低気温−5.2℃，年間降水量1,244mm（高畠アメダスの計測）
土壌・用土　細粒強グライ土壌，有効土層20cm
圃場・施設　転作田。露地およびハウス加温・電照設備あり
品目・栽培型　ダリア　露地：植付け6月中旬，出荷8月下旬から，ハウス：植付け9月上旬，出荷12月上旬から
栽培面積　露地1,500m^2，ハウス370m^2，出荷本数3万本
種苗の調達法　前年の切り下球根，自家養成球根，種苗会社からの購入苗
労力　家族2人（本人，妻），臨時雇用（6月，9～10月）2人

第1図　川西町の位置

　川西町とダリアのかかわりは深く，1955年の町村合併で川西町が誕生したころには，町内の「花の会」で愛好されており，1960年に町を代表する観光地，そして，町民の誰もが親しめる公園として，当時としては「日本唯一のダリヤ園」を開園した。

　さらに，1975年にはダリアを町の花に制定し，その後，町内の各家庭の庭先や学校，道路の花壇などでは色鮮やかで大小さまざまなダリアが育てられ，町民の生活の一部になってきた。

　現在の「川西ダリヤ園」は，8月に入ると4haの園内に，650品種，10万本のダリアが咲

特集　切り花ダリア栽培最前線

第2図　川西ダリヤ園正面花壇

き競う日本一の規模である。他県からの来園者も多く，他県との交流も活発に行なわれ，県内外から"ダリヤの里"として親しまれている（第2図）。

②産地の状況

川西町では2001年ころから，数名の生産者が，JAの呼びかけにより市場との情報交換を行ないながら，「川西ダリヤ園」で培ってきた栽培ノウハウをもとに中大輪切り花ダリアの栽培に取り組み始めた。

2004年度に，川西町が策定した地域水田農業ビジョンで，ダリアを産地化品目に取り上げ，転作田への作付けを推進したことから生産者が倍増した。さらに，2006年には，周辺の市や町でも作付けが始まり，置賜地域全体での産地化に向け，JA山形おきたま花き振興会ダリア振興部会が発足した。

置賜地域のダリアは，出荷時期が9〜10月主体で，秋期早冷な気候を活かして栽培されることから，色が鮮明でボリュームがあることが評価されている。第1表は，JA山形おきたまの出荷規格，第3図は出荷荷姿である。出荷は，外観の品質保持と日持ち性を考慮して縦箱の湿式輸送で行なっている。

(2) 小形さんの経営と技術の特色

①経営の特色

川西町は，県内でも有数の米どころで，農業産出額の6割を水稲が占める。そのような地域のなかで，小形さんは，より収益性の高い農業を目指し，約5haの水稲に加え，1996年から秋冬＋春夏出しのデルフィニウムや冬期の促成枝

第1表　JA山形おきたまの共選ダリア出荷規格表

分　類	超巨大輪	巨大輪	大　輪	中大輪	中　輪	中小輪	小　輪	ポンポン
草丈	50〜60cm							
花径（cm）	30以上	28前後	24前後	21前後	17前後	13前後	10前後	5前後
入り本数（本）	3〜5	6	10		20		30	50
フラワーキャップ	1本に1枚		5本に1枚					

  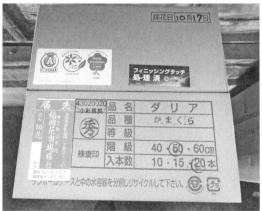

第3図　出荷荷姿および出荷箱

露地栽培とハウス栽培を組み合わせた長期出荷

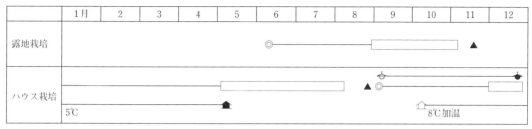

第4図 小形さんの作型図

もの花木類の生産に取り組んできた。

小形さんがダリア栽培を始めたのは，川西町でダリア生産が開始された2001年からで，デルフィニウムや水稲と大きな作業の重複がないこと，球根などの種苗を町の「川西ダリヤ園」を通じて比較的安価に手に入れることができたことなどが理由である。現在，JA山形おきたま花き振興会ダリア振興部会に所属し，農協を通して販売している。

第4図は現在の小形さんのダリアの作型図である。2004年度からは出荷期間を延長するため，ハウスを導入し，露地栽培との組み合わせで5月〜12月までの長期出荷を行なっていることが特徴である。

②技術の特色

露地栽培は，水田転換畑での作付けとなるため，排水対策には十分気をつけている。小形さんは，ダイズ転作を数年行なったあとの転換畑を利用し，圃場周囲に明渠を設置するとともに2m間隔で弾丸暗渠を行なっている。

さらに，植付け前に行なうマルチングなどの作業のタイミングにも気をつけている。露地栽培では出荷終期が降霜のある10月下旬ごろとなるため，切り花ダリアの需要が増える8月下旬から本格的に出荷することを目標にしており，植付けは6月中旬ころまでに行なう必要がある。水田転換田であるため，圃場を細かく耕うんしたあとに降雨があると，畑の土が水分を含みすぎて4〜5日は圃場に入れなくなり，植付け作業が遅れてしまう。そのため，天気予報を常に確認しながら数日間降雨のない時期を選んで耕うん，マルチング作業を行なっている。

また，ダリアは，フラワーネットの設置や引き上げが遅れると，株が横に張り出したような生育になり，花茎が曲がりやすくなる。そこで，露地では2段に，ハウスでは3段にフラワーネットを設置し，できるだけ曲がりのない切り花の生産に努めている。

このように，小形さんは，「いかに長くまっすぐなものをたくさん収穫できるか」ということを念頭におき，排水対策から耕うん，マルチング，植付けまでをスムーズに行なって，生育量の確保に努めながら，ていねいな茎葉管理で高品質な切り花を生産している。

③環境に配慮した生産の実践

小形さんは，2009年から，ダリアとデルフィニウムでMPS（Milieu Programma Sierteelt：花卉の生産業者と流通業者を対象とした，花き業界の総合的な認証システム）の認証を受けており，環境負荷項目（農薬，肥料，エネルギー，水の使用量と廃棄物分別など）の低減を実践している。認証後すぐに，出荷段ボールにMPSマークを表示したほか，市場の送り状にも認証番号などを記載し，MPSに加入した理解のある市場を中心に差別化販売に繋がっている。また，開設したホームページも活用し，消費者への情報提供も積極的に実践している（新鮮小形農園http://ogataengei.com/）。

さらに，現在では産地全体で環境負荷の少ない栽培に取り組んでおり，2016年には，JA山形おきたま振興部会川西ダリア部会員全戸がダリアで山形県エコファーマーの認定を受け，堆肥などによる土づくりと化学肥料・化学合成農薬の低減を目指している。

特集　切り花ダリア栽培最前線

2. 栽培体系と品種

露地栽培では，水稲の田植え作業が一段落してから圃場の準備などを開始するため，植付け時期は6月中旬となる。このため，出荷時期は8月下旬から1回目の盛期を迎え，10月上旬に2回目の収穫盛期を迎える。

ハウス栽培では，高温時期を避け，最低気温が15℃を下まわる9月上旬に植付けを行ない，加温と電照により，12月上旬から12月下旬まで出荷する。その後，厳寒期は5℃程度で管理したのち，5月上旬から8月上旬まで出荷を行なっている。

産地内では，露地栽培での7月下旬からの出荷を目指し，降霜の心配のない5月中旬から植付けを行なう生産者もいるが，小形さんはハウス栽培も行なっているため，露地栽培の作業を急がずに余裕をもって行なっている。

現在の植付け品種は，'かまくら'，'ミッチャン'，'黒蝶'など数品種で，露地，ハウスともに切り花本数が多く，露心などの奇形花の少ないものを選定している。1株当たりの収穫本数は17本程度であり，ある程度出荷箱数をまとめるため品種をしぼって作付けしている。

3. 栽培管理の実際（露地栽培）

(1) 圃場の準備

①圃場の選定と植付け準備

大雨でも冠水せず隣接水田からの浸入水もなく，ダイズなどを数年間転作した水の縦浸透が確保された圃場を選定している。圃場の周囲には深さ，幅とも50cm以上の明渠を設置し，物理性の改善のため，完熟した牛糞堆肥を10a当

たり2〜3tを目安に投入している。

地温上昇防止と雑草対策のために白黒ダブルマルチを張り，その上にフラワーネットを設置して植付け間隔の目安としている。

②基 肥

土壌分析を実施し，pH6.5を目標に苦土石灰などで土壌改良をしている。

基肥N.P.Kの各成分10a当たり約20kgを目安に行なう。栽培期間が長いので，8割を緩効性肥料で施用している（第2表）。

③栽植様式

うね幅180cm，ベッド幅100cm，株間50cmの1条植えで，実際の植付け株数は1,000株/10aとなっている。通路は，除草剤を散布している。

④植付け

植付けの2〜3日前にマルチ内の土の湿り具合を確認し，乾いている場合には，植え穴に十分灌水する。

種苗は，球根（7割）と購入苗（3割）を使用している。球根は，前年の切り下球根を使用するほか，半分は，ウイルスおよびウイロイド対策として切り花を収穫しないで養成した球根を使用し，球根更新をはかっている。確保する球根は，傷や腐敗がなく，10〜15cm程度の充実がよいものを選んでいる。

球根は水平にし，芽の部分が土中5〜7cmになるように植え付ける。萌芽初期にマルチ内からの熱風による葉焼けを防ぐために，マルチと地面を密着させるようにマルチ穴周囲に土をかぶせる（第5図）。その上に一握り程度の籾がら堆肥をまき，強い雨によって植え穴の土が硬くしまりすぎて発芽を阻害することがないようにしている。

(2) 植付け後の管理

①摘 心

植付け後，2週間程度で発芽し，3〜4週間で草丈10〜15cm，展開葉数8枚程度となるので（第6図），そのころに4節目までを残して摘心

第2表　JA山形おきたまの10a当たりの施肥例

| | | 施肥量 | 成分量 （kg） | | |
			N	P₂O₅	K₂O
基　肥	エコロング413（180日タイプ）	120kg	16.8	13.2	15.6
	ニューフラワー	40kg	4.0	4.0	4.8
	牛糞堆肥	3t			
合　計			20.8	17.2	20.4

注　土壌分析に基づき石灰資材を施用

露地栽培とハウス栽培を組み合わせた長期出荷

第5図　植付けのようす

第6図　1回目の摘心時のようす（定植3週間後）

する。1回のみの摘心では，切り花の茎径が太くなりすぎるため，その後1週間程度で発生してくる側枝を1～2節残して再び摘心している（第7図）。

2回摘心を行なうことで，収穫時期は1回摘心よりも10日から2週間程度遅れるが，切り花に適した品質のものを数多く収穫できるようになる。

②水分管理

球根を植え付けた場合は，植付け後1か月までは，梅雨の時期でマルチも被覆しているので，ほとんどの年は灌水の必要がなく十分に生育する。しかし，空梅雨で乾燥が続いたときには生育が停滞するので，灌水チューブで灌水を行なっている。灌水によって下位の節間を伸ばすことで切り花長を確保し，収穫本数を増やすように努めている。

挿し芽苗を定植した場合は，活着するまで1週間程度は雨が降らない限り，手灌水を実施する。

③フラワーネットの設置

ダリアは，初期にあまり根が張りにくく，急激に株が大きくなる8～9月ころに雨風を受けて倒伏する場合がある。そこで，草丈30～40cmのころにマルチ上に設置しておいた1段目のフラワーネット（25cmの4目）を草丈の3分の2の位置まで引き上げるようにしている。

根張りが十分でない場合，勢いよくフラワーネットを引き上げると株が抜けてくる場合があるので，2人で両側に立ち，それぞれネットの

第7図　2回目の摘心後のようす
1回目摘心後に発生した側枝を再び摘心する（○で囲んだところ）

手前と中ほどを持って，揺らしながらゆっくりと引き上げる。

その後は，1段目のフラワーネットをそのままにし，生育に合わせて2段目のフラワーネットを上から設置する。1段しかネットを設置しないとどうしても設置位置が高くなり，次に出てくる下位の側枝がフラワーネットにかからず，大きく曲がって収穫につながらない場合があるため，小形さんはフラワーネットを2段使用している（第8図）。

④摘　蕾

露地栽培では，1回目の出荷期では草丈が取りにくいので，発蕾してくる7月下旬から早めに摘蕾作業を行なう。

出荷規格である切り花長50～60cmを確保するためには3～4節の蕾を取り除かなければならないが，一度に取り除くと下位の側枝まで摘

53

特集　切り花ダリア栽培最前線

第8図　収穫時のようす

んでしまうことが多く、まったく側枝の伸びていない節から切り花に仕立てると次の収穫まで時間がかかってしまう。小形さんは、収穫する予定の茎の節間の伸びを見ながら2～3回に分けて行ない、できるだけ伸び始めている側枝を次の収穫に活かせるようにしている。

また、摘蕾が遅れると、摘み跡が大きく残って外観を損ねたり、節間が短くなり切り花長を確保できなかったり、収穫時期が遅れたりするだけでなく、花径が小さくなったり花が変形したりするので、早め早めの作業を心がけている。

収穫が始まってからは、収穫・出荷調整をしながら摘蕾などのほかの作業を行なわなければならないため、かなりの作業労力を必要とする。小形さんは、この時期だけ地域の方を雇用し、芽かきと整枝作業を専門に行なってもらい、品質の良いものを出荷するよう努めている。

(3) 病害虫防除

害虫では、オオタバコガ、ハダニ類、アブラムシ類、アザミウマ類のほか、バッタ類、カメムシ類による花弁と葉の食害が見られる。定植時に登録のある殺虫剤を株元散布するほか、害虫の発生状況を見ながら殺虫剤散布を行なっている。

とくにオオタバコガについては、近年、被害が増加しており、市場評価を下げる要因となっている。4年前からは、関係機関と生産者が連携し、フェロモントラップによる発生状況の確認を行なっており、現在は発生状況に応じて地域ぐるみの一斉防除を行なうほか光利用技術（黄色LED防蛾灯）による被害抑制に取り組み、効果的で省力的なオオタバコガの発生低減をはかっている（第9図）。

病害では、うどんこ病、軟腐病、ウイルスおよびウイロイド症状の発生が見られる。とくに、ウイルスおよびウイロイドの感染は次年度の作付けに影響を与えるので、媒介するアブラムシ類、アザミウマ類の適正防除に努めるとともに、発生した時には速やかに球根ごと掘り上げて処分している。

(4) 収穫・出荷調整

①収　穫

中大輪品種は切り花の日持ちが比較的短いため、とくに暑い時期は朝夕の涼しい時間帯に採花し、切り口が乾かないように、圃場に持ち込んだ水の入ったバケツにすぐに入れ、水揚げしている。ウイルスおよびウイロイド感染や雑菌による導管閉塞を防止するため、使用するはさみは定期的に次亜塩素酸ナトリウムの希釈液で消毒している。

第9図　露地栽培での黄色LED防蛾灯の設置

第10図　収穫切り前

第11図　作業場のようす
出荷箱を斜めに置く作業台を製作し，箱詰
め作業を省力化

ダリアは，蕾の状態で収穫すると咲ききらないでしおれてしまうため，切り前は，通常の花卉類よりも咲いた状態，花弁の2～3重目が開いたときを目安としている（第10図）。

暑い時期は開花の速度が早まるのでやや早めに，涼しくなってきたらややおそめに収穫し，市場到着時の開花の状態が出荷期間を通じて一定になるように心がけている。

②出荷調整

作業は，直射日光の当たらない涼しい場所で行なっている。作業台はやや傾斜をつけ，長さを合わせる時に見やすいように工夫している（第11図）。

調整作業は，下葉を除去し，作業台上の長さ50cmの場所に置いた板に花弁の先を合わせ，余分な茎を切り取り，5本ずつ（品種によっては1本）フラワーキャップにいれて水揚げする。アザミウマ類などの害虫を見逃さないようにするため，作業場は蛍光灯を設置し明るくするほか，LEDライト付きのルーペを使用し，確実な検品を行なっている。

③日持ち性向上の取組み

採花後は吸水していない時間ができるだけ短くなるよう，すばやく作業を行なっている。導管中のバクテリアの増殖は花の日持ちに大きく影響するので，水揚げには，水道水を用い，糖と抗菌剤を含む品質保持剤で5時間以上処理している。

また，長さを調整後，市販の品質保持剤をハンドスプレーで1本ずつ花冠の裏表に散布している。花冠への品質保持剤の散布を始めてから，日持ちが長くなったと市場から高い評価を受けている。

さらに，出荷まで7℃の冷蔵庫で保管し，出荷当日の朝，病害虫の有無や切り前を再度確認してから採花日を表示した湿式縦箱段ボールに箱詰めし，糖と抗菌剤を含む品質保持剤で水揚げしながら出荷している。箱詰めも，縦箱をやや斜めに置く台を自作し，できるだけすばやく効率的に行なえるようにしている。

以上のように，日持ち性の向上のための品質管理の徹底により，2015年，日持ち性向上対策品質管理認証制度の認証を受け，出荷箱にMPSと品質管理認証マークを併記したステッカーを貼って表示している（第12図）。

(5) 球根の掘り上げ・貯蔵

球根の掘り上げは，霜が降りて収穫が終了した後の11月上～中旬に行なっている。そのさいには，生育の良くない株や葉が縮れていたり，黄緑色のまだら模様が見られるような株は先に掘り上げ，処分し，ウイルスおよびウイロイド罹病株を次年度に持ち越さないように努めている。

はじめに地上部を太い枝切りばさみで刈り取

特集　切り花ダリア栽培最前線

第12図　認証マークの表示

り，支柱，フラワーネットをはずしてマルチを剥ぐ。次に，うねの肩のところから「踏みグワ」を入れて球根を持ち上げる。芽の部分は，茎と球根の間（首）にあり，大変折れやすいので，十分に注意してていねいに掘り上げる。

ダリアの球根は，凍害に弱く，腐敗しやすいため，貯蔵は，掘り上げた球根をそのまま無加温ハウスに伏せ込むとともに，3月に分球した後も5℃以下にならないように保管している。

分球は，球根に付いている土を水できれいに洗い流し，株を2〜4個に大まかに分け，陰干しする。その後，芽の位置を確認しながら，消毒してあるよく切れるはさみで1球ずつ分け，細い根もていねいに切り落とす（第13図）。分球した球根は乾いたくん炭でパッキングし，地域内にある，以前は米の保管庫として使用していた倉庫に入れている。なお，貯蔵中に腐敗を見つけたときには，蔓延を防ぐため速やかに取り除き処分している。

第13図　掘り上げた球根の芽のようす

4. 栽培管理の実際（ハウス栽培）

圃場準備，植付け作業などは露地栽培にほぼ準じて行なっているが，異なる点を紹介する。

(1) 栽植密度

うね幅160cm，ベッド幅90cm，株間72cmの2条千鳥植えで，実際の植付け株数は，1,400株/10aとなっている。

(2) 植付け時期

小形さんは，加温・電照設備を完備したハウスで秋冬期および翌年の春の出荷を目指しているため，9月上旬に植付けしている。川西町内には，施設栽培を行なっている生産者が10名ほどいるが，ほとんどが水稲育苗ハウスの後作利用のため，植付け時期は6月上旬となる。

植付けのときは，早めにハウス内に遮光資材や白黒ダブルマルチを設置し，ハウス内気温と地温をできるだけ下げるようにしている。

(3) 植付け後の管理

①摘　心

ハウス栽培では，摘心を行なうと，上位の2芽からしか側枝が伸びてこない場合が多いが，加温を行なっている時期にできるだけ早くから収穫を行なうために，1回目の収穫本数は少なくなるが，1回摘心としている。太くなりやすい品種は，2回摘心を行なっている。

②水分管理

植付け後，ハウス内は高温・乾燥状態となり，発芽が悪かったり芽が焼けたりするので，適宜灌水を行なっている。

③フラワーネットの設置

ハウス栽培は，節間が伸びやすく草丈が高くなるので，フラワーネットは3段とし，1段目は30cm，2段目は60cm，3段目は90cmを目安に設置している（第14図）。

④温度・電照管理

植付け後は，最高気温25℃を目安に遮光や

換気を行なっている。

9月に入って電照15時間日長(明期延長)を開始し、最低気温10℃を目安に加温を行なう。とくに、電照は、秋の天候によって開始時期が遅れると露心花の発生が多くなるので、早めの準備を心がけている。

12月末までに収穫したのち厳冬期は5℃くらいまで温度を下げ管理をする。

(4) 病害虫防除

ハウス栽培では、品種により、ハダニ類やアザミウマ類、うどんこ病などが多発するので注意が必要である。発生した場合は、速やかに薬剤散布を行なっている。

5. 今後の課題

小形さんは、「露地栽培では、施肥や光利用技術による害虫防除、仕立て方などの生産技術と出荷調整技術をさらに向上させて、気象条件に左右されずにさらに品質が良いダリアを安定出荷すること。ハウス栽培では、資材費高騰の影響で経費がかさんでいて、所得の確保がむずかしくなっているため、収量の確保と低コスト化が緊急の課題」と現状を分析している。また、運賃の値上げなどによる流通経費の占める割合も大きく、いかに節減を進めるかも課題としている。

さらに、切り花ダリアを安定的に販売するためには市場への事前の情報提供が重要と考えており、小形さんは出荷の1週間前から2日前まで、順次精度を上げながら出荷予定数量の情報を市場へ提供している。今後も、できるだけ正確な事前情報をいち早く市場に提供することが不可欠であり、このことは花卉業界全体の大きな課題であると考えている。

そして、今後も品質向上と消費拡大に努め、2020年に開催される東京オリンピック・パラリンピック会場を国産の高品質な切り花ダリアで彩ることを目標としている。

露地栽培とハウス栽培を組み合わせた長期出荷

第14図　ハウスでの生育
フラワーネットは3段設置。吊るされているものは暖房用のダクト

ダリア振興部会全体の課題としては、市場や小売店などから安定的な長期出荷を求められているなかで、露地栽培が大部分のため出荷時期が9月、10月に集中していることが上げられる。今後いっそうの産地強化を進めるためには、ハウス栽培による安定した長期出荷は不可欠で、近年、女性・若手生産者によるハウス栽培が増加しているものの、当地域にあった無加温・加温ハウス栽培のいっそうの導入推進が必要である。また、福岡県の産地(JAみなみ筑後)との連携による川西ダリヤ園育成品種のリレー出荷が2016年から始まっているが、産地間が連携した周年出荷による川西ダリヤ園育成品種の認知度向上を目指している。

《住所など》山形県東置賜郡川西町尾長島3514
　　　　　小形義美(63歳)
　　　　　JA山形おきたま花卉振興会ダリア振興部会事務局(JA山形おきたま営農経済部園芸課)
　　　　　TEL. 0238-46-5302

執筆　奥山寛子(山形県置賜総合支庁産業経済部農業技術普及課)

2017年記

東京都町田市　町田ダリア園（北村恒明）

〈ダリア〉

観光ダリア園としての「町田薬師池公園　四季彩の杜ダリア園」の管理と運営

―暖地でのダリア栽培とオリジナル品種の育成―

ダリア園のようす（開花期）

1. 経営と技術の特徴

(1) 地域の概要

町田市は東京都多摩地区にある人口43万人の都市で、日本列島のほぼ中央部に位置する関東平野の南西部にある。気候的にみると、中間暖地とよばれる地域に属する。

私たちのダリア園は、町田市の中心市街から北西に約5km離れた住宅地域の中にあり、最寄りの町田駅よりバスを利用し、およそ20分。その後、徒歩10分で到着する。

ダリア園全体が東西の林に挟まれ、南北に伸びた斜面上に立地しており、日照・通風に恵まれた排水性の良好な緩斜面にある（第1図）。有機物を毎年投入することで、これまで大きな土壌障害が発生することもなく、33年間同じ場所でダリア園を続けている。

(2) 経営の特徴

ダリア園の正式な名称は「町田薬師池公園　四季彩の杜ダリア園」だが、通称「町田ダリア園」として親しまれており、1985年、知的障がいをもつ青年たちの就労の場として町田市が設置し、手をつなぐ親の会

■経営の概要
- 経営　知的障がい者の働く場
　　観光ダリア園、ダリア鉢苗生産・直売、ダリア切り花・直売
- 気象　平均気温15.3℃、最高気温38℃、最低気温−6.2℃、年間降水量1,487mm
- 土壌・用土　火山灰土（関東ローム層）
- 栽培面積　園全体の面積25,000m²
　　ダリア園の面積15,000m²
　　ダリア植栽面積3,066m²
　　ダリア植栽株数500品種・4,000株
- 品目・栽培型　ダリア、露地、植付け4月初旬
　　開園期間7月1日〜11月3日
- 入園料　大人500円
- 労力　職員2名、協力者（パート）11名

第1図　ダリア花壇
園内通路は車イスがすれ違えるように広くつくってある

特集　切り花ダリア栽培最前線

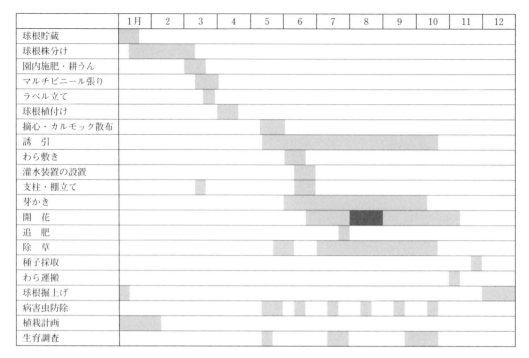

第2図　年間の栽培管理暦

「まちだ福祉作業所」が運営を担っていた。

その後，運営はNPO法人「まちだ育成会かがやき」に移り，2011年より「社会福祉法人まちだ育成会かがやき」に引き継がれ，現在に至っている。開設後33年目を迎える町田ダリア園だが，知的障がいをもつ青年たちの働く場としての役割も継続しつつ，町田市内の観光資源としても重要な役割が増してきている。

知的障がいをかかえた青年たち（以下，利用生とよぶ）のダリア園での仕事は，次のようなものがある。

・開園期間中は，園内通路の掃除，テーブル・ベンチなどの掃除。

・閉園期間も，地拵えのための堆肥や肥料などの運搬・散布。周辺の林内での枝拾い，落ち葉を集めて「落葉堆肥」つくり。そのほか，管理作業のさまざまな場面で活躍。

・ダリア園入園チケットのデザイン（利用生の描いた絵を使用）。

・休憩所・お花屋さんでのお客さんの応対。

2. ダリア園での栽培体系と栽培管理の実際

第2図に，町田ダリア園の年間の栽培管理暦を示した。

(1) 植付けから発芽後の摘心まで

町田ダリア園では，7月1日の開園に向けて，4月上旬にダリア球根の植付けを開始する。温暖地での球根選びで注意していることは，真夏の暑さに負けない，勢いのある大球を選ぶことである。勢いのある大球とは，分球した球根のなかから発芽している芽が太く，節間の詰まった大形で充実した球根のこと。7日間で，約500品種，4,000株の球根を園内（約3,000m²の植え付け区画）に植えつける。球根の植付け間隔は約80cmとしている。

5月に発芽が始まる。発芽し始めてから注意しなければならないのがネキリムシの被害で，5月いっぱいはネキリムシ誘殺剤の散布を続ける。

第3図　支柱仕立てのようす
生育とともに支柱の本数を増やす

第4図　棚仕立てのようす
棚板は枝の伸長に伴い，引き上げる

5月中旬からは，摘心作業を始める。

発芽後の摘心は，本葉4枚が十分に大きく展開し，中心の芽が閉じているときが適期。茎の中心に穴があくとタイミング遅れになるので，その前に摘心することがポイントである。

5月末から下葉取り，わら敷き，夜間自動灌水装置の設置，6月には支柱立て・棚立てを行なう。

(2) 仕立て方

支柱仕立て194区画と，棚仕立て372区画で栽培している。支柱仕立ては，草丈の高い品種や，枝が立性の品種を姿良く整えやすい仕立て方。棚仕立ては，草丈は中程度で，枝数多く，枝が横に張る品種を手間をかけずに姿良く見せるための仕立て方である。

特集　切り花ダリア栽培最前線

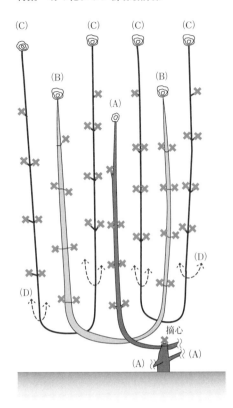

第5図　ダリア枝の伸び方と仕立て方
(A)の枝（1回目の摘心と枝の伸び）：摘心後，4本の枝が伸びる（図では残り3本を省略）。各枝先に蕾が分化して開花すると枝の伸長が止まり，各葉の付け根から腋芽が伸びる。一番下の節から伸びる腋芽1対のみを残して，それから上の腋芽はすべて摘み取る。花芽は，中心の一番大きい花のみ咲かせる。これで1回目の伸長サイクルが完了
(B)の枝：Aの枝の一番下の節から伸びる腋芽1対（2本）を伸ばしたもの。その頂点に花芽がつく。同時に各節の付け根から腋芽が伸びてくるので，一番下の腋芽だけを残してあとは摘み取る。花も中心の1花のみ咲かせる。これで2回目の伸長サイクルが完了
(C)の枝：Bの枝の一番下の腋芽1対（2本）を伸ばしたもの。B同様，枝の頂点に花芽がつく。花が咲くと，各節から腋芽が伸びてくるので，これまで同様，一番下の腋芽1対（2本）を残し，あとは摘み取る。これで，3回目の伸長サイクルが完了。Cの枝までで，1株当たり16本の枝が伸びる勘定になる
(D)の枝：Cの枝の次に伸びる枝

支柱仕立て（第3図）　3株を1組として，1品種3球植えとしている。枝の増加に伴い支柱を増やし，ジュート紐で誘引する。各支柱の高さは，開花時に花より低くなるようにし，各枝の裏側（外から隠れる位置）に立てることが，観賞上理想的である。

棚仕立て（第4図）　山形県の川西ダリヤ園の指導をもとに，2.7m×1.5mの棚を6本の打ち込み杭で支え，麻紐で吊る仕立て方としている。ひとつの区画に6～8球を1組として，1品種を植え付けている。枝の伸長に伴い，棚板を上に引き上げ，草丈の半分程度の高さで株全体を支えられるようにしている。

(3) 葉かきと腋芽かきで枝整理

ダリアの枝の生長サイクルは，発芽して，枝が伸び，茎の頂点に蕾ができ，花を咲かせると，その枝の伸長は完成する(A)。腋芽摘み後，残した芽が伸長し，頂部に花をつけると，次の1サイクルが完了である。これを降霜時まで繰り返すことで，1株で何度も花を咲かせることができる（第5図）。

咲き終わった花は花首で折り取り，茎は切らない。それは，気温の高い時期に茎に傷を付けると茎の腐敗をまねき，株の枯死につながるからである。

この時，腋芽摘みの位置を揃えることで秋の開花最盛期の草丈を調整できる。暖地ではダリアは縦方向の伸長が早く，側枝の伸長も芽数も多く，株の内側の通風が悪くなり枝が徒長しがちである。そのため，開花ずみの茎の中間葉のかき取りと株の内側に伸びる腋芽の摘取りで，軟弱な枝をつくらないようにしている。

9月中旬以降は，古茎は枯れてくるので分枝点で切り取り，草姿を整える。

(4) 開花盛期に生育調査

ダリア園内の開花が盛んな時期（7月と9月，

観光ダリア園としての「町田薬師池公園　四季彩の杜ダリア園」の管理と運営

第6図　ハウス内の地下に設けられた球根貯蔵庫

第7図　品種番号が記入されているダリアの球根

10月）に，生育調査を行なう。

この調査では，生育・開花の良い品種を調べることと，あきらかに生育不良である品種，異なる品種が混入していないかも調べ，次年度の作付けの参考にする。

(5) 球根の掘上げと貯蔵，株分け

11月3日に閉園し，翌日，園内外のダリアを切り花として販売して，1年の公開日程が終了する。11月中旬から球根の掘上げ準備に入り，ダリア園内の種子莢を収穫する。

12月には園全体のダリア全株を掘り上げ，球根を貯蔵ハウスに保管する（第6図）。球根を掘り上げたあとの園地には石灰窒素や落葉をすき込み，地拵えする。

1月には，前年採取したダリアの莢から種子を採り，品種別に整理して保存する。

2月，3月には，球根の株分け作業に入る。株分け作業時に注意している点は，株分け作業に入る前に必ず「株分けリスト」を見て，品種番号（第7図）と掘り上げた株数を確認することである。このリストは，当年の植付け場所を決定するためのもので，前年に掘り上げ，保存した品種の名称，掘り上げ株数，株分けで増やした球根数が記入されている。品種の混乱を避けるために，1品種の株はすべての株分けを1人で行ない，株分け後，全部の球根に品種番号を記入し，球根の保管箱には，1箱に1品種を入れるようにしている。

この「株分けリスト」と前年の「生育調査表」，前年の「作付け図面」の3種のリストを使用して，次の作付けの「園内作付け図面」を作成するために構想を練る。

(6) 施肥と病害虫対策

①肥　料

ダリア作付け前の施肥は，3月に園全体の植栽面積3,066m^{2}に対して，「化成肥料8-8-8」「BMヨーリン」「IB化成S1号」「苦土石灰」などを，1m^{2}当たり約100gを基準に全面施肥する。数年に一度，牛糞堆肥4t/10aも全面施肥する。

その後，一番花か二番花が終わる7月下旬に，追肥として化成肥料（8-8-8）を1株当たり50gを株間に施肥する。

この時期以降の多量の追肥は，球根貯蔵時の腐敗を助長するように思われる。

②病虫害対策など

暖地でのダリア栽培で病虫害として一番の脅威は「ハダニ」と「うどんこ病」だ。ダリアの発芽時，生育初期の5月から発生し始め，9月，10月に大発生し，生育を停滞させ葉を枯死させる。月1度の動力噴霧器を使っての防除と，発生初期のピンポイント散布で対応している。

ダリアの生育に決定的な脅威となる「ウイルス病・ウイロイド」は，球根発芽時から本葉展開までに病徴が顕著に現われるので，観察チェックを怠らない。その後，晩秋に再度病徴が現われるので，その株は球根掘上げ時に処分す

63

特集　切り花ダリア栽培最前線

第8図　実生のダリア鉢もの

第9図　鉢ものとして販売する予定のもの
摘心して4本仕立てとする

る。

　生育調査実施の時点で，株間での生育差が大きすぎる品種も処分している。

(7) その他の注意点

　たびたび経験することだが，同じ品種を2年連続で同じ区画で栽培すると，生育が極度に悪くなる。町田ダリア園では多くの品種を植栽するので，2年連続の植栽がないか，必ず図面で確認する。

　斜面下など毎年生育の思わしくない区画には，新しく導入した品種の球根や実生苗を植えて，園全体の株がよく育つように配慮している。

3．鉢もの販売での栽培体系と栽培管理の実際

　町田ダリア園には，敷地内に「休憩所　木花」と「お花屋さん　花菜」を併設している。

　「休憩所　木花」では，ダリア園見学後の休憩や来園記念品・おみやげ品の販売をしており，町田ダリア園オリジナルグッズや，町田市内の障がい者施設で製作された製品も展示販売している。

　「お花屋さん　花菜」では，一般的な花壇苗の生産と販売とともに，ダリア園内で自家採種した種子から育てたダリアの鉢ものの直売をしている。

　町田ダリア園では，園内で栽培しているダリアから，品種別に種子を採取している。そのなかから，中輪・中大輪・ボール咲きなど，比較的早咲きの品種の種子をまいて，播種から開花苗になるまで自家栽培し，鉢もの苗として直売をしている（第8図）。

　播種時期は4月と6月，販売は7月と10月，生産鉢数量は7月は800鉢，10月は300鉢である。

　苗の仕立て方は本園ダリアと同様で，本葉4枚で摘心して4本仕立て（第9図）とし，蕾が見えてきたら販売を始める。天花が咲き終わったところで販売は終了である。

　また，予備圃場で栽培しているダリアから，不定期ながら切り花を取り，販売している。

4．ダリア園オリジナル実生品種の育成と意義

(1) 種子から育てると素直に育つ

　町田ダリア園では，鉢もの用ダリアの種子採取と一緒に，巨大輪・大輪品種の種子も品種別に採種している。採種にこだわるのには，次のような理由がある。

　ダリアは球根植物でありながら，種子から育てた苗の生育が早く（第10図），一年草のよう

観光ダリア園としての「町田薬師池公園　四季彩の杜ダリア園」の管理と運営

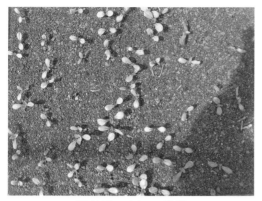

第10図　ダリアの発芽

な生長速度で短期間で開花株に育つ。4月に播種すると7月には開花する株もあり，秋までにはほぼすべての苗が開花する。大輪品種の種子から育てた苗も，約3か月で開花株に育つ。おもしろいことに，種子から育てたダリアは，球根から育てたダリアより素直な生長をする。

(2) 高温期でも開花がとぎれない

また，観光ダリア園ならではの悩みを解消してくれるのも，実生のダリアだ。町田ダリア園では，球根で栽培したダリアは，7月と10月の2回開花のピークを迎える。しかし，8月と9月は高温による生育不良のため，花数が激減してしまう。ところが実生ダリアの初花は，どんなに暑くても花をつける。つまり，実生ダリアを上手に活用することで，ダリアの花の咲かない期間をうめることができるのである。高温期の花不足解消の手段のひとつとしての，オリジナル実生品種の育成でもある。

大輪品種から採った種子は，開花までの期間が小輪品種より1か月ほど長くかかるので，8月に開花させるためには，5月上旬に播種し，6月に定植する。

(3) 実生から新品種をつくる

多くの実生苗を育てていると，優れた花に出合うことができる。そんな花に出合ったときは，個体選抜をして1品種とすることも可能である。こうして選抜した個体は球根で維持しておき，開園中のダリアのイベント「ダリアに名前を付けよう」の対象品種として活用している。現在，園内各所に実生苗を育てる区画を用意して，実生ダリアを展示している。第11図は，アイバジェーンから出てきたさまざまな実生ダリア，第12図はベルオブバルメラから出てきた実生花である。

私は，こうした多様な実生花を数多く育てることで，さらに変化に富む花が出現することを期待し，選抜を続けている。とくに，花形を複合的に持つ個体や「アザミ咲き」などの新しい花形，スプレー咲きのような多頭花など，未知の形質の発見を期待している（第1表）。そのためには，1品種からできるだけ多くの種子を採取し，苗を育てることが肝要である。それらの育苗の過程でさまざまな形質（良い面も悪い面も）を判断することができる。さらに，優良な形質を次世代に数多く出現させる品種は，ダリアの一年草化を目指す上でとても大切な品種といえる。そのような品種を複数選抜できることが，ダリアを球根植物から一年草化させる方法のひとつと考えている。

(4) ダリア一年草化への工夫

一般的に，ダリアの品種は，球根での増殖では，ウイルス病などに罹病することで数年から10年程度で生育が悪くなり，品種としての役割を終えてしまう。いっぽう，実生は経験上，春に種子から育てた株はとても素直で丈夫に育つことがわかっている。よって，ダリアの多様性を維持しつつ，盛夏でも丈夫に育つダリアの育成を町田で実現したい。

中間暖地といわれる関東地方では，12月まで強い降霜がないので，ダリア種子の採種にとても良い条件が揃っている。種子をまいた年に花をつけるほど生育の早い球根性植物はほかにない。このようなダリアの特性と生育環境の利点を生かして，球根で株を維持するのではなく，毎年採種を繰り返すことで系統を維持できるような方法を確立したいと考えている。

いずれ，ダリアの一年草化を実現し，毎年新たに株をつくり直すことで，ウイルス病を回避

特集　切り花ダリア栽培最前線

第11図　アイバジェーン（①）から出てきたさまざまなダリア

第12図 ベルオブパルメラ（①）から出てきたさまざまなダリア
②は園オリジナル品種として選抜した個体。のちに「町田ハニーレモン」と名付けられた

して，園内に展示できるレベルの大輪咲きダリアの実生群をつくる方法を確立したいものだ（第2表）。

5．今後の課題

知的障がい者の働く場として始まった「町田ダリア園」だが，今では地域の観光ダリア園として親しまれる存在であり，ダリア鉢苗生産・

特集　切り花ダリア栽培最前線

第1表　実生ダリアの個体調査表（ベレオブパルメラの例）

系統番号	花 径 (cm)	花 色	花 形[1]	花 首[2]	横張性	草 丈	判 定	草 勢	備 考
Y20-1	20	桃赤	FD	上横	並	120	○		優良花
Y20-2	18	明橙	ID	上横	並	100	○		優良花
Y20-3	18	赤紫	ID	上	並	100			優良花, 草丈低い
Y20-4	16	クリーム白	ID		並	160	×		露芯
Y20-5	18	桃	FD	上横		180	×		露芯
Y20-6	20	暗桃	FD	上横	並	160			優良花
Y20-7[3]	22	淡黄	SC	上横	並	160	◎		優良花
Y20-8	18	桃橙	ID	上横	並	160	×	弱	
Y20-9	12	赤	FD	上横	立	140	×		露芯
Y20-10	12	明橙底黄	ID	上横	並	130	×		露芯
Y20-11	16	朱サーモン	FD	上横	やや立	160			良花
Y20-12	22	黄橙裏赤	ID	上横	並	160			優良花
Y20-13	20	桃後白	ID爪切	上	並	110			優良花
Y20-14	18	赤紫裏白	ID	曲がる	並	170	×		露芯
Y20-15	12	桃	ID	横	立	220	×		露芯
Y20-16	13	朱橙	ID	横	立	160	×		露芯
Y20-17	18	朱橙（赤）	ID	上横	並	160			
Y20-18	20	黄橙	ID	上	並	160			優良花, なし
Y20-19	13	淡黄裏桃	ID	上横	立	160	×		露芯
Y20-20	20	橙赤	ID	上横	立	150	○		
Y20-21	12	明橙	ID	下	立	200	×		露芯
Y20-22	23	朱橙	ID	上横	立	150	○		優良花
Y20-23	16	赤橙先橙	ID	上	並	150	◎		優良花
Y20-24	20	赤底黄	FD	上横	立	110	×		露芯
Y20-25	14	黄	ID	下	並	160	×		露芯
Y20-26	13	赤紫	FD	横	並	160	×		露芯
Y20-27	16	桃紫	ID	下	並	160	×		露芯
Y20-28	15	白後桃	ID	上横	立	150	×		露芯
Y20-29	20	サーモン桃	ID	上横	並	160			秋花が良花
Y20-30	18	白	ID	下	立	200	×		露芯
Y20-31	20	濃桃	FD	上横	並	120	◎		優良花
Y20-32	20	鮮黄	FD	上横	並	160	◎		優良花
Y20-33	20	白	ID	下	並	190	×		露芯
Y20-34	15	白	FD	上横	並	120			優良花, 草丈低い
Y20-35	14	紫桃	ID	上横	立	140			良花
Y20-36	20	淡桃	ID	横	並	150	○		
Y20-37	25	明桃	ID	上横	並	160	◎		露芯, 茎硬い
Y20-38	15	桃	ID	上横	並	160	×		露芯
Y20-39	20	明桃底黄	FD	上横	並	120	○		露芯, 茎硬い
Y20-40	16	赤橙底黄	ID爪切	上	並	110	○		茎細い
Y20-41	16	白	SC	上横	並	140			良花
Y20-42	23	白	FD	上横	立	100	◎		優良花
Y20-43	25	赤裏紫	ID	上横	並	150	○		茎細い, 露芯
Y20-44	14	白	ID	上横	やや立	120	○		良花
Y20-45	15	赤橙	ID	上横	立	190	×		露芯
Y20-46	16	朱サーモン底黄	ID	上横	やや立	160			
Y20-47	18	淡桃中黄	ID	上横	並	140			良花
Y20-48	20	濃黄	ID	上	やや立	140	○		晩生, 露芯
Y20-49	20	紫桃	ID	上横	並	160	×		枯死
Y20-50	16	桃	FD	上横	並	130	◎		夏は緑花
Y20-51	18	ブロンズ黄	ID	上横	並	100	○	弱	露芯
Y20-52					並	120	×		枯死

（次ページへつづく）

観光ダリア園としての「町田薬師池公園　四季彩の杜ダリア園」の管理と運営

系統番号	花 径 (cm)	花 色	花 形[1]	花 首[2]	横張性	草 丈	判 定	草 勢	備 考
Y20-53	18	黄	SC	上横	並	150	◎		
Y20-54	18	明橙	SC	上横	並	170	○		優良花
Y20-55	12	白	ID	上横	並	130	×		露芯
Y20-56	23	鮮黄	ID	上	並	170	◎		優良花
Y20-57		赤	ID	上横	並	150	×		露芯
Y20-58	18	明橙黄	ID	上横	並	150			露芯
Y20-59	18	橙	ID	上横	並	150	×		露芯
Y20-60	16	濃桃底黄	SC	上横	立	140			露芯
Y20-61	16	赤サーモン	ID	上横	並	160			
Y20-62	10	赤橙	SC	上横	並	120	×		

注　1）花形は咲き方の名称。FD：フォーマルデコラティブ咲き，ID：インフォーマルデコラティブ咲き，SC：セミカクタス咲き

　　2）花首とは開花した花の向き。上：花首が上向き，上横：花首がおよそ45°くらいの角度になる，横：花が正面を向いている

　　3）品種名は町田ハニーレモン

第2表　ダリアを一年草化するための親木選抜方法

栽培方法	・親木（母株と父株）の品種名は正確に記入する ・できるだけ交配した種子を用いる ・種子は1品種から可能な限り大量に採取し，一度にまく ・発芽したものはすべて鉢上げする（アルビノや直根がないもの，罹病苗は捨てる） ・おそく発芽したものも育ててみる ・鉢上げ後（9cmポット），弱体株（子葉が育たない苗）は捨てる ・球根ダリアと同様の栽培条件で定植する ・球根ダリアと同様に天花仕立てとする（手入れ方法も同様）
選抜基準	・定植後，育たない株は処分する ・ほとんどの株が開花した時点で，これより晩生の株は処分する ・開花時に，草丈の高すぎる株や花首が弱い株，露芯花は処分する ・晩秋に入っても分枝がない株で，未開花株は処分する ・観賞的に良い形質をもつ個体を「品種」として選抜し，球根で繁殖する。この個体も「交配親」として次の年に使用する ・一つの形質（たとえば花色，花形）に注目し，その形質が後代に高率に発現する交配組合わせを選びだし，維持する ・その後，毎年，交配・播種・育苗を繰り返すなかで良い形質の個体を集め，各個体間で交配・選抜を繰り返し，系統を維持する ・「黄色花」「シングル咲き」「大輪咲き」などを表現型（判断が可能な形質）として目標に定める

直売，ダリア切り花の直売も行なうなど，園の活動の幅を広げてきた。それだけに，解決しなければならない課題もたくさん残されている。以下，列挙する。

・知的障がいをもつ青年たちの働く場の継続。

・安定した収入の確保（入園者数の増加）。

きれいなダリアを開園期間中咲かせ続けることで，来園された皆様に感動してお帰りいただき，口コミで周囲に情報を広めて新たな来園者を生み，リピーターを含めて来園者の増加をは

かる。

・年間を通してのイベントの開催。

・交通案内の明細化が課題。ダリア園付近の看板・のぼり旗などの目印を設置して，道案内をわかりやすくしたが，まだまだだ。

・8月と9月のダリアの花数減少への対策。

ダリア以外の夏咲き球根草花や宿根草・カラーリーフの導入と上手な活用。前記「ダリア園オリジナル実生品種の育成」も対策のひとつとして活用したい。

・暖地での実生選抜を繰り返すことで，少し

特集　切り花ダリア栽培最前線

でもダリアへの耐暑性付加を進めること。

・大輪咲きダリアの一年草化を実現したい。

　また，ボール咲き・ポンポン咲き・シングル咲き・コラレット咲き・オーキッド咲き・アネモネ咲きなど特徴のある花形の種類でも，一年草化のための交配を実施して，後代の観察をし

ているところである。

《住所など》東京都町田市山崎町1213—1

　　　　　　町田薬師池公園　四季彩の杜ダリア園

執筆　北村恒明（社会福祉法人まちだ育成会かがやき）

2017年記

愛知県田原市　片山　知生

〈ダリア〉9～6月出荷

最高品質の巨大輪ダリアでトップを走る個選経営

—綿密な栽培計画，徹底した日持ち管理，株にストレスをかけない肥培管理—

1. 地域の概要と経営技術の特徴

(1) 地域の概要

愛知県田原市は，渥美半島の面積の大部分を占める，人口6万人強の都市である。渥美半島は豊橋市から南西方向に突きだすように伸びる半島で，北は三河湾，南は太平洋に面し，両側を海に挟まれる地形のため，年間を通して風が強く，太平洋の黒潮の影響で温暖な気候である。

1968年に豊川用水が開通したのを機に，渥美半島は土地改良と耕地整理が進んだ。キャベツ，ブロッコリーや電照ギクなど収益性の高い農業が展開され，全国有数の大規模近郊農業地帯として知られる地域である。

(2) 経営の概要

片山知生さん（50歳）が32年前に就農した当時，片山家はイチゴを生産していた。そのころ，両親が近隣の仲間たちと花卉生産を開始。イチゴと花卉を平行して出荷するうちに少しずつ花卉の比率が高まり，やがて花卉専業となった。最初につくった花はグロリオサ，以降ブルーレースフラワーやチドウリソウ，モルセラ，キンギョソウなど，いろいろな花を栽培した。

片山さんが36歳のとき，それまで所属していた農協の大きな共販組織を離れ，個選の道を選択した。同じ地域でアルストロメリアなどを出荷する，「シーサイド渥美農業振興協同組合」

■経営の概要

経営　ダリアを中心に，ケイトウ，ヒマワリ，ハボタン，ラナンキュラス，サクラコマチなど，草花系の切り花を生産（ダリア以外の栽培品目は年により異なる）

気象　年平均気温16.1℃，年間降水量1,608mm（2011年値），年間を通じて温暖，風が強い

栽培面積　施設面積1,500坪（うちダリア1,100坪）。鉄骨ハウスとパイプハウス併用

出荷数量　ダリア年間約7,000箱（1箱当たり5～10本）

品種数　出荷用約40品種，試作約20品種

労力　本人，妻，両親，息子（計5名）

という出荷グループに加入したのである。当時の4人のメンバーのうち，ダリアを出荷しているのは片山さんのみであった。現在，グループの正式名称は「協同組合渥美農業」に変更されているが，すでに各市場で「シーサイド」の名が浸透しているため，市場を含め花卉業界では「シーサイドのダリア」「シーサイドの片山さん」で名が通っている。

(3) 「片山さんのダリア」の特徴

片山さんのダリアが名を馳せるのは，品質の高さ，栽培品種の多さ，そして白の'マルコムズホワイト'や濃い赤の'黒蝶'などの大輪系品種を，直径20cm以上の巨大輪に仕立てて出荷していることである（第1図）。

「個選でやっていくからには，トップを目指す。量を求められる共選に対して，個選はほか

特集　切り花ダリア栽培最前線

第1図　直径20cm以上の巨大輪に仕立てる
（品種：白色の「マルコムズホワイト」）

の誰にもできないことをして，花屋さんに選んでもらう必要がある。サイズ，発色，日持ちを含めた品質，品種数，切れ目のない出荷など，できることは全部やる」と力強く語る片山さん。最高のダリアを出荷するために，コストがかかることを承知で，良いと思うものはすべて導入する方針を貫く。

また，出荷期間中はひととおりの花色と花形が常にあるように，かなり多くの品種を作付けしている。そのため，各市場の担当者にとって片山さんは，「注文の赤の大輪がどうしてもあと10本足りない，揃わない，困った！」といったときにも非常に頼りになる，ありがたい存在である。

切り花ダリアの1本単価では，おそらく片山さんが日本一といえるだろう。圃場でよく咲かせてから収穫した大輪のダリアは，平均して1ケースに10本，大きなものは6本や5本しか入らないこともある。糖度の高い前処理剤「ブルボサス」や，花弁の乾燥を防ぐ栄養剤「ミラクルミスト」をふんだんに使用し，段ボールの縦箱の底にブルボサス水溶液入りの容器をセットし，立てた形のまま出荷する。作業場に併設している冷蔵庫から，輸送は冷蔵コンテナ車で，市場まで完全な冷蔵状態で運ばれる。

2. 栽培体系と品種管理

第2図が，片山さんの栽培スケジュールである。定植をおおよそ6月10日～9月10日と定め，出荷が始まれば常に各色の出荷が途切れないように，ひとつの品種の定植を複数回に分ける。そのためには，その品種の出荷をいつ終えていつ苗の準備をするか，どのハウスに植えるか（連作障害を避けるため，数年おきにヒマワリやケイトウを作付けする），常にパズルのように組み合わせ，作業日程を逆算して決めていく。

◎定植，☐収穫，┌┄┐出荷できる品種数の減少を表わす

第2図　片山さんの年間の栽培スケジュール
多品種を切れ目なく出荷するため，挿し穂の定植時期を細かくずらしている。ケイトウとヒマワリは輪作体系に組み込まれている

その年のダリアの切り終わるスケジュールに合わせて、播種から100日程度で出荷するケイトウと50日程度で出荷するヒマワリをあてはめて作付けする。

（1）生長，開花調節技術

花の出荷は9月中旬から6月中旬まで。その出荷時期に向けて、6月中旬から9月中旬まで、数日ずつ時期をずらしながら、挿し穂→冷房育苗→定植を繰り返す。もっとも気温の高い時期は、定植から約3か月弱で出荷となる。後半の9月に定植すると気温が低下する時期に生育するため、到花日数はおよそ4か月だが、品種による違いもある。1番花から2番花までの期間も、品種によって長短がある。

本来、ダリアの季咲きは夏から秋である。10月ころまで出回っているダリアは、高冷地の露地栽培のものだ。しかし、秋の短日期に入ると露心しやすくなり、また、高冷地は霜がおりた時点で花弁がいたみ、急な降霜の場合は唐突に出荷が終わる。その秋に、確実に出荷するのが暖地のハウス生産者の役割だ、と片山さんは強調する。

暖地で9月から出荷するためには冷房育苗は必須で、片山さんは育苗用の冷房室をハウス内に建て、必ずその中で育苗した苗を定植する。

（2）多様な品種構成でブライダル関係者から厚い信頼を獲得

片山さんがダリアの栽培を始めた十数年前は、'黒蝶'‘かまくら'‘熱唱'といった数品種を、定植の時期をずらして8〜10か月間切れ目なく出荷するようにしていた。切り花ダリアの生産者が少なかった当時は、それで十分だった。しかし、現在は産地も出荷量も増え、つくりやすい品種は大産地から大量に供給される。片山さんは「今、求められる個選の在り方」として、少量多品種生産に切り替えた。一定量を安定的に出荷するものが約30〜40品種あり、それ以外に、秋田国際ダリア園や奈良の業者から球根を購入した新品種、種苗会社から試作を頼まれた品種などを、約20品種作付け

している（第3図）。

色は、黒、赤、白、ピンク、オレンジ、複色、それぞれに濃淡がある。咲き方もフォーマルデコラ咲き、ポンポン咲き、ボール咲き、セミカクタス咲きなどがあり、どのようなオーダーにも応じられるように揃えた結果、この品種数になった（第1表）。

ただ、すべての品種を10か月間出荷し続けるわけではない。たとえば、'黒蝶'がどんなに人気でも、日差しが強く暑さの残る9月は花が「焼け」てしまうため、1番花は出荷しないこともある。また、'黒蝶'の濃いチョコレート色は、4月になると花屋さんでの動きが一気に鈍るため、「まだ切れる株」であっても、潔く3月いっぱいで終了する。

ある品種がもっとも必要とされる時期は何月か、その時期に多く咲かせるためには定植はいつで、そのための挿し穂はいつ、穂を取るために株を刈り込むのは……と、すべての品種について常に生育日数を逆算し、品種ごとに栽培を終えるタイミングをはかっている。

ブライダル関係の花屋さんとは密に連絡を取り合い、情報交換を欠かさない。「何月のいつごろ、どの品種が咲いていますか？」と質問されて、明確に答えられるのが個選の強みだと片山さんは確信している。最近は、エンドユーザーがカタログやSNSの写真をもとに、「挙式にこの花を使いたい」といった細かいリクエストが増えているが、ダリアは季節によって花色やサイズが変化しやすい。ブライダル関係者にはそのことを繰り返し発信し、大きなイベントではトラブルを回避するため、直前の打ち合わせのタイミングでサンプルを発送して確認することもある。いずれも「指名買い」の信頼に応えるためである。

（3）試作品種

毎年、10品種前後を試作している。自ら球根を購入して切り花生産に向くかどうかを試しているものと、種苗会社から依頼されて生産性や市場性を見きわめるために試作するものがある。

特集　切り花ダリア栽培最前線

第3図　片山さんが栽培する多様なダリア品種

第1表　片山さんが栽培しているおもな品種（2017～2018年）

花　色	品種名（カッコ内は咲き方）
黒	黒蝶（デコラ），ジェシーリター（ボール），アモーレ（デコラ）
赤	純愛の君（フォーマルデコラ），レッドストーン（ボール），ガーネット（デコラ）
赤／白	祝花（フォーマルデコラ・フリル），ラ・ラ・ラ（フォーマルデコラ）
白	マルコムズホワイト（インフォーマルデコラ），彩雪（ボール），かまくら（ボール），シベリア（睡蓮）
オレンジ	モンブラン（デコラ），オレンジストーン（ボール），サンセットビーチ（フォーマルデコラ），エオナオレンジ（デコラ），宝風（デコラ）
オレンジ／白	ポートライトペアビューティー（デコラ）
オレンジ／赤	カミオン（ボール），田園（ボール）
ピンク	ミッチャン（ボール），オズの魔法使い（ボール），インカピンク（カクタス），インカローズ（カクタス），マルガリータ（フォーマルデコラ）
ピンク／白	キャンディガール（ボール），艶舞（インカーブドカクタス）
ラベンダー	パープルストーン（ボール）
ライトイエロー	イエローオーツ（カクタス）
オレンジイエロー	日和（カクタス）
ピンク／イエロー	ムーンワルツ（カクタス）

注　上記のほか，ゆめちゃん，ティンカーベル，キャロットスムージー，恋雫，ピュア，優萌，グレイスローズ，セレナーデ，ピンクドロップ，そのほか番号品種などを試作している

最高品質の巨大輪ダリアでトップを走る個選経営

第4図　挿し穂を採るために刈り込んだ親株

第6図　穂を挿したトレイ

第5図　採取した挿し穂

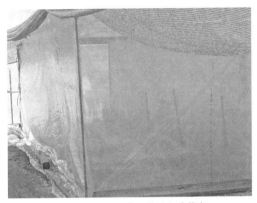

第7図　ハウス内に設けた冷蔵室

　苗を販売する種苗会社からは，年に5品種前後の試作を引き受ける。種苗会社の視点で魅力的な花でも，花屋さんが欲しがるとは限らない。片山さんは，花屋さん側の視点で取捨選択し，見込みがないと思った品種は即断即決で抜いてしまう。

3.　栽培管理の実際

(1) 苗の準備，育苗

　新しく導入する品種は，1年目はまず栽培してみて，花持ち，花色などを確認する。見込みがあれば翌年から増やしながら，さらに生産性や輸送性などを検証していく。

　栽培終盤，春以降に求められない品種や，秋の早い時期から出荷したい品種から順に，出荷を停止して，株を刈り込む。そこから出てくる芽を採り，挿し穂とする（第4，5図）。

　育苗は128穴のセルトレイで行なう。培養土はいろいろ試した末，メトロミックスを使用している。穂を挿したトレイには穴あきの農ポリフィルムをかけて，ハウス内に設けた冷蔵室に入れる（第6，7図）。冷蔵室は，2m×5mをビニルで仕切り，ヒートポンプで冷やす。冷房はエアコンではなく，冷房育苗専用にヒートポンプを1台購入した。家庭用のエアコンでは，真夏の昼間の温度を下げ切れないことがある。とはいえ，4か月の冷房期間のために業務用エアコンを導入するのはコストが見合わず，ヒートポンプの冷房機能を活用するのが最適と判断した。

　設定温度は，夜間20℃，昼間は23℃だが，昼間は日照があるため，実際は30℃程度まで上がっている。農ポリフィルムをかぶせているのは，近隣のキク生産者たちがそうしているのを見て，そのほうが早く発根して安定しそうだと思ったから。比較したことはないが，「かけ

たら状態が良い」という。

(2) 土つくりと施肥

基肥は微生物肥料のバイオエースを主体に，カニがら菌体の土壌改良資材やアミノ酸資材を配合する。細かい基準があるため，わざわざ「有機農業」とうたってはいないものの，土つくりと施肥は有機資材で占められている。

「雨で流れないハウス栽培で化成肥料を使うと，やがて土が荒れてくる。この辺りの農家は早くからそれをわかっているので，有機肥料で土をつくっている人が多い」という。そのなかでも片山さんの使う資材は，価格が通常の肥料の7～8倍するものもある。

追肥はすべて，葉面散布で補う。9月～12月ころまではひんぱんに消毒が必要なので，消毒と同時に散布できる剤を選んでいる。株元への施肥と比べると，葉面散布は3回程度の散布でようやく肥料の効きめが現われるので，時間も手間もかかるが，ダリアにとっては変化が穏やかでストレスが少ないと考えている。

(3) 定植

定植前にD-D剤で土壌消毒をする。加温と電照の設備が整ったハウスに，幅70cmのベッドをたてて，株間40cmの2条植えとする。中央に灌水チューブを置いて，千鳥に植える。マルチはかけない（第8図）。自分の親株から挿し穂したものについては，基本的に挿し穂の時期を細かくずらし，長期間少量ずつ咲くように作付けしている。種苗会社から直定苗を購入した品種は，届いたタイミングで一斉に植える。

定植の時期は高温になるので，遮光資材をかけ，換気してなるべくハウス内の温度を下げ，乾燥に注意する。

(4) 定植後の管理

①フラワーネット
15cmのフラワーネットを3段に設置する。

②灌　水
活着までは水を切らさない。活着後はだんだん灌水をひかえる。水を与えて丈を伸ばすことは容易にできるが，その分，出荷後の花持ちが悪くなるのでなるべく締めて育てるよう心がけている。

③仕立て
だいたい本葉3節で摘心し，2～4本仕立てとする。立ち本数が多いほど茎が細く，花が小さくなりがちなので，本当はすべて1株から2本の仕立てが理想である。しかし，需要とのバランスで，時期によっては小さめの花を1株6本とすることもある。同じ品種でも，季節によって仕立て方を変えている。

④消　毒
ダリアは虫がつきやすく，うどんこ病にも弱い。夏から秋は週に1回，虫が飛ばない冬は月に1回程度，消毒をする。

⑤虫補殺用の粘着シート
黄色と青色の，2種類の粘着シートを吊り下げる。消毒は成虫には効かないので，アザミウマ類，コナジラミ類，コバエなどの成虫をシートで補殺する。400坪のハウスに120～130枚のかなりの高密度で設置している。

⑥電　照
ダリアの電照は14時間半が標準とされているが，片山さんはそれよりも長く，秋と春は15時間程度，冬は16時間を確保している。時間の長さだけでなく，曇天続きで光の強さが不足すると露心しやすくなるので，より長く時間をかけて露心を防ぐようにしているのである。

第8図　定植するハウスと定植後のようす
ベッド幅70cm，株間40cmの2条千鳥植えとする。灌水チューブはベッド中央に配置

⑦暖房設定

温度管理は，ネポンのハウスカオンキの4段サーモを活用している。10～11月と1～3月は，昼3℃（実質，暖房機を稼働させない），夕方13℃，夜中11℃，朝方13℃。12月は年内出荷のために設定を高めに，昼3℃，夕方15℃，夜中13℃，朝15℃としている。ダリアは10℃あれば咲くとされているが，良い花を咲かせるために高めの設定を貫いている。

⑧輪作体系

その年の気象条件にもよるが，4月ころから出荷を終了する品種が出てくる。片付けたあと，次のダリアの定植までの期間が100日を超える圃場には晩生のケイトウを，それよりも短くなる圃場には早生のヒマワリを作付けする。いずれの圃場も数年おきにケイトウかヒマワリが入るように，早い時期に出荷を終える品種をどの圃場に定植するか，「毎年，パズルのよう」と言いながら品種の配置を考えている。

ケイトウは自身で選抜して採種している。光沢やウェーブの美しいものを選んだ結果，樹勢が強く採花に手がかかっているが，「そういう花を期待されているから」と納得している。

（5）採花，調製，鮮度保持剤の前処理

①採花のタイミングと体制

品質の良い状態で最大限の日持ちを実現するため，販売日（表日）のギリギリまで圃場で咲かせて採花する体制をとっている。

表日の前日（火・木・日）の正午に，冷蔵トラックが集荷に来る。土曜日と日曜日の午前中に採花したものが日曜の夜に，月曜日と火曜日の午前中に採花したものが火曜の夜に，水曜日と木曜日の午前中に採花したものが木曜の夜に市場に着く。

採花を担当する3人（片山さんの両親と奥さん）が，花を切ってフラワーネットの上に置く作業と，置いた花を集める作業を分担する。これは，切りながら腕に抱えたりすると花弁に傷がつくので，担当を分けているのである。

集めた花は水には浸けず，圃場のすぐ近くにある作業場に運び込む。以前はハウスでいったん桶に入れた段階で水を吸わせ，すべてを切り終わってから作業場に運んでいたが，現在は切ったら次々と作業場に運んでいく。その理由は後述する。

作業場では，調製を担当する2人（片山さんと息子さん）が，前処理剤ブルボサス入りの水を入れた容器を出荷箱（縦箱）にセットして待ち構えている（第9図）。花にたっぷりとミラクルミスト（切り花栄養剤）をスプレーし，品種とサイズごとに，基本は5本ずつ，大きなものは3本ずつ，束ねてスリーブをかけ，箱詰めする（第10図）。

ハウスで採花したあと，桶に水を入れないよ

第9図　前処理剤（ブルボサス）入りの水が入った容器

第10図　出荷箱に詰めた状態

花にミラクルミストをスプレーして，スリーブをかけて箱詰め。茎元に見えるのは，前処理剤を入れた容器

特集　切り花ダリア栽培最前線

第11図　片山さんの出荷容器
コストを下げるために片山さんの名前も花の名前も入っていない

うにしたのは、切って最初の水揚げでブルボサス入りの水を吸わせるためである。2年前に息子さんの就農で労力が5人態勢になり、この同時進行スタイルが実現した。

②前処理剤

2年前から、ブルボサスを使うようになった。以前の前処理剤と比べてコストは2倍以上になったが、ダリアの日持ちに明確な効果があると認められたので導入に踏み切った。

同時に、そのコストを捻出するために、出荷箱を変更した。段ボールの厚みはしっかりしたままで、箱の印刷をモノクロで極限までシンプルにした。片山さんの名前やダリアという花の名前すら入っていない（第11図）。

花にはミラクルミストを散布する。ブルボサスもミラクルミストも、生産者が出荷前の段階で正しく使用し、続いて生花店でも正しく使用するというリレーが行なわれれば、日持ちは飛躍的に伸びる。

③冷蔵保管と冷蔵輸送

縦型の出荷箱に花を入れると同時に、ブルボサス入りの水で水揚げが始まる。容器に入れる水の量は750ml。箱に入れて立てた状態で冷蔵庫に保管し、集荷の冷蔵トラックを待つ。冷蔵庫の設定温度は13℃、冷蔵トラックは15℃に設定している。それよりも低温だと、葉が変色する可能性がある。

前処理剤などの効果を確実にするためにも、温度が上がらないよう細心の注意を払う。冷蔵トラックは敷地内の冷蔵庫の前に横付けしてもらい、すばやく積み込み、低温のまま市場へと運ばれる。

ダリアはよほど手をかけない限り、基本的に日持ちを維持するのがむずかしい品目である。それゆえに、ここまで手をかける片山さんの大輪ダリアは「美しいまま日持ちする、コストパフォーマンスの高い花」として評価されるのである。

4. 今後の課題

マルコムズホワイトのような巨大輪仕立ては、栽培にも出荷にも経費がかさむので経営としては見合わないが、「片山＝巨大輪」で知られるようになったので、意地で努力している面もある。以前は他産地との価格差があまり大きく開くのは良くないと考えていたが、こういう特殊な仕立てのものは、量を減らしてあえて高単価を出し、後進に夢を与えることも必要と考えるようになった。同じような志のダリア生産者があと数人いればと思う。

ただし、ブランドネームでなんでも高く販売するのは好ましくない。気温の高い時期など、品質に納得がいかない場合は価格を下げて販売するよう、市場の担当者にそう伝えている。とくに秋のブライダルシーズンは品薄で、品質が良くないものも高値で出回ることが多い。ダリア全体の評価を下げないためにも、適正な販売を望んでいる。

2年前に息子さんが就農、労働力は家族4人から5人になり、いろいろな作業が効率よく行えるようになった。ダリアの栽培面積は現状を維持したまま、今後は他の草花類も増やしていきたい。

《住所など》愛知県田原市向山町郷32
　　　　　片山知生（50歳）
執筆　高倉なを（フリーライター）

2017年記

宮崎県宮崎市 富永 秀寿（ダイアナフラワーグループ）

〈ダリア〉10～5月出荷

冷房育苗による冬春出荷

―冷房育苗施設で自家育苗，高品質を狙った仕立て方と電照管理―

1. 経営と技術の特徴

(1) 産地（地域）の状況

　宮崎市は，宮崎県のほぼ中央に位置し，地形はおおむね平坦で，中央に広がる宮崎平野を囲むように北部から西部にかけて丘陵が続いており，さらに南部には双石山系が東西に連なる地域である（第1図）。冬季の温暖多照な気象条件や都市近郊の地理的条件を活かし，施設野菜をはじめ，果樹・花卉，畜産など，バランスのとれた農業が展開されている。そのなかで花卉は，秋から春にかけての出荷作型を主体とした生産が行なわれている。

■経営の概要

- **経営** 切り花専業
- **気象** 平均気温17.4℃，最高気温31.4℃（8月），最低気温2.6℃（1月），年間降水量2,508.5mm
- **土壌・用土** 細粒質土壌，有効土層20cm
- **圃場・施設** 転作田。ハウス加温，電照設備あり。冷房育苗ハウス（0.5a），夜冷育苗ハウス（1a）
- **品目・栽培型** ダリア：8月上旬植付け，10月下旬から出荷，デルフィニウム：9月中旬植付け，11月上旬から出荷
- **栽培面積** ダリア：ハウス15a（出荷本数54,000本），デルフィニウム：ハウス15a（出荷本数40,000本），そのほか花卉：ハウス8a
- **種苗の調達方法** 自家直挿し芽苗，一部種苗メーカーより購入
- **労力** 家族（本人，妻）2人，パート1人

　宮崎市のダリア栽培は，2003年に市内の生産者が取り組んだのがきっかけで少しずつ広まり，現在ではデルフィニウムやキク，バラなどの施設花卉と組み合わせた栽培が行なわれている。

(2) 経営と技術の特徴

　富永さんの住む宮崎市生目地区は，希少価値のある日本カボチャとして有名な黒皮カボチャや，温州ミカンなどの果樹栽培がもともと盛んな地域であった。富永さんの祖父は果樹経営を営んでいたが，父親の代から，より高い収益性を目指してカーネーションに品目転換した。

　富永さんが就農し数年経過した時期に，台風

第1図　宮崎市の位置

特集　切り花ダリア栽培最前線

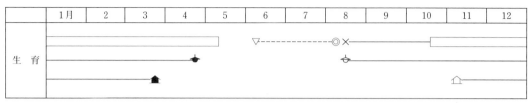

第2図　富永さんのダリア栽培における年間の生育と作業

などの気象災害による被害や労働力確保の面から，カーネーションからほかの品目への変更を検討した。その結果，富永さんはデルフィニウムの収益性に興味を持ち，栽培を開始した。デルフィニウム栽培が軌道に乗り始めたころ，さらに新たな花卉品目を導入したいと考えるようになった。このとき，普及指導員の助言などもあってダリアに興味を持ち，2005年にデルフィニウム栽培施設のうち10aにダリアを導入した。それが，富永さんのダリア栽培の始まりである。2012年にはさらにハウスを5a増設し，合計15aでダリアの栽培を行なっている。

その後，そのほかの切り花栽培用ハウスとして8aを増設し，現在は，ダリア，デルフィニウム，そのほか切り花などを栽培する花卉専作農家となった。また，宮崎市内でデルフィニウムやトルコギキョウ栽培に取り組む生産者5名で構成されている，ダイアナフラワーグループの会長として活躍しており，県内外で開催されるグループの販売促進会でのダリアの出品や，他産地の生産者などとの情報交換など積極的な活動を行なっている。ほかにグループの取り組みとしては，地元市場や地域の短大生と協力して，小学生を対象とした花育教室など花の普及活動も行なっている。

第2図は現在の富永さんのダリア栽培の作型図である。宮崎県は，冬季温暖で多日照な気候条件を活かし，冬春出荷を主体とした作型で栽培されている。とくに，育苗期間が夏の高温時期にあたるため，冷房育苗施設を導入して苗の安定生産に取り組むとともに，品種特性を活かせるような，軸が固く太くなりすぎないようなダリアを栽培するように心がけている。また，

デルフィニウムと組み合わせたハウス栽培を行なっているので，定植や管理，収穫などが重ならないよう，作業性を考慮した栽培管理に重点を置きながら，より品質の高い花卉生産を目指している。

(3) 栽培の課題

おもな作型は，8月上旬に定植し，10月下旬～5月にかけて出荷を行なう作型である。この作型は6～7月の高温期に育苗管理を行なうことから，品質の高い苗の確保と定植時期の高温対策が課題となっている。また，ウイルス苗の持ち込みを行なわないよう，親株選別の徹底も課題となっている。

2. 栽培体系と栽培管理の基本

(1) 生長，開花調節技術

ハウス栽培では8月上旬から10月上旬にかけて段階的に定植をし，加温と電照を行なうことによって10月下旬から5月まで出荷している。1品種につき，定植後の摘心時期を数回に分けるなど，出荷時期が分散するような管理を行なっている。

また，開花調節のため早朝電照による電照管理を行ない，14時間日長を基本としている。13時間以下では露心花が多発するとともに生育が停滞し，16時間以上の日長では到花日数が延長し生産性が著しく低下するため，14時間を基本とした適切な日長管理に努めている。

(2) 品種の特性とその活用

現在の作付け品種は，'ミッチャン' 'ヘブン

ミッチャン　　　　　　　　　ヘブリーピース　　　　　　　　　純

第3図　おもな栽培品種

リーピース''純'などで（第3図），ピンク系，白系，赤系などを中心に，約10品種栽培している。

作付け品種は冬春出荷作型に適したもので，切り花本数が多く，露心花など奇形花が少ないもの，茎の固さや太さなどを中心に選定を行なっている。このほかに，市場と情報交換しながら，市場ニーズも反映させた品種の選定を心がけている。また，花色はカタログの写真などだけではわかりにくい場合もあるため，導入する品種は必ず試作を行ない，自分の目で確かめることにしている。

3．栽培管理の実際

(1) 種苗，育苗

自家増殖による挿し芽育苗が約9割，残り1割は種苗会社からの購入苗を利用している。

①親株管理

既存品種は，収穫後期の3月ころから本圃に定植されている株から採穂し，7.5cmポットに直挿しする。育苗用土は，デルフィニウム用育苗用土を利用している。ポットに挿すさいには，発根促進剤を利用して約2か月育苗したのち親株床に定植する。

新しい品種を導入するさいは，年明けの1月ころに秋田国際ダリア園より球根を購入し，ハウス内で開花させ，花色や形質を確認してのち親株を選定する。生育が良好であるかウイルスに罹病していないかなど，とくに注意して選定を行なっている。選定後は，既存品種と同じように，選定した株から採穂し，7.5cmポットに直挿しして2か月ほど育苗する。その後，親株床に定植する。

親株床は，約90m^{2}の雨よけハウスで管理しており，天井には農業用ビニールの上にシルバーの遮光ネットを張って遮光し，サイドには赤色防虫ネットを張り，ハウス内へのアザミウマ類などの侵入を防ぐようにしている（第4図）。

②育　苗

定植時期の約2か月前の6月上旬から，定植用苗の挿し芽作業を開始する。挿し穂は，10cm程度になるよう，折れないように手で折って採取する。穂を揃えるためにはさみを利用するさいは，使用前に消毒液に浸して利用するようにしている。穂を採取調整したあとは，活着率向上のため発根促進剤を使用し，セル成型トレイに挿していく。育苗用土は焼土とバーミ

第4図　親株床のようす

特集　切り花ダリア栽培最前線

第5図　挿し芽のようす

第7図　冷房育苗のようす
設定温度18℃（昼温26℃前後，夜温18℃）

第1表　ダリアの施肥例（kg/10a）

区　分	肥料名	施用量	成分量		
			N	P	K
基　肥	配合肥料 牛糞堆肥	250 2,000	20	20	20
合　計			20	20	20

注　土壌分析に基づき石灰資材を施用

第6図　冷房育苗施設

キュライトを1：1の割合に調整して使用しており，使用するセル成型トレイは72穴を利用している（第5図）。

1株からは約30本採穂している。富永さんの圃場では，10a当たり2,400本の苗が必要となるが，ロスを考慮して，定植に必要な苗の約2割は多く準備するようにしている。

セル成型トレイに挿してから順化までの育苗期間中は，敷地内にある冷房育苗施設で管理する。施設は，農業用ビニルハウスを活用したもので，農業用ビニルの上に，遮光資材としてクールホワイトを2枚重ねて使用している。そのときの遮光率は75～80％となっている（第6図）。

冷房育苗室は約45m^{2}の広さで，業務用クーラーを2台設定し，施設設定温度18℃で終日育苗管理を行なっており，昼温は26℃前後，夜温18℃で推移している。（第7図）。

セル苗はポットに鉢上げし大苗にしてから定植するが，挿し芽から30～40日経過したころに7.5cmポットに鉢上げを行なう。鉢上げ後10～13日で摘心し，その日の夕方から冷房育苗室から出して，ハウス内の涼しい場所に移動し順化させる。定植は，摘心後3～5日経過を目安に順次行なっている。

(2) 土つくりと施肥

土壌分析を実施し，pH6.5を目安に苦土石灰などで調整する。基肥は，窒素成分10a当たり20kgを目安に施している（第1表）。

(3) 定　植

加温・電照設備が完備されたハウスで10月下旬からの出荷を目指しているため，8月に定植を行なっている。定植のさいには，定植予定10日くらい前からハウスの内張りカーテン資材に寒冷紗をのせて，ハウス内気温と地温を下げている。

定植は8月上旬から開始し，10月上旬まで行なう。定植が高温期に行なわれるため，作業は

冷房育苗による冬春出荷

第8図　定植のようす

第10図　二番花，三番花にむけての
　　　　整枝
側枝4～5本に整理

第9図　二番花収穫後の姿
発生した側枝を4～5本に整理して収穫

日中の暑い時間帯は避け，15時以降の涼しい時間帯に行なう。9月中旬ころまで寒冷紗を被覆し，除去後の強い日射しを防ぐため，天候を考慮しながら，晴天日を避けて除去している。

栽植様式は，ベッド幅65cm，株間40cm，条間40cmの千鳥植えで，定植株数は2,400本/10aとなっている（第8図）。

定植する前に摘心を行なっているので，定植後約2週間を目安に，新たに発生してくる側枝を2～3節残して2回目の摘心をしている。

発生した側枝は，1株当たり4～5本に整理し，早いものでおおむね60日後に一番花を収穫する（第9図）。その後の二番花，三番花は，側枝の数が多いと収穫する花のボリューム不足や切り花の品質低下につながるため，側枝は4～5本に整理し切り花の品質向上に努めている（第10図）。また，発蕾時には腋芽をすべてかきとり，一輪仕立てとする。腋芽かきが遅れると花首が細くなり花が小さくなってしまうため，適宜行なっている。

また，ハウス栽培では節間が伸びやすく草丈が高くなるので，栽培期間中は倒伏防止のためフラワーネットを設置する。フラワーネットは20cm目合いの3目を3段設置し，1段目は30cm，2段目は60cm，3段目は90cmを目安にしているが，生育に合わせて3段目のネットを上げて調整している。

(4) 水管理・施肥管理・温度管理など

①水管理

水管理は，定植時から1週間は土壌の乾き具合を見ながらこまめに灌水する。天候にもよるが，寒くなる時期にかけて灌水間隔を空けていき，暖かくなる3月以降灌水間隔を短くするなど，ハウス内環境に応じ，適宜灌水を行なっている。

②施肥管理

収穫株の残渣は，収穫終了後なるべく早くハウス外に持ち出し，その後，堆肥を投入して湛水処理を行なう。湛水期間は1日で，排水後約20日経過したころに土壌消毒剤で消毒を行なう。土壌分析は，作終了後に必ず実施しており，

特集　切り花ダリア栽培最前線

第11図　切り前
左：朝の涼しい時間帯に採花，右：一番外側の花弁が外側に反り始めたときが目安

第12図　流通形態
左より80cm，70cm，60cm用出荷箱

近年，残肥が多い傾向にあるため，土壌診断結果をもとに，基肥をいれるかどうか判断している。また，生育状況に応じて追肥を行ない草勢管理をしている。

③温度管理

定植後は，日中できるだけ涼しくなるよう遮光や換気を行なっている。採花期間中は，最低気温10℃を目安に加温し，昼温は20℃を目標に管理している。

④日長管理

日長調節のため早朝電照による電照管理を行なっており，定植後の摘心時期から4月下旬まで14.5～15時間の日長を維持する。電球は蛍光灯を使用しているが，今年から試験的にLED電球を使用する予定である。

(5) 採花と鮮度保持など

①採　花

採花は，朝の涼しい時間帯に行なう。切り口が乾かないように，水の入ったバケツをハウス内に持ち込んで，収穫後すぐに水揚げを行なうように心がけている。ダリアは，蕾の状態で収穫すると花弁が開ききらないことがあるため，切り前は一番外側の花弁が外側に反り始めたときを目安としている（第11図）。暑い時期は開花が早いので，切り前を固めにして収穫している。

②鮮度保持

出荷調製は，直射日光の当たらない涼しい場所で行なっている。選別は，露心の有無や花の大きさ，曲がりなどで選別し，吸水していない時間ができるだけ短くなるよう，素早く作業する。選別後は，鮮度保持剤の入ったバケツに入れ，7～8℃の冷蔵庫内で翌朝まで保管する。箱詰めは出荷前に行ない，病害虫の有無や切り前を再確認してから，5本ずつ束にしてスリーブに包み，4束を1箱に入れ，20本単位でバケット輸送用の鮮度保持剤を入れた湿式縦箱段ボールに詰めて出荷している（第12図）。出荷は，おもに関東方面が7割，宮崎県内が3割である。

4. 今後の課題

近年，夏場の高温による定植後の活着不良や生育不良，品質低下が発生しているので，栽培上の高温対策も喫緊の課題となっている。

また，ダリアは，花色が豊富で花形も大きく，ブライダルなどの業務用に多く使われているが，今後，消費者が手に取りやすく，小売店でも売れるような中小輪系の品種などを取り入れることが大切だと考える。そのために，変化する市場ニーズにいかに対応できるかが課題となっている。

《住所など》宮崎県宮崎市大字跡江
　　　　　富永秀寿（37歳）
執筆　石井明子（宮崎県中部農林振興局農業経営課）
2017年記

キクの栽培技術と経営事例

輪ギクの技術体系と基本技術　87ページ

栽培技術と障害対策　127ページ

輪ギクの経営事例　149ページ

キクの分類と原産地　204ページ

秋ギク（神馬）の技術体系

(1) 神馬の特性

①育成の経過と産地への導入

秋ギク型白系輪ギクは，昭和40年代から '秀芳の力' が主力品種として長年にわたり栽培されてきたが，2000年ころから '神馬' が急速に全国に普及し，現在の主力品種になっている。'神馬' は，1987年ころに静岡県の浜松特花園が育成した品種（子房親は '日銀'，花粉親は特定できず）で，鹿児島県への導入は1993年ころ，主力産地である枕崎市に導入されたのが最初である。

導入当初は低温でもよく伸長し，省エネ栽培に向いたつくりやすい品種と思われていたが，栽培を重ねるにつれて，低温期の開花遅延，二度切り時の不萌芽，芽かき作業の多さなどさまざまな問題点が指摘されてきた。また，この品種は栽培条件によって生育・開花反応が大きく変化する事例も知られている。

②神馬の選抜系統とその特性

'神馬' は全国に先駆けて鹿児島県で普及したが，当初から3〜4月開花で開花遅延する事例が問題になった。そこで鹿児島県では，さまざまな栽培試験と併行し，1997年ころから優良系統選抜を行なった。その結果，1998年に枕崎市から採集した系統 '10-1-3' が低温期でも開花遅延しにくいことが確認され，'神馬2号' と命名し，県内に種苗供給を行なった。

この '神馬2号' はその後全国に広がり，各地で低温開花性の '神馬' として '低温神馬'（愛知），'長崎4号'，'神馬2号M'（佐賀）などの再選抜が行なわれ，栽培が行なわれている。鹿児島県では2005年度に，生育や開花揃いの優れる '神馬2号K3' を再選抜したが，燃油高騰などの事情も重なり，'神馬2号K3' は全国に広く普及することとなった。

低温開花性以外として，鹿児島県では二度切り栽培での不萌芽の少ない '神馬1号' や，芽つみ作業の省力化がはかれる半無側枝性品種

'新神' など，いわゆる '神馬系' の選抜系統や改良品種が栽培されるようになった。また他県でも '芽なし神馬' や，従来の '神馬' の特性をもつボリュームのある系統を選抜し，栽培している出荷団体の事例もある。

ここでは，一般的な '神馬' について記述するものとし，低温開花性系統については別項で触れる。

③栽培上の利点と欠点

第1表に示すように，'神馬' の栽培上の利点は多い。とくに業務用だけでなく個人消費も多い鹿児島県では，開花始めから純白である点は消費者や花屋から評判がよい。また水揚げのよさも人気の原因である。生産者側からは，低温条件下でもよく伸長し，立ち葉で密植栽培が可能なため生産性や秀品率が高い点がとくに評価されている。この利点を最大限に発揮できるような栽培を行なえば，経営的にも非常に魅力のある品種ということができる。

一方で，前述したように低温期の開花遅延，二度切り時の不萌芽，芽かき作業の多さなどさ

第1表　神馬の特性上の利点と欠点

利 点	1) 開花始め（収穫時）から純白である
	2) 伸長性がよく，栽培期間が短縮できる
	3) 低温条件下でもよく伸長し，基本的には低温開花性である
	4) 立ち葉がやや小葉で，密植栽培が可能なため反収が上がる
	5) 9月中旬〜6月出荷までの幅広い作型に適応する
	6) 親株では分枝，伸びがよく，穂の生産性が高い
	7) 挿し芽での発根が早く，直挿しに適する
	8) 切り花の水揚げがよい
欠 点	1) 温度管理によっては幼若化して開花遅延する場合がある
	2) 高温によって腋芽が消失し，時期によっては親株の萌芽性が劣る
	3) 二度切り栽培時に不萌芽が発生する
	4) 比較的系統分離しやすい
	5) 舌状花弁数が200枚以下と少なく，作型によっては露心花になりやすい
	6) 側枝の発生が多く，芽かき作業の労力がかかる
	7) 高温時に収穫した切り花で葉の黒変が発生することがある

まざまな問題点が指摘されてきた。これらの問題点は全国における試験研究や、系統選抜などによって、ほとんどが解決された。しかし、芽つみ作業の省力化をはかるために改良された半無側枝性品種では、高温期の親株萌芽性が悪化するなど、欠点をすべて解決できる神馬系品種は育成されていない。鹿児島県では作型ごとの栽培条件に適した系統・品種をつくり分けている生産者が多い。

(2) 開花期、収量、品質を左右する要因と技術対応

①親株の管理と採穂数

'神馬'は親株の分枝や伸長性がよく、穂の生産性はかなり高い。しかし導入初期から系統分離が進んでおり、高温で腋芽が消失する株が混在していたため、7～8月に採穂した腋芽の消失した穂を用いた親株（第1、2図）や、11～12月出荷切り花の二度切り時に不萌芽株が発生し、問題になった。現在では選抜された系統が普及し、腋芽消失による不萌芽の問題は減ってきている。問題になっている場合でも、高温期に露地など涼しい環境で親株を管理するか、親株栽培でベンジルアミノプリン（ビーエー液剤）処理を行なうことで改善が認められている。

また、'神馬'は浅根性で過湿に弱いので、雨の多い年に露地で親株管理を行なうと湿害を受けやすい。したがって、夏場の高温を避け、過湿にならないようにするには、天井ビニールのみを張った、風通しのよいハウス内で親株を管理するとよい。露地で管理する場合は、高うね栽培にして雨などによる湿害に注意する必要がある。

②穂の前歴と生育・開花への影響

12～1月出荷の作型では、高温期に採穂した穂を苗として用いるため、定植後の伸長性があまりよくない。多くのキク品種が冷蔵を行なった穂や苗を利用することで伸長性がよくなるが、'神馬'も同様に2～3週間程度、穂や苗の冷蔵を行なうことで、多少草丈伸長性が改善される。

一方、3～4月出荷用の穂を低温遭遇した親株から採穂すると開花遅延しやすいことが知られている（第2、3表）。これは株が幼若化し、花芽分化しにくい状況になったためと考えられる。また穂や苗を3週以上長期冷蔵した場合も、花芽分化時の温度が低いと開花遅延や開花のバラツキが発生する（小島ら、2008）。いずれにしても、'神馬'のこのような特性について現在は一般的に認知され、大きな問題になることは少なくなっている。

しかし、'神馬'の海外からの購入種苗で起こった事例であるが、低温遭遇の少ない海外で2年ほど経過した株から採穂した穂を、国内の切り花生産に利用した際に消灯してもすぐに花芽分化しない事例が問題になった。これは、低温遭遇させずに苗生産を長期間繰り返したこと

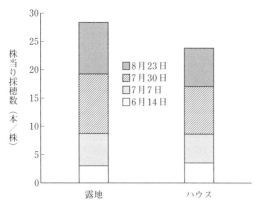

第1図 神馬親株の環境と採穂数
定植：5月11日、摘心：5月21日

第2図 高温のため側枝発生が少ない親株

で株の活性が低下し、消灯により短日条件下になったため高所ロゼット化したものと考えられた。それまで'神馬'では幼若性は問題になっていたが、'秀芳の力'で問題になっていたようなロゼット性が問題になることはなかった。その後、ある海外種苗生産では2年ごとに低温遭遇した株を更新したり、加えて冷蔵庫などで低温処理することで現在はロゼット化の問題は解決している。

③穂や苗の冷蔵と貯蔵性

穂や苗の冷蔵が生育・開花に及ぼす影響は前述したとおりだが、'神馬'の穂冷蔵では、長期の冷蔵で発根が悪くなったり、心腐れを起こしやすいなどの問題を指摘する生産者も多い。梅雨時期の穂は貯蔵性が劣ったり、スリップスの被害にあった穂は貯蔵中に心腐れしやすくなることも経験的に知られている。

したがって'神馬'の穂冷蔵・苗冷蔵は、貯蔵性と前述の幼若化を考慮すると穂冷蔵、苗冷蔵とも3週間以内を目安にするとよい。

④作式（栽植様式）

'神馬'は立ち葉で密植栽培に向いているが、あまり多く植え込むと下級品の割合が高くなったり、灌水の方法によっては過湿による下葉の枯れ上がりにもつながる。生産現場では坪当たり130～140本程度が一般的と考えられる。

鹿児島県では15cmマス目の6目ネットを用いる場合、各目2-2-1-1-2-2本植え（通路60cmの場合計算値で44,444本/10a）の方式（第3図）で植えると、内側の切り花も比較的ボリュームがつきやすい。鹿児島県では2Lに重点をおいた作式が一般的だが、物日のLMねらいでは60,000本/10aほどの密植栽培も行なわれている（第4図）。

産地や圃場の位置によっても栽培条件は異なり、市場によっても切り花のボリュームの評価

第2表 「穂冷蔵と管理夜温が開花に及ぼす影響」の試験方法

区	穂冷蔵期間（日）	管理夜温	各ステージの最低夜温（℃）			
			～消灯1週間前	～消灯2週間後	その後1週間	～開花
①	0	慣行	16	18	16	15
②	30					
③	0	低温	13	16	14	12
④	30					

注 定植：10月20日，消灯：12月9日

第3表 穂冷蔵と管理夜温の違いが開花と草丈に与える影響

区	管理温度	穂冷蔵期間（日）	開花日（月/日）	草丈（cm）		
				消灯日	開花時	差
①	慣行	0	2/2	52.7	98.0	45.3
②		30	2/5	48.7	99.0	50.3
③	低温	0	2/7	58.3	102.7	44.4
④		30	2/9	60.4	108.6	48.2

第3図 神馬の標準的な作式（44,444本/10a）
15cm×6目ネットに2-2-1-1-2-2本植え

第4図 密植栽培の作式（62,222本/10a）
15cm×6目ネットに3-2-2-2-2-3本植え

キクの栽培技術と経営事例

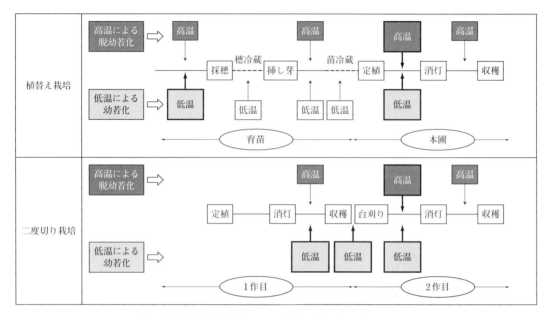

第5図　幼若化（低温）と脱幼若化（高温）の時期と程度
低温の文字が入る四角が大きい時期ほど幼若化しやすく，高温の文字が入る四角が大きいほど脱幼若化しやすい

などが異なるので，作型同様これらのことを考慮して作式を決めるとよい。

⑤系統分離と優良系統の選抜

前述のとおり，'神馬'は系統分離（枝変わり）しやすく，無造作に株を更新していくとしだいに生育や開花が不揃いになりやすい。選抜系統を導入した場合でも，目的とする特性を見極めやすい作型で株を選抜して更新することが望ましい。一般的には生育や揃いが劣っている株や開花のおそい株を淘汰するとよい。

たとえば夏期の親株からの1株当たりの採穂数は，系統による差が確認できており，またとくに本数の少なかった系統では，不萌芽株も見られた。

以上のように'神馬'は系統分離しやすいため，生産性を向上させるためには，優良系統の導入は不可欠である。鹿児島県では種苗供給を行なっている系統は，数年に1回は再選抜を行なって必要な特性の維持に努めている。

⑥開花遅延と対策

おもに3～4月出荷の作型で，消灯後花芽分化が遅れ，到花日数が長くかかる問題がある。

このことはこれまでの研究で，親株や栄養生長期間の低温遭遇による幼若化が要因であることがわかっている（第5図）。幼若化する低温が何℃以下であるかは系統によって異なると考えられている。

鹿児島県農業開発総合センターで行なった試験では，'神馬'，低温開花性系統の'神馬2号'，やや晩生系統の'新神'を用い，栄養生長期間の最低夜温を10℃，12℃，14℃，消灯後の最低夜温を10℃，14℃，16℃で管理した結果，10→10℃（消灯前10℃→消灯後10℃）ではいずれの品種も開花遅延が著しく，10→14℃では'神馬2号'のみ正常に開花し，12→16℃では'神馬'も正常に開花したが，'新神'は14→16℃で正常に開花した（第6図）。

これまでの研究と現地事例から，'神馬2号'では10～12℃以下，'神馬'は13℃以下，'新神'が14～15℃以下で幼若化することが推察される。なお，栄養生長期間の昼温が低い場合にも幼若化することがあり，昼温15℃では開花遅延するという報告がある（國武・松野，2004）。またこの幼若化の程度は，温度がより

秋ギク（神馬）の技術体系

低温で，期間がより長いほど強いことが知られている。しかし幼若化の程度がとくに強くなければ，消灯後に18℃以上で加温する事例では，脱幼若化し花芽分化がスムーズに行なわれる事例も多い。

以上のことから，'神馬'では栄養生長期間を12～13℃以上，花芽分化期を16～18℃で発蕾まで加温することで開花遅延は回避できると考えられる（第7図）。

また，消灯前後の追肥による樹勢への影響で開花が遅れる事例や，極端な短日条件や日照不足でも開花が遅れる事例が知られている。対策としては，追肥，日照条件についてはそれらを改善するほか，極短日期は12時間日長となるように早朝電照を行なうことで2日程度収穫期を早めている例もある。

⑦再電照

'神馬'は花芽分化・発達が順調に進みすぎる（短期間で行なわれる）と，小花数が少なく花が小さくなる傾向がある。したがって，11～12月出荷などの花芽分化や発達がスムーズに行なわれる作型では再電照がとくに必要である。またいわゆる「うらごけ」対策として，上位葉肥大にも必要となる。その場合の再電照開始時期は，消灯後10～12日目ころにあたる総苞形成後期で，深夜4時間電照を4日程度行なう方法が一般的である。1月出荷以降の作型は低温で花芽分化・発達が比較的ゆっくり進むため小花数は増加するが，管状花数も多く露心花になりやすい。また極端な「うらごけ」にはなりにくいが，総苞形成後期〜小花形成前期にかけて3〜4日ほど再電照を行なう。栽培気温が低いほど再電照の適期になる日数は伸びるので，検鏡を行なうことが確実である。鹿児島県では3月出荷以降の作型では再電照を実施しない事例も多い。

なお近年，'神馬'などの秋ギクにもっとも効果的な電照時間帯は，日没（暗期開始）後か

第6図　異なる夜温による神馬系品種の開花状況（消灯後55日後）
定植日：11月12日，消灯日：1月7日

第7図　神馬の幼若化と脱幼若化温度

ら9〜10時間経過したころであることが明らかにされている（白山・郡山，2014）。この時間帯に再電照を行なうと，従来の深夜12時中心の電照法と同じ期間・時間よりも効きすぎる可能性があるので注意する。

いずれにしても，再電照は到花日数が長くなるうえ，開始のタイミングが早すぎると草姿に悪影響がでる場合もあるため，出荷先と話し合い，必要最小限で行なうことが望ましい。

⑧わい化剤処理

'神馬'は節間が伸長しやすいので，ボリュームのある切り花にするためには，花首だけでなく上位節間にもある程度わい化剤を効かせたほうがよい（第8図）。キクでは一般的にダミノジッド剤（ビーナイン，キクエモン）が用いられるが，処理量と濃度は作型や生育状況，圃場の水分状態などで異なる。

例として，1回目を消灯後14〜16日目，2回目を発蕾時，3回目を摘蕾時とし，濃度は1

キクの栽培技術と経営事例

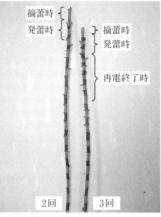

第8図　11月出荷でのわい化剤の効果
定植日：8月15日，消灯日：9月29日，再電照：消灯11日目から5日間（4時間），わい化剤：ダミノジッド剤1,500倍，80ℓ/10a，処理時期：2回処理；発蕾時（消灯20日），摘蕾時（消灯28日目），3回処理；再電照終了時（消灯15日目），発蕾時（消灯20日），摘蕾時（消灯29日目）

回目を1,500倍程度，その後は1,000～1,500倍で100ℓ/10a散布とする。伸長しやすい作型では，生育を見て1回目を効果の高い消灯時に処理する場合もある。'神馬'では消灯後10日ころのダミノジッド剤処理で舌状花数が減少する（青木・西尾，2004）という知見があり，注意が必要である。

(3) 生育過程と技術

①作　型

'神馬'は低温条件下でも伸長性がよいので，冬春期の生産にはもっとも適しているが，シェード栽培への適応性も高く，9～6月までの幅広い作型で栽培可能である（第9，10図）。'秀芳の力'と比べて，耐寒性，耐暑性の両方とも高いと思われ，その点では栽培しやすい品種である。ただしそれでも鹿児島県のような暖地では，9月出荷および6月出荷のシェード栽培では茎が軟弱になり，硬くしまったものができにくく，また水揚げにも若干問題があり，花腐れの事例もあるなど，十分な品質とはいえない面もある。

②元親株選抜（親株までの前作切り下株）

親株の穂をとる元株を，ここでは元親株とする。キクは長年栽培を繰り返しているうちに，系統分離し形質が変化してくるので，次の点に注意して優良株を選抜する。少なくとも劣悪系統を淘汰するだけでも有効である。

　ア．花の色，形，花弁の形や，葉の形が正常なもの。
　イ．茎の伸びがよいもの（'神馬'は伸長性ではあるが）。
　ウ．茎葉のボリュームがあり，開花のおそくないもの（開花遅延対策にもつながる）。
　エ．夏季摘心後の分枝や二度切り時の萌芽がよいもの。
　オ．わい化病やえそ病，萎縮叢生症などの症状がないもの。

優良系統選抜は年数もかかるので，生産現場と関係機関が協力して選抜することが理想的であり，効率もよくなる。

③元親株管理

元親株は冬季に自然低温を十分に受けた（活性が高まった）株を定植するのが望ましい。無加温（露地）で12月ころまでに収穫した株を元親株として，無加温ハウスか露地に移植する。作式は床幅30cm，通路40cm，株間30cmの1条植え程度がよい。無摘心栽培の本圃10a分で（④親株管理の項参照）元親株は125株，面積は30m²程度必要である（元親株1本から冬至芽6本発生，冬至芽を2回台刈りして，親株用採穂が元親株1株当たり30本で試算）。

肥料はN・P・K成分で各5kg/10a程度を基肥に，摘心（台刈り）時に同量程度追肥する。

冬至芽が伸びてきたら摘心を繰り返し，最終摘心は親株用の採穂予定日の22～25日前に行なう。

④親株管理

10a当たり，基肥に堆肥2t，N・P・K成分で各10kg程度を施す。摘心1回目に追肥を同様に各成分2kg施し，それ以降は生育を見ながら追肥を行なう。

無摘心栽培の本圃10a分（実際の定植本数45,000本，採穂および挿し芽本数50,000本で

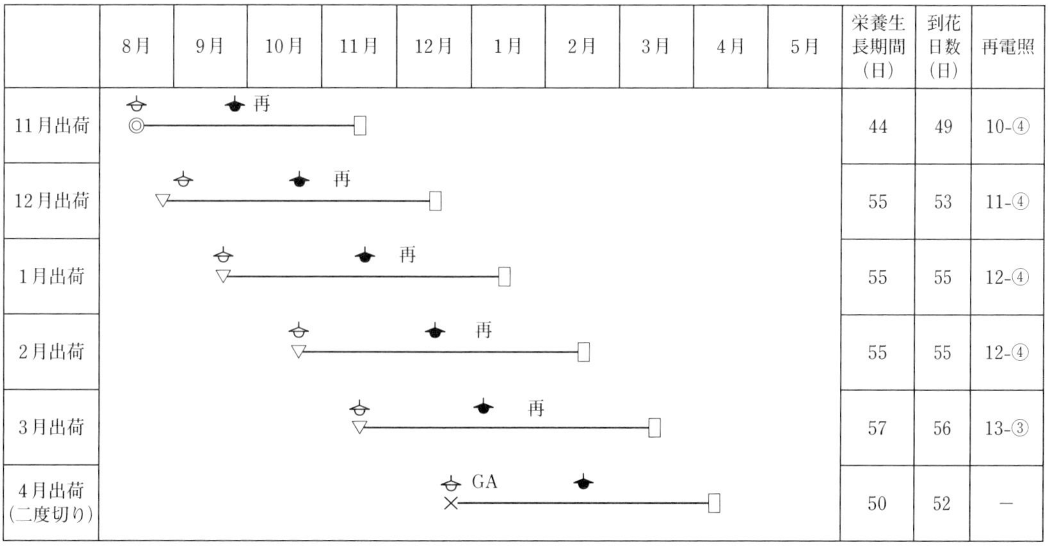

秋ギク（神馬）の技術体系

	8月	9月	10月	11月	12月	1月	2月	3月	4月	5月	栄養生長期間（日）	到花日数（日）	再電照
11月出荷											44	49	10-④
12月出荷											55	53	11-④
1月出荷											55	55	12-④
2月出荷											55	55	12-④
3月出荷											57	56	13-③
4月出荷（二度切り）											50	52	—

◎発根苗定植，▽直挿し，☀電照，★消灯，再：再電照，GA：ジベレリン処理，□収穫
×台刈り

第9図　11～4月出荷栽培の作型図
　再電照の項の「10-④」は消灯後10日目から4日間電照を表わす
　直挿しは周年可能だが，高温期は立枯れのリスクを考慮し，発根苗定植とした

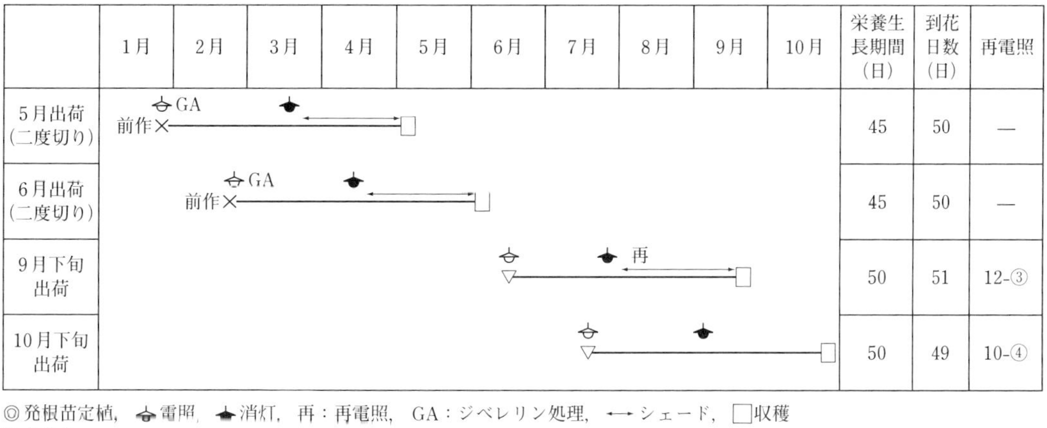

	1月	2月	3月	4月	5月	6月	7月	8月	9月	10月	栄養生長期間（日）	到花日数（日）	再電照
5月出荷（二度切り）											45	50	—
6月出荷（二度切り）											45	50	—
9月下旬出荷											50	51	12-③
10月下旬出荷											50	49	10-④

◎発根苗定植，☀電照，★消灯，再：再電照，GA：ジベレリン処理，←→シェード，□収穫
×台刈り

第10図　シェード栽培の作型図
　再電照の項の「10-④」は消灯後10日目から4日間電照を表わす
　シェードは11～12時間日長になるように処理する
　シェード栽培での再電照は暗期中断ではなく，シェード中断処理の事例もある

試算）に対して，1回摘心穂5本，2回摘心穂10本の場合，親株は3,800本，面積2a程度必要である（床幅90cm，通路50cm，条間20cm×株間15cmの4条植え）。

定植後7～10日を目安に，活着したら摘心する。その後20日目ころ2回目の摘心をする。伸長性品種なので摘心後17～18日で採穂できる。穂の伸び具合で随時採穂・穂冷蔵し，伸ばしすぎないようにする。株が老化すると良質の穂がとれなくなるので，3か月を目安に親株を

キクの栽培技術と経営事例

更新する。夏季の高温時に摘心すると萌芽が悪くなり，二度切り栽培時の不萌芽が発生しやすいので，できるだけ萌芽の悪い株からは採穂しないようにする。

採穂前に病害虫防除を徹底し，とくに穂冷蔵中の心腐れの原因になるスリップス被害に注意する。'神馬'はとくに湿害に弱いので，排水対策を徹底し，できれば雨よけビニールを張り梅雨時期の腐れを防ぐ。

'神馬'は秋ギクであるので，6～7月の長日期は親株に電照は必要ないとされる。鹿児島県での無電照ハウス栽培での開花は10月中～下旬であることから，親株での電照開始時期は8月上旬ころでよいと考えられる。とくに'神馬'をはじめ，秋ギクは9～10月ころがもっとも花芽分化しやすい気候のため，しっかり電照を行なう必要がある。電照は露地圃場の場合，白熱球を9～10m²当たり1灯の割合で設置し，暗期中断で深夜4時間程度実施する。雨よけ施設なら蛍光球（23W程度）も利用でき，電気代を節約できる。

⑤挿し芽

挿し芽は，水はけのよい砂やボラに挿す方法，セルトレイに挿してプラグ苗とし圃場の回転率を優先させる方法，省力のために本圃に直挿しする方法などがある。

しおれている挿し穂は必ず水揚げしてから挿し芽する。その場合，発根剤を規定の濃度で希釈した液で吸水させるとよい（濃度と浸漬時間を厳守）。挿し芽の数時間前にこの処理を行なうとしおれが回復しやすい。

'神馬'は発根のよい品種なので，砂挿しの場合は砂上げが遅れないように注意する。

セル育苗の場合は，均一に灌水しないと外側の苗が乾燥しやすいので，ミスト育苗の場合でもセルトレイの位置を変えたり，手灌水で外側の苗に葉水をかける必要がある。

挿し芽中も6～7月を除いて電照は行なう必要がある。

⑥圃場の準備

'神馬'は浅根性なので土壌の物理性には注意し，完熟堆肥などを投入する。ガラスハウスや硬質プラスチックハウスなどの連作地ではとくにリン酸やカリが集積しやすいので，土壌診断に基づき施肥を行なう。基肥はN・P・K成分で12・8・8kg/10a程度を目安とする。

定植の2日程度前には十分灌水を行ない，適度な水分を含ませる。床の上面はていねいにならす。直挿しの場合は，表面が平らでないと，灌水後の土壌の水分がばらつき，発根が揃わない。また，栽培期間中の灌水作業でも圃場の高低差により，低い位置に水がたまり過湿の原因になることがある。

⑦直挿しでの留意点

直挿しは周年実施する生産者も多いが，7～9月の高温期は苗の腐敗が発生しやすいため，この時期だけ発根苗を利用する事例もある。とくに高温期の直挿しを成功させるためには，状態のよい健全な挿し穂を使うことと，適切な遮光管理，殺菌剤散布などがポイントになる。

また挿し芽作業を効率よくするためには，穂をしっかりと水揚げすることが大切である。発根の早い品種ではあるが，挿し穂の発根を促す発根予措は有効であり，20℃で蛍光灯による照明を併用した方法も報告されている（佐々木ら，2005）。より簡易な方法として，低温期に，穂を発根剤に浸漬後，底に新聞紙を敷いた発泡スチロール箱に密閉し，暖房ハウスの中（15℃程度）に直射日光を避けて3～4日程度おく発根処理も有効である。

直挿し作業中は穂がしおれないように，手灌水や遮光を適宜行なう。直挿し後は，たっぷりとムラのないように灌水を行ない，多少時間をおいてから有孔ポリなどを被覆する。発根させるには光に当てる必要があるが，高温期はポリ内の温度が上がり，葉焼けを起こしやすいため，9～16時くらいを強め（80％以上）に遮光して，朝と夕方は光に当てるとよい。また定期的な灌水の必要があるが，不織布などをべたがけすると高温障害が出にくい。低温期の11～3月は気温が低く日照も弱いので，遮光はとくに必要ない。

被覆したポリ内に水滴がついている状態は湿度が保たれて良好な状態と考えられるが，ポリ

の破れや隙間から水分が蒸散して乾燥すると，発根の遅れにつながるので注意する。

鹿児島県では直挿し後のべたがけ資材は有孔ポリフィルムや不織布が使用されている。べたがけは，遮光と定期的な灌水があれば必ずしも必要ないが，保温保湿効果もあり，発根を揃えるためには有効である。不織布のほうがポリフィルムより高温の時期にも蒸れが少なく，作業性も優れる。しかし，新しい不織布では透水性が悪く灌水ムラがでやすいので，被覆前に十分灌水する。風ではがれないように，洗濯ばさみでフラワーネットなどに挟んで固定するとよい。被覆期間は季節によって異なるが，1～2週間を目安とする。極寒期には保温を兼ねて，発根後もポリを被覆して初期生育を促す事例も見られる。

⑧生育中の管理

水管理 土壌の乾燥具合と草丈の伸びを見ながら灌水するが，生育全般にわたって極端な乾燥や過湿を避ける。

‘神馬’は消灯時に生育が旺盛すぎると，十分な温度がない場合には開花遅延につながる可能性があるので，消灯前後はやや灌水をひかえる。しかし，極端な乾燥は下葉枯れにつながり，その後の灌水でさらに葉枯れが助長されやすくなるので注意する。発蕾後は適湿を保つ。

温度管理 プランター試験では消灯までに幼若化していなければ最低5℃の無加温栽培でも開花した事例があるように，低温でも高所ロゼットを起こしにくいが，開花遅延を起こさないためにも栄養生長期間は最低温度を12℃以上とし，消灯3日目から予備加温を行ない，消灯から温度を18℃に上げると開花揃いがよくなる。出蕾を確認するまで18℃を保ち，その後徐々に13℃まで温度を下げる。膜切れ（破蕾）以降は16～17℃程度に上げると花の品質が向上するが，生育の程度や圃場の状態によってはこれより若干低い温度でもよい。

鹿児島県では花芽分化期の温度管理は変夜温管理で行なっている事例が多い。たとえば夕方から午前1時まで18℃以上，1時から朝8時まで14℃以上とすることで，終夜18℃に比較し

て開花の遅れはほとんどなく，鹿児島県の3月出荷では20％以上の暖房コスト削減が認められている。

室内換気扇の導入により，夏季の高温対策だけでなく，冬季の暖房ムラがないように有効に利用する事例が増えている。

電照管理 ‘神馬’の花芽分化の限界日長は13.5～14時間程度であると考えられるが，環境条件や生育ステージによって変動することもわかっている。さらには電照抑制に必要な照度は電照光源や株の生育ステージ，時期などで異なる。

電球の設置方法は75W白熱球であれば9～10m^2（3坪）に1個，地上180cm前後の高さに設置する。最近は自走防除機を導入したハウスも増加し，防除機の移動に支障がない高さで設置することが必要になっている。

一般の秋ギクに準じて電照管理を行なっても，照度不足によるやなぎ芽や早期出蕾などは起こしにくい。鹿児島県での季咲き（雨よけ）栽培の収穫盛期が10月中～下旬であり，自然日長下での花芽分化開始期は，8月下旬から9月上旬と考えられる。したがって，8月上旬ころから電照を開始すれば安全である。

キク栽培では深夜電力を利用した3～5時間の暗期中断電照が普及している。鹿児島県農業開発総合センターでの試験で，‘神馬’の花芽分化抑制にもっとも効果的な時間帯は「(2) ⑦再電照」の項で記載したように，日没後（暗期開始後）9～10時間程度のおおむね午前3～4時ころであることがわかっている。実際栽培では3～4時を含んで，3時間電照の場合は1～4時，5時間電照の場合は午後11～4時に暗期中断電照を行なうのがよい。とくに11～12月出荷作型はもっとも花芽分化に適した気候であるため，電照に注意する。

花芽分化抑制の目的ではなく，低温寡日照時期の補光やハウス内の日照条件を改善する，いわゆる「光合成補完」の目的でナトリウムランプを設置している事例もある。葉が厚くなったり根の水分吸収がよくなり切り花重が向上するといった報告もある。

キクの栽培技術と経営事例

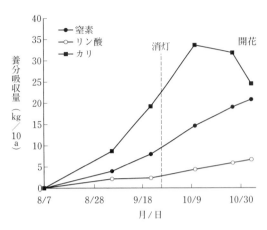

第11図　神馬11月出荷の生育時期ごとの養分吸収量　　　　　　　　　（末吉，2000）

'神馬'は光に敏感な品種であるので，消灯後は隣接ハウスから光がもれないようにする。とくに低温期の作型では光に敏感に反応するので注意が必要である。

養分吸収に応じた施肥管理　'神馬'の養分吸収量は，11月出荷の場合，10a換算で窒素20kg，リン酸6～7kg，カリ24kg程度であった（第11図）。施肥の方法は作業性を考慮し，基肥主体で行ない，生育に応じて液肥などで追肥をするのが一般的である。また連作地や全天候型ハウスなどではリン酸やカリなどの集積が見られるので，適正施肥量は土壌分析結果を基に判断する。

摘芽・摘蕾（芽かき）　摘蕾が遅れると摘蕾跡が目立つので，なるべく早めに摘蕾する。'神馬'は側枝の発生が多く，とくに高温時の作型では通路側の側枝の発生も多くなるので，早めに除去する。

病害虫防除　'神馬'は病害虫に強い品種ではないので，病害虫防除には注意が必要である。病気は白さび病を中心に7～10日に1回程度の予防薬散を徹底する。害虫はマメハモグリバエ，ハダニ，スリップス，アブラムシ，カメムシ，ヨトウムシの発生が多いので，発生初期に徹底防除する。まれに低温期に菌核病の発生も見られるので注意する。

最近はキクえそ病（TSWV），茎えそ病（CSNV），キクわい化ウイロイド（CSVd）の発生も増えているので，罹病苗の持込みやウイルスを媒介するスリップスの防除を徹底する。

⑨**収穫・出荷**

収穫したら切り口から15cm程度の葉を取り除き，品質を揃えて10本1束とする。'神馬'は水揚げがよく水揚げ中の開花の進みも早いので，切り前にはとくに注意する。

最近は選花から結束まで自動化された全自動選花結束機が普及し，省力化に貢献している。

⑩**シェード栽培**

'神馬'はシェード栽培にも適応性が高いと考えられる。しかし，8月15日より早い時期の消灯では，夜温が高すぎて茎が弱かったり，水揚げが悪いなど品質が悪くなりやすい。11時間～11時間30分日長とし，シルバーカーテンを夜間開放するなどしてできるだけ夜温を下げる。ただし現在は白系夏秋ギクの'精の一世'が普及しているため，9～10月の'神馬'の出荷は以前よりも減少している。

春は3月15日ころの消灯でも，3月25日以降はシェードを行なうほうが開花揃いや品質がよい。5月出荷は11時間30分，6月出荷は11時間日長とする。暗期中断処理による再電照処理はとくに行なう必要はないが，3日程度のシェード中断によりボリューム向上を図っている事例もある。シェードは収穫開始まで行なったほうがよい。6月20日ころまでの出荷は可能であるが，この時期も'精の一世'の栽培が増加している。

⑪**二度切り栽培**

高温時期に採取した穂は，二度切り栽培時の不萌芽が増えるので，二度切り栽培する作型では，前作で8月上旬～9月上旬に採取した穂はできれば使用しないほうがよい。高温で消失した腋芽は再生することはなく，また着生した腋芽はその後の高温でも消失しないため，穂の腋芽を確認することが確実である。

前作終了後，ただちに地際から5cm程度のところで刈り込む。あまり高い位置で刈り込むと細い上芽が多く発生し，整枝に労力を要する。'神馬'は前作終了後の芽の発生は比較的少な

い。このため，上芽を仕立てても比較的良品質のものがつくれる。また，地中からの吸枝を仕立てると栄養生長が旺盛となり，花芽分化が遅れる傾向にあるので，地際芽や上芽を仕立てる。

低温に遭遇させると幼若化し，開花遅延の原因になるので，前作終了時からおおむね12℃以上で管理する。早期発蕾防止のために，前作の収穫が半分ほど終了したころから電照を開始する。

GA（ジベレリン）処理は二度切り開始2日後に1回目，その1週間後に2回目を行なう。濃度は1回目を100ppm，2回目を50ppmとするか，2回とも75ppmとし，1回当たりの散布量は120*l*/10a程度とする。

‘神馬’のGA処理のおもな目的は‘秀芳の力’と異なり，ロゼット打破，草丈確保というよりも，萌芽が揃わないので，遅れた芽を揃わせる意味が強い。

草丈15〜20cmに伸びた時点で，揃った芽を株当たり1〜2本に整枝し，収穫時に残した古茎を整理する。草丈が25〜30cm程度で140〜160本/坪に整枝する。

肥料は前作の終了後，極端に肥料切れが見られる場合はN・P・K各成分で7kg/10a程度施用し，あとは生育を見ながら追肥する。しかし，生育が旺盛になると花芽分化が遅れる傾向にあるので注意する。

⑫さらなる秀品生産にむけて

これまで述べてきた‘神馬’の栽培上で問題となる開花遅延を回避する栽培法は，特級品づくりには必ずしもつながらない。消灯まであまり生育旺盛にせず，ややボリューム不足ぎみに管理すればたしかに開花遅延はしにくくなるが，特級品を多く生産するためには，あえて開花遅延を起こしやすいような栽培法にチャレンジしてボリュームを確保する必要がある。‘神馬’は消灯から開花までの到花日数が短いと，茎葉や花のボリュームが十分でない切り花になりやすい。

特級品率の高い生産者は，生育初期から追肥や土寄せを行ない，下部を太くつくり生育旺盛な状態で管理し，十分な温度管理と適正な水管理で開花遅延を回避しながら，ボリュームのある切り花を生産している。また，再電照を効果的に行ない，わい化剤を十分効かせるが，それをあまり感じさせない自然な草姿に仕上げている。ただし，これには優良系統を利用し，生育を揃わせる技術と十分な温度管理ができる条件整備が必要である。

執筆　永吉実孝（鹿児島県農業開発総合センター）

参 考 文 献

青木献・西尾譲一．2004．ダミノジッド処理と‘神馬’の切り花形質．平成15年度花き成績概要集（公立）．愛知．63．

白山竜次・郡山啓作．2014．キクにおける限界日長と花芽分化抑制に効果の高い暗期中断の時間帯との関係．園芸学研究．13（4），357—363．

今給黎征郎．2003．‘神馬’の系統毎の温度管理の検討．平成15年度鹿児島県花き試験成績書．54—57．

今給黎征郎．2005．ビーナイン処理方法が生育・開花と切り花品質に及ぼす影響．平成17年度鹿児島県花き試験成績書．43—44．

小島啓太・長友広明・福元孝一．2008．秋ギク‘神馬’の開花遅延対策．平成20年度花き成績概要集（公立）．宮崎．1—2．

國武利浩・松野孝敏．2004．‘神馬’および‘精興の秋’の電照期間中の昼温管理と生育・開花．平成15年花き成績概要集（公立）．福岡．7．

佐々木厚・山村真弓・相澤正樹・菅野秀忠・三品和敏・大泉眞由美．2005．キクの早期発根可能な挿し穂生産技術．平成17年度研究成果情報．

末吉忠寿．2000．秋輪ギク‘神馬’の11月出し栽培におけるかん水施肥法の確立．平成12年度鹿児島県花き試験成績書．13—17．

低温開花性系統神馬2号の技術体系

(1) 品種の育成と産地への導入

'神馬2号'は'神馬'の枝変わり系統として鹿児島県で選抜された低温開花性系統で，現在，全国に広く普及している系統である。

鹿児島県では枕崎市などで1993年ころから'神馬'が栽培されたが，その後，生産現場で問題となっていた3月出荷などでの開花遅延対策として，1997年度から開花の早い個体を県内各地から収集して系統選抜試験を行なった。1998年度に枕崎市から収集した'10-1-3'が，低温でも開花が遅れにくい特性であることがわかり，のちに'神馬2号'として選抜して2002年に県内向けに種苗供給を開始した。

'神馬2号'は，消灯までの栄養生長期間を最低夜温10℃で管理しても極端な開花遅延を起こさない優れた特性をもっていた（第1図）が，当初は花が小さく，ボリュームを確保しにくいとの評価があり，鹿児島県内でも導入に慎重な産地がみられた。その後，2004年に県内大隅地区で'神馬2号'栽培圃場から選抜された個体が，草丈伸長性，開花揃い，茎葉のボリュームが優れていることが確認され，この系統を'神馬2号K3'として選抜し，種苗供給されることとなった（第2図）。

'神馬2号K3'は比較的ボリュームも改善されたことや，燃油高騰の背景も重なって，枕崎も含めて鹿児島県内に速やかに普及し，現在は全国で栽培されている。

'神馬2号'はそのほとんどが'神馬'として出荷・流通しているため統計上の数字はないが，全国の主力産地でも生産されており，かなりの生産量があると推察される。

'神馬2号'は再選抜により全国に多くの系統があるが，ここではおもに上述の'神馬2号K3'について記載する。

(2) 栽培上の利点

'神馬2号'を導入することで，'神馬'を栽培した場合と比べて低温管理ができるため，暖房コストを削減できる。また'神馬'よりも限界日長がやや長いと考えられ，温度条件にもよるが3月20日ころ消灯の5月出荷で，無シェードでも比較的順調に開花しやすい（第1表）。

'神馬2号'は神馬系のなかでも花弁が白いと評価されている。'神馬'に限らず，多くの白系品種において，低温期はややクリームがかった色になりやすいが，この系統は低温管理で

第1図 最低夜温10℃で3月に開花させた神馬2号（消灯後69日目）
左から神馬，神馬1号，神馬2号，B01-1-2（神馬改良系統）
定植：11月12日，消灯：1月7日，温度管理：定植から開花まで最低10℃

第2図 神馬2号K3の草姿

第1表 神馬2号の神馬と比較した利点と欠点

利 点	1) 低温開花性が優れ，開花遅延しにくい 2) 限界日長がやや長いため，無シェードによる4～5月出荷がしやすい
欠 点	1) 茎葉や花のボリュームがやや劣る 2) 日照が少ないとボリュームが出にくい 3) 高温期の親株での採穂性がやや劣る

も白色になる。

(3) 栽培上の問題点

'神馬'の低温開花性系統であること以外の特性は'神馬'と大きくは変わらないが，いくつか注意すべき点がある。

'神馬2号'は'神馬'より小花数が20枚程度少なく，花がやや小さい。また露心花になりやすいので，花の品質向上のためには'神馬'以上に再電照を効果的に利用する必要がある。

低温でも開花遅延しにくいが，低温期の日照不足は伸長性が低下するなどボリューム不足になり，また花芽分化や発達が進みにくくなるなど，'神馬'より日照が必要な系統である。

温度管理については，'神馬'の温度管理で'神馬2号'を栽培すると，花芽分化が早く進み，やや花弁の枚数が少なく上位部の節間が間延びしたような草姿でボリューム不足になりやすいので注意が必要である。詳しくは作型ごとのポイントで説明する。

また栽培上の利点でも述べたように，限界日長がやや長いため，8月上旬ころから花芽分化抑制のために電照が必要と考えられる。とくに花芽分化に適した温度条件になると花芽をもちやすいので，電照ムラや停電などのトラブルにとくに注意が必要である。親株で老化させたり，本圃で消灯時の草丈を伸ばしすぎると早期発蕾することがあるので注意する。

また，梅雨明け後の7～8月の高温で，'神馬'よりも一次的に親株の側枝が消失しやすい。その時期の穂を利用した摘心栽培では摘心後に萌芽が悪くなったり，12月出荷の二度切りで不萌芽が発生する場合があるので注意する。一方，本圃では従来の'神馬'と同様に側枝が発生しやすいため，芽つみ作業の労力は'神馬'

と同等に必要である。

(4) 作型別栽培のポイント

①季咲き～12月出荷

この作型は，比較的気温が高い時期なので系統の特性をあまり発揮できない。鹿児島県ではこの作型は半無側枝性品種'新神'を栽培する農家が多いが，一部で'神馬2号'を利用し，無加温で12月出荷を行なう事例もある。

栄養生長期間は無加温でもとくに問題ないが，気温が低下する地域では消灯後に発蕾まで15℃程度を確保すると，開花揃いが良い。消灯時の草丈は65cm程度を目標とする。

わい化剤は，'神馬'と同様にダミノジッド剤（ビーナイン，キクエモン）を消灯から2～3回処理する。1回目を再電照終了時，2回目を発蕾時，3回目を最終摘蕾時とし，濃度は1,500倍で1回当たり80～100l/10aを散布する。

②1月～4月上旬出荷

この作型は低温開花性の特性を発揮できる作型といえる。しかし日照不足となる地域では2L率が大きく低下したり，外品の割合が増加する事例もある。

温度管理は，消灯まで12℃以上で管理すれば幼若化せずに順調に開花させやすいが，鹿児島県では10℃程度を確保し，消灯後は15℃以上を目標に加温する事例が多い。栄養生長期間に軽く幼若化させ，消灯後にしっかり加温したほうが切り花のボリュームが確保でき，開花揃いを良くすることができる。発蕾以降は出荷期に応じて温度調整を行なえばよい。消灯時草丈は60～65cmを目安とする。

2L率に直結する問題として，栽植様式が重要となる。'神馬2号'は'神馬'と同様の密植栽培をすると個体間でボリュームの差がでやすい。日照不足時はさらに助長され，2L率の低下や外品の増加につながりやすい。詳しくは「(6) 栽培技術の実際」で述べる。

わい化剤の使用は季咲き～12月出荷の方法に準ずるが，出荷規格の切り花長を確保することを考慮して用いる。

③4月下旬～6月出荷

この作型では，消灯後に自然日長が長くなるのでシェード施設が必要となる。鹿児島県では3月中旬以降の消灯では4月以降にシェードを行なったほうが安心できる。また12～1月に良質の苗を確保することも重要で，自家苗だと穂が老化していたり，揃った苗を確保できない場合，早期発蕾や生育のバラツキが発生しやすい。最近では海外種苗の品質や特性も安定しており，海外種苗を導入する農家が増えている。

消灯時草丈は，消灯後によく伸びることと，消灯時に伸ばしすぎると樹勢がつきすぎて開花しにくくなることを考慮し，50～55cm程度でよい。

(5) 育苗技術の実際

①元親株管理

元親株用に利用する切り下株は，地際の腋芽が着生していなければ不萌芽となる。'神馬2号'の7～8月に採穂した苗は，腋芽が消失している場合があり，そのため11～12月出荷の切り下株の地際の腋芽を確認して親株に利用する。ただし海外からの購入穂を利用した圃場の切り下株であれば，どの時期でも下位部の腋芽は着生しているので，この限りでない。

その他は'神馬'と同様である。

②年内出荷用の親株管理

'神馬2号'は，低温開花性が優れ，限界日長が長い分，'神馬'よりも花芽分化しやすい性質がある。そのため，周年生産を行なう産地では，安全のため親株では電照を行なうほうが安全である。少なくとも3月以降5月末までと8月以降は電照を行なったほうがよい。

その他は'神馬'と同様に扱う。

二度切り栽培を行なう場合は，11～12月出荷などの1作目の定植苗に腋芽がついていないと，収穫後の切り下株から二度切り用の芽が確保できない。したがって，夏場の採穂では，この腋芽がついているかを確認する必要がある。'神馬2号'は'神馬'より高温で腋芽が消失しやすいので，腋芽の消失が少ない海外種苗を利用するのもよい。

③年明け出荷用の親株管理

年明け以降の出荷用に用いる親株は，'神馬'と同様に扱ってよい。しかし前述したとおり，低温開花性が優れ，限界日長が長い分，老化株や電照トラブルにより，花芽をもちやすいことから，株の老化を防ぎ，電照管理には十分注意を払う。

(6) 栽培技術の実際

①圃場の準備

'神馬'系品種は根張りが浅いため，排水の良いハウスを選定し土つくりに努める。停滞水が心配される場合には，高うねにするなど十分な排水対策を行なう。

また，'神馬2号'は日照不足では2L率の低下がみられる。被覆資材の汚れも日射量が低下する要因なので注意する。

②定　植

基肥は'神馬'と同様でよい。

低温期の作型では施肥量が多いと花芽分化や発達が順調に進まないことがあるので注意する。4～6月出荷で前作の肥料が残っている場合などでは，基肥は無肥料でスタートし，追肥で調節するなどの検討が必要である。

作式は基本的には'神馬'と同様でよいが，極端な密植はさける。鹿児島県では15cm×6目ネットに各目2-2-1-1-2-2本植え（計算値で44,444本/10a）を基本とする。うねの中まで光が届くようにすることで，個体差がつきにくく外品は少なくなる。

③電照管理

栄養生長期間の電照はおおむね'神馬'と同様でよいが，'神馬2号'は'神馬'より限界日長が長くやや早期発蕾しやすいので，草丈が40cm程度になったら電照時間を1時間長くするとよい。

④再電照

'神馬2号'は'神馬'に比べて「ボリュームがやや足りない」「花が少し小さく露心しやすい」という指摘があるが，これらは再電照でかなり改善できるので，'神馬2号'にはとくに重要な技術である。ただし「舌状花の増加」

低温開花性系統神馬2号の技術体系

第2表 再電照処理が神馬2号の生育および切り花品質に及ぼす影響

	処理区	再電照開始時期	処理方法[1]	50%開花日 (月/日)	草丈 (cm)	90cm切り花重 (g)	小花数(枚) 舌状花	小花数(枚) 管状花
A. 11月出荷[2]	無処理	—	再電照なし	11/15	115.2	78.0	181	139
	再電4日	総苞形成後期	11-④	11/18	119.9	80.1	285	79
	再々電	総苞形成中期	10-④-4-③	11/22	117.1	83.4	313	66
B. 12月出荷[3]	無処理	—	再電照なし	12/10	119.3	66.0	190	75
	再電4日	総苞形成後期	14-④	12/15	130.0	67.3	228	37
	再電6日	総苞形成後期	14-⑥	12/17	128.8	68.7	233	36
	再々電	総苞形成中期	12-④-4-③	12/18	131.0	81.3	274	4
C. 2月出荷[4]	無処理	—	再電照なし	1/28	108.1	84.3	200.5	48.5
	再電4日	総苞形成後期	14-④	2/1	109.7	90.6	278.2	12.1
	再電6日	総苞形成後期	14-⑥	2/3	112.5	88.5	288.9	7.3
	再々電	総苞形成後期	14-④-4-③	2/4	110.9	87.9	281.7	5.0

注 1) 10-④-4-③は消灯10日後から4日電照, 4日消灯, 3日電照
 2) 定植:8月9日, 消灯:9月24日, 無加温
 3) 定植:9月5日, 消灯:10月25日, 温度管理:消灯後3週間15℃以上
 4) 定植:10月10日, 消灯:12月5日, 温度管理:最低12℃以上

第3図 12月出荷における再電照が上位葉の肥大に及ぼす影響
左から無再電, 再電4日, 再電6日, 再々電
上位7葉を並べた

は必ずしも'神馬2号'の露心花対策につながらないことがある。花芽分化が順調に進む条件下では小花数が少なく, 逆に露心花の原因となる管状花数は増加する。すなわち花芽分化時の温度条件が良いほど花が小さくなるので, 花芽分化をゆっくり進ませることがポイントになる。また再電照処理の開始時期が早いと舌状花数は増加するが管状花数の減少にはつながらず, 結果的に露心花は解消されないことが多い点も注意すべきである。

'神馬2号'は'神馬'に比べて花芽分化のスピードが速く, 露心花対策としての再電照が効きにくいので, やや強い処理を行なう必要がある。ただし花芽分化のスピードは温度や日照条件に大きく影響されるので, 作型別のマニュアル作成は困難であるが, 便宜上11月出荷, 12月出荷, 2月出荷の3作型に分けて説明する。なお, 花芽分化ステージの表記は, 総苞りん片形成中期を3期, 同じく後期を4期, 小花形成前期を5期とする。再電照処理の時間はいずれも4時間(暗期中断)の場合である。

11月出荷の作型は消灯前後の時期に十分な温度があり, 花芽分化が順調に行なわれるため露心花がとくに発生しやすい。露心花発生対策のためには, 再電照開始時期3〜4期から再々電照(4日電照-4日消灯-3日電照)を行なうのが望ましい。上位葉をあまり大きくせず, スッキリした草姿を望む産地では, 4〜5期から5日間程度の再電照を行なうとよい(第2表A)。

12月出荷の作型は11月出荷とわずか1か月違いの作型であるが, 生育・開花条件はかなり相違がある。それは花芽分化前後の気温がかなり異なるからで, 12月出荷は10月中下旬の消灯となるため, 鹿児島県のような暖地では花芽分化温度が適温に近く, また消灯時の日長が

11.5～12時間程度の花芽分化に適した日長であるなどの理由で，小花数はもっとも少なくなりやすい時期である。しかし同時に露心花の原因である管状花数も11月出荷より少ないので，露心花対策としての強い再電照処理は必要ない。3～4期から再々電照（4日電照－4日消灯－3日電照）を行なうのが望ましいが，露心花の程度が11月出荷ほどではないので，4期から4～6日程度の再電照処理でも実用上問題ないと思われる（第2表B，第3図）。

第4図　2月出荷における再電照が管状花数に及ぼす影響
左から無再電，再電4日，再電6日，再々電
舌状花をすべて除去した

2月出荷の作型は，消灯時期が低温期で花芽分化時の夜温は暖房機の設定で行なうことになる。したがって，比較的低温（13～15℃）で管理すれば花芽分化はゆっくり進み小花数は増加し，かつ露心花の原因になる管状花は少ないので，花の品質は本来もっとも良い時期である。したがって再々電照処理は必要なく，4期から4日程度の再電照でよい（第2表C，第4図）。ただしこの作型では，温度管理にもよるが，消灯から4期に達するまで15日以上かかることがあるので，必ず花芽検鏡してから開始する。1月中旬以降に消灯する作型では，再電照を行なうと上位葉が大きくなりすぎるので，実施しないか5期以降に軽く行なう程度でよい。

⑤温度管理

'神馬2号'は'神馬'に比べて幼若化しにくい系統である。幼若化する温度を'神馬'が13℃以下とすると，'神馬2号'は2℃ほど低い11℃以下と考えられる。試験では最低夜温10℃一定（再電照なし）でも消灯から63日で収穫できるが，実際栽培では，栄養生長期間を10℃程度で管理し，花芽分化期は実温で15℃以上確保して花芽分化を揃わせ，発蕾以降に12℃程度に下げる方法が品質が良く，経営上も有利な管理法である。この温度管理で再電照を行なった場合，55日程度で収穫でき，切り花のボリュームも確保できる。

またキクは，昼間の日射量が多いほど花芽分化しやすく，逆に日射量が少ないと花芽分化しにくいことがわかっている。このことは，花芽分化時の加温温度とも関係しており，日照量が多い場合は10℃でも花芽分化するが，日射量が少ない場合は同じ温度でも花芽分化しにくいという事例を裏付けている。

発蕾以降は出荷期の調整を兼ねて12～10℃程度で管理してもよいが，'神馬2号'は'神馬'より花が少し小さいので，破蕾期以降はやや温度を上げて花の品質向上を図りたい。破蕾期以降を16℃程度で管理することで外弁が花を包み込むように伸びて丸花になり，また花弁が幅広になるため花が大きくなるなどの効果がある。さらに破蕾期以降を低温で管理すると，外側の花弁が数枚伸び出すいわゆる「走り弁」が出やすく，花がまだ小さいうちに収穫してしまいがちだが，16℃にするとその心配もない。

このように，栄養生長期間は強く幼若化しない程度の低温管理で省エネに努め，消灯後は品質重視で温度を加えるメリハリを効かせた温度管理に努めたい。この温度管理でも十分な省エネとなる。

第3表は鹿児島県枕崎市における3月出荷での燃油消費量のシミュレーションであるが，燃料費は'神馬'に比べ，低温管理を行なった現地事例では約4～5割の燃料消費ですんでいる。これよりも寒い地域ではさらに省エネになると予想される。

⑥わい化剤処理

花首が伸びやすいので，ダミノジッド剤（ビーナイン，キクエモン）を利用する。詳細は作型ごとのポイントおよび'神馬'の項（次ページ）を参照する。

第3表 神馬または神馬2号の3月出荷における燃料消費量の比較

各ステージの最低夜温（実温）			燃料消費量（灯油）		
定植～消灯	消灯～発蕾	発蕾～収穫	神　馬 (l/10a)	神馬2号 (l/10a)	対　比 (%)
14℃一定	18℃一定	14℃一定	6,106		100
14℃一定	18-14℃変温	14℃一定	5,315		87
13℃一定	13℃一定	13℃一定		3,358	55
10℃一定	15℃一定	12℃一定		2,526	41
5-10℃変温	16-13℃変温	12℃一定		2,341	38

注　枕崎の外気温（2010～2015平均）で試算したシミュレーション結果
定植日：11月25日，消灯日：1月15日，到花日数：53日，栽培日数：104日とした

⑦二度切り栽培

鹿児島県ではあまり行なわれないが，‘神馬2号’は二度切り栽培も可能である。基本的には‘神馬’に準ずるが，低温遭遇しても幼若化しにくい点，伸びが比較的良い点など，‘神馬’よりは低コストで二度切り栽培が可能である。ただ，育苗技術の実際の項で述べたとおり，二度切りの前作となる11～12月出荷の地際の芽が不萌芽にならないように前作の採穂時に注意

が必要である。二度切り栽培の詳細は‘神馬’の項を参照する。

⑧全国の低温開花性系統の特性比較

燃油高騰に伴って，‘神馬’の低温開花性系統が全国でも選抜されてきている。‘神馬2号’のなかから再選抜されたものが多いと考えられ，特性は‘神馬2号K3’に近いものがほとんどだが，‘神馬2号’よりも伸長性や低温開花性が優れた系統もみられる。

鹿児島県指宿市において12月出荷と2月出荷の作型で特性を調査した（第4，5表，第5図）。12月出荷は無加温雨よけ栽培で行ない，収穫までの1か月間は5℃程度に気温が低下する日が多かったが，‘神馬2号K3’をはじめ低温開花性系統は‘神馬’よりも到花日数が7日早く60日であった。2月出荷では定植から消灯19日目までを11℃以上，その後開花まで14℃

第4表 無加温12月出荷における低温開花性系統の特性比較

品種・系統・略号	50%収穫日 (月／日)	到花日数 (日)	草丈 (cm)		葉数 (枚)	90cm切り花重 (g)	摘蕾数 (個)	小花数 (枚)	
			消灯時	収穫時				舌状花	管状花
神　馬	12/27	67	62	112	62	84	34	262	49
新神G1	12/24	64	60	109	65	97	29	298	50
神馬2号K3	12/20	60	63	112	60	74	37	268	46
神馬宮崎系	12/20	60	67	111	64	70	37	253	36
神馬長崎系	12/20	60	69	115	63	66	44	272	27
神馬愛知系	12/20	60	65	112	61	67	44	278	42

注　定植日：9月6日（発根苗），消灯日：10月21日，再電照：消灯11日目から4日間（暗期中断4時間），わい化剤：3回処理，温度管理：無加温（雨よけのみ）

第5表 2月出荷における低温開花性系統の特性比較

品種・系統	発蕾揃い (月／日)	50%収穫日 (月／日)	到花日数 (日)	草丈 (cm)		葉数 (枚)		90cm切り花重 (g)	小花数 (枚)	
				消灯時	収穫時	収穫時	柳　葉		舌状花	管状花
神　馬	1/27	2/23	59	52	100	51	0.4	76	196	43
新神G1	1/27	2/23	59	54	99	54	0.5	82	214	48
神馬2号K3	1/23	2/18	54	54	97	52	0.2	76	182	65
神馬宮崎系	1/23	2/18	54	53	93	48	0.0	69	169	59
神馬長崎系	1/23	2/18	54	55	96	50	0.0	70	177	54
神馬佐賀系	1/22	2/16	52	56	101	51	0.6	77	203	44
神馬愛知系	1/23	2/17	53	55	97	50	1.0	68	180	55

注　定植日：11月10日（発根苗），消灯日：12月26日，温度管理：定植～消灯19日目まで最低11℃，消灯19日後～開花まで最低14℃，再電照：なし，わい化剤：3回処理

キクの栽培技術と経営事例

以上で管理した結果，到花日数は低温開花性系統が52〜54日と，'神馬'より5〜7日早かった。なかでも佐賀系統は草丈伸長性が'神馬2号K3'よりも4cm優れ，到花日数も2日早いことから，これまでに試験を行なった系統のなかでもっとも低温期の特性が優れると考えられたが，株によって特性にバラツキがみられた。

いずれにしてもこれまでさまざまな低温開花性系統の特性を調査したが，'神馬2号K3'が切り花重や到花日数の安定性，開花揃いなど総合的に安定していると考えられた。

ただしこれらの系は前述したように，そのほとんどが'神馬'として出荷・流通している。

執筆　今給黎征郎（鹿児島県農業開発総合センター）

第5図　低温開花性系統2月出荷の草姿
左から2号K3，佐賀，愛知，長崎，宮崎

参 考 文 献

今給黎征郎．2002．'神馬'の低温開花性の検討．平成14年度鹿児島県花き試験成績書．106—107．

今給黎征郎．2013．秋輪ギクの優良系統選抜．平成25年度鹿児島県花き試験成績書．5—6．

今給黎征郎．2014．秋輪ギクの系統適応性検定．平成26年度鹿児島県花き試験成績書．19—20．

南公宗・田中昭．'神馬2号'の再電照方法が開花・生育・切り花品質に及ぼす影響．平成19年度鹿児島県花き試験成績書．49—50．

秋ギク新神系品種（半無側枝性，低温開花性）の技術体系

（1）品種の育成と産地への導入

'新神（あらじん）'は，鹿児島県が'神馬'を改良して育成した半無側枝性品種で，'新神'を，さらにもう一度再改良し，低温開花性を付与し'新神2''立神（りゅうじん）''冬馬（とうま）'が育成されている（第1～5図）。

鹿児島県と日本原子力研究開発機構は共同で，'神馬'の培養葉片にイオンビームという特殊な放射線を照射して突然変異を誘発し，再生個体群から無側枝性のある'新神'を2003年度に育成した。この突然変異育種法はキクで一般的に行なわれる交雑育種法と異なり，親品種と特性はほぼ同じで，一部の特性のみを変異させることが可能である。すなわち'新神'は，'神馬'の枝変わり系統を人工的に大量につくり出したなかから選抜したものといえる。'新神'は2004年度から鹿児島県内に，翌2005年度から全国に許諾を認め栽培が開始された。

しかし'新神'は低温開花性が十分でなかったため，その後の重油高騰により低温期の栽培で暖房コストがかかることが問題となり，普及と同時進行で'新神'に低温開花性を付与する「再改良」に着手した。

'新神'育成と同様の手法で改良および選抜を行ない，2006年度に'新神2'を育成した。このイオンビームを利用した突然変異育種による再改良育種（上野ら，2005）は，手法としても評価されているが，詳細についてはここでは省略する。この品種は'新神'の優れた特性はそのままに，待望の低温開花性が付与され，そのほかにもいくつか優れた形質が加わった有望品種として，2007年度から全国に許諾を認め生産が拡大した。しかし，根にストレスを与えるような栽培環境では，切り花の水が下がりやすい事例があることが指摘され，その後，生産は衰退した。

鹿児島県では，その後も'新神'の再改良を継続し，水揚げ，日持ち面に細心の注意を払いながら選抜を続けた。そして2015年度に，'新神'のボリューム，花の大きさを維持し，'神馬2号'並の低温開花性をもつ'立神''冬馬'を育成した。この2品種はさまざまな条件下で水揚げ，日持ち試験を繰り返し，選抜をクリアした品種である。2品種の特性はやや異なっているが詳細は後述する。

鹿児島県では'神馬'系品種と'新神'系品種の識別を遺伝子レベルで行なうDNA識別を可能にしており（白尾ら，2006），'立神''冬馬'も知的所有権の保護が可能な品種と位置づけている。

2016年度から'立神''冬馬'は鹿児島県内

第1図　新神（あらじん）

第2図　立神（りゅうじん）

第3図　冬馬（とうま）

キクの栽培技術と経営事例

第4図　3月開花切り花の草姿
左から神馬2号K3，新神，立神，冬馬
定植：11月9日（直挿し），消灯：1月12日，再電照：なし，わい化剤：3回処理，温度管理：最低13℃，25℃換気

第5図　3月開花：蕾の比較
左上：冬馬，右上：立神，左下：神馬2号，右下：新神

で栽培を開始したが，まだ県内に普及が開始されたばかりであるため，県外への栽培許諾は行なっていない。しかし，今後全国での栽培に向けて，県外の研究機関や出荷団体で試験栽培が開始されている。

(2) 新神の特性と栽培管理のポイント

①おもな特性

基本的に'神馬'の特性を残しながら，おもに次の点が特徴である。
1) 側枝が出にくい半無側枝性である
2) 葉数が多く茎葉にボリュームがある
3) 立葉で草姿（木姿）が良い
4) 花弁数が多く花が大きい
5) 幼若化する温度がやや高く，低温管理では開花遅延しやすい

②育苗技術

半無側性品種であるので，親株での不萌芽による採穂数の減少が問題となる。ビーエー液剤の散布は必要で，鹿児島県では6月から9月までの期間は2,000倍（2週間おき）～4,000倍（1週間おき）処理を行なう。

③温度管理

12月出荷までの栽培夜温は基本的には'神馬'とほぼ同様でよい。この時期の栽培は栄養生長期間中の低温遭遇はあまりないので，幼若化による開花遅延はほとんど見られない。しかし1月出荷以降の栽培になると，栄養生長期間中の低温遭遇が開花に影響し始め，2月出荷以降の栽培は，無加温の低温遭遇した親株（とくに11月以降の無加温親株）から採穂した穂を使用し，かつ本圃を低温で管理すると開花遅延しやすいので注意が必要である。

'神馬'の幼若化する夜温はおおむね13℃以下，脱幼若化の温度は16℃以上と考えられるが，'新神'はこれらよりも2℃程度高い温度管理が必要である。

④無側枝性の発現技術

'新神'の側枝の発生や消失には生育期間中の高温が大きく影響している。おおむね昼温

30℃，夜温25℃を上まわると側枝が顕著に消失する。側枝の消失は高温遭遇後に展開する5節付近から始まり，高温遭遇後もしばらく持続する。

夜温25℃を下まわる時期には，昼温を高く管理することで無側枝性を発現させることができる。南九州の暖地では10月上旬ころから，冷涼な地域ではそれよりも早い時期から昼温を高温管理できれば，12月出荷でも上位節の側枝を消失させることが可能である。具体的には，消灯までの栄養生長期間に，昼間の2～4時間を35℃程度を目標にハウスを蒸し込みぎみに管理するとよい。

⑤再電照による品質向上

'新神'は小花数が多く花が大きい品種であるが，露心花が発生しやすいため，その対策が必要である。これについては，再電照と温度管理でかなり改善可能であるが，'神馬'と同じ方法では十分ではない。再電照処理を開始するタイミングが早いと，小花形成が十分に行なわれないうちに再電照が終了してしまうことが露心花発生の一つの原因である。ポイントは，慣行の再電照のあとに再び電照する「再々電照」がよいと思われる。しかし，あまりうらごけしない作型では，再々電照を行なうことによってかえって上位葉が大きくなりすぎて草姿（木姿）を悪くすることがあるので注意が必要であい。

⑥扁平花の発生防止

11月出荷は扁平花の発生が多い作型なので注意が必要である。この時期以外の発生は少なく，1月出荷以降についてはほとんど問題はな

くなる。扁平花の発生防止には，親株および本圃の栄養生長期間を高温にしないように管理すると効果が高い。

ただし現在種苗供給している'新神'は，茎頂培養由来の選抜系統である'新神G1'となっており，この系統になってから扁平花はほとんど問題になっていない。

⑦優良系統の選抜

'神馬'はそのまま増殖を続けると系統分離しやすい品種で，'新神'もその例外ではない。本県では種苗供給用の系統選抜に力を入れており，'新神G1'を選抜し供給している。この系統は'新神'のなかでも草丈伸長性が良く，さらにボリュームや開花揃いが向上しており，海外から購入可能な種苗もこの系統になっている。

(3) 立神の特性と栽培管理のポイント

①おもな特性

'立神'は，葉はややコンパクトな立葉で，花は'新神'並に花弁数が多くボリュームがある。低温期の到花日数は'神馬2号'より1～2日おそいが，'新神'並の蕾の大きさで，切り花重も比較的重く，規格外品が出にくいのが特徴である。

まだ栽培事例はそれほど多くないが，これまで11～5月出荷で大きな問題は見られていない。とくに2～4月出荷の低温期の作型で優れた特性を発揮する（第1，2表）。

②育苗技術

年内切り花出荷用の親株の管理については，基本的な方法は'神馬'と同じでよいが，梅

第1表　2月出荷における生育・開花特性

品　種	50%収穫日 （月／日）	到花日数 （日）	草丈（cm）		葉　数 （枚）	90cm切り花重 （g）	小花数（枚）	
			消灯時	収穫時			舌状花	管状花
立　神	2/18	54	57	96	50	78	190	75
冬　馬	2/19	55	61	109	57	74	209	38
神馬2号K3	2/18	54	54	97	52	76	182	65
神　馬	2/23	59	52	100	51	76	196	43
新神G1	2/23	59	54	99	54	82	214	48

注　定植日：11月10日（発根苗），消灯日：12月26日，加温温度：定植～消灯19日目；11℃以上，消灯19日目～開花；
　　14℃以上，その他：再電照なし，ダミノジッド剤3回処理

キクの栽培技術と経営事例

第2表　3月出荷における密植栽培での切り花品質

作　型	作式	品種・系統	到花日数(日)	草丈(cm)	調査株数(株)	90cm切り花重による階級別割合（%）					M以上	
						2L ≧70g	L ≧60g	M ≧45g	S ≧30g	外 ≧0g	割合(%)	本数/10a(本)
3月上旬出荷	慣行	立神	53	102	77	16.9	11.7	57.1	14.3	0.0	85.7	38,095
		冬馬	51	106	69	29.0	21.7	43.5	5.8	0.0	94.2	41,868
		神馬2号K3	51	104	41	26.8	19.5	39.0	14.6	0.0	85.4	37,940
		新神G1	54	100	36	30.6	25.0	33.3	11.1	0.0	88.9	39,506
	密植	立神	54	101	61	14.8	11.5	29.5	42.6	1.6	55.7	34,681
		冬馬	52	104	73	12.3	26.0	46.6	9.6	5.5	84.9	52,846
		神馬2号K3	52	99	53	15.1	13.2	47.2	24.5	0.0	75.5	46,960
		新神G1	55	102	65	23.1	1.5	32.3	43.1	0.0	56.9	35,419
3月下旬出荷	慣行	立神	51	100	77	31.9	30.9	29.8	4.3	3.2	92.6	41,134
		冬馬	49	104	69	26.0	32.3	36.5	5.2	0.0	94.8	42,129
		神馬2号K3	49	101	41	25.5	35.3	25.5	13.7	0.0	86.3	38,344
		新神G1	56	106	36	62.5	18.8	18.8	0.0	0.0	100.0	44,444
	密植	立神	52	92	61	5.8	11.6	55.1	25.4	2.2	72.5	45,088
		冬馬	50	104	73	11.1	15.9	48.4	23.0	1.6	75.4	46,913
		神馬2号K3	50	100	53	18.0	16.4	37.7	19.7	8.2	72.1	44,881
		新神G1	56	99	65	40.9	13.6	31.8	13.6	0.0	86.4	53,737

注　10a当たり栽植本数：慣行；4万4,444本，密植；6万2,222本，3月上旬出荷：定植日11月9日（直挿し），消灯日1月12日，3月下旬出荷：定植日12月2日（発根苗），消灯日2月2日，温度管理：13℃以上，25℃換気，その他：再電照なし，わい化剤3回処理

雨明け以降はやや腋芽が消失する場合があるので，できるだけ涼しい環境で栽培し，ビーエー液剤を散布すると腋芽の消失を軽減できる（処理法は‘新神’に準ずる）。

年明け切り花出荷用の親株に用いる苗は，自家苗では腋芽が消失したものが多くなる時期であるため，当面は海外種苗など，腋芽がついた苗を用いるほうが安全である。

③温度管理

気温が高いと茎が徒長する傾向があるが，11月以降気温が低下するにしたがって茎が太くなり，ボリュームが確保できる。基本的には‘神馬2号’の管理に準ずる。まだ栽培事例は少ないが，栄養生長期間を10℃以下の低温管理でやや幼若化するような管理をし，消灯後に18℃で一気に加温して花芽分化させた事例では，開花揃いがきわめて良く，出荷ロスがほとんど出なかった。

④無側枝性の発現技術

夏場に親株の腋芽が消失しやすいことから，無側枝性をもつと考えられるが，12月出荷な

どでは，腋芽の消失による芽かき作業の省力化はほとんど期待できない。

⑤再電照による品質向上

上位葉肥大と露心花対策を目的に再電照を行なう必要がある。再電照の開始時期は総苞形成後期で，暗期中断4時間電照を12〜1月出荷で5日程度，2〜3月出荷で4日程度行なう。4月出荷以降は再電照は行なわない。

⑥わい化剤処理

ダミノジッド剤（ビーナイン，キクエモン）の1,500倍液を再電照終了時，発蕾時，摘蕾時に80〜100*l*/10a散布する。

⑦その他

草丈伸長性は‘神馬’並であり，消灯後の伸びは作型にもよるが40〜50cm程度であるので，消灯時に草丈65cmは確保できるようにする。

（4）冬馬の特性と栽培管理のポイント

①おもな特性

‘冬馬’は，低温開花性と低温伸長性を兼ね

備えた品種である。葉はやや細長い立ち葉で，花は舌状花弁数が多くボリュームがある。切り前時は蕾がやや緑色を帯びているが，開花が進むにしたがって白くなる。低温期の到花日数は'神馬2号'と同等で，'新神'よりも花はやや大きく，切り花重も重い。

もっとも有利な点は低温下で草丈伸長が優れる点である。同じ日に定植すると2〜3月出荷で消灯時の草丈が'神馬2号K3'より5〜10cm高い。栄養生長期間を数日短縮するか，もしくは消灯時にわい化剤を散布してボリュームをつける方法が試験的に行なわれている。まだそれほど栽培事例が多いわけではないが，1〜4月出荷は大きな問題は見られておらず，とくに2〜3月出荷の厳寒期の作型では，伸長性が良く，2L率が高く花も大きいのでもっとも優位性を発揮できる（第1，2表）。

②育苗技術

年内切り花出荷用の親株の管理については，基本的な方法は'神馬'と同じでよいが，梅雨明け以降は腋芽が消失しやすいので，できるだけ涼しい環境で栽培し，ビーエー液剤を散布すると腋芽の消失を軽減できる（処理法は'新神'に準ずる）。

年明け切り花出荷用の親株に用いる苗は，自家苗では腋芽が消失したものが多くなる時期であるため，当面は海外種苗など，腋芽がついた苗を用いるほうが安全である。

③温度管理

気温が高いと茎が徒長する傾向があるが，11月以降気温が低下するにしたがって茎が太くなり，ボリュームが確保できる。基本的には'神馬2号'の管理に準ずる。

④無側枝性の発現技術

夏場に親株の腋芽が消失しやすいことから，'立神'と同様に無側枝性をもつと考えられるが，12月出荷などでは，腋芽の消失による芽かき作業の省力化はほとんど期待できない。

⑤再電照

再電照は原則として行なわない。その理由は，電照をしなくても花弁数が多く，再電照をして樹勢が強くなると総苞が肥大する傾向があるからである。さらに再電照をしないことで到花日数を3〜4日短縮できることもメリットとなる。

⑥わい化剤処理

ダミノジッド剤（ビーナイン，キクエモン）を3回処理する。1回目は消灯時に1,500倍液，2回目は発蕾時に1,000倍，3回目は摘蕾時に1,500倍で，それぞれ80〜100*l*/10a散布する。

再電照を行なわないかわりに，発蕾時のわい化剤を効かせて上位部の草姿を整える必要がある。

⑦作式（栽植様式）

立葉であるため，やや密植の作式でも生育はよく揃い，出荷時の蕾も大きいため出荷ロスはほとんど発生しない。たとえば，物日に量販店向け花束加工用の規格を目指し，LM規格ねらいで栽培することも可能である。試験では慣行4万4,444本/10aに対し，1.4倍の6万2,222本

第3表 冬馬3月出荷における穂冷蔵，苗冷蔵の影響

品　種	冷蔵日数（穂冷＋苗冷）（日）	50%収穫日（月／日）	到花日数（日）	草丈（cm）		葉数（枚）		増加葉数（枚）	柳葉（枚）	地上部全重（g）
				消灯時	収穫時	消灯時	収穫時			
冬　馬	5日（0＋5）	3/7	52	49.2	90.9	26.4	49.0	22.6	1.0	96.6
	12日（0＋12）	3/8	53	51.8	96.9	25.4	47.4	22.0	0.8	90.6
	21日（0＋21）	3/10	55	49.8	96.7	26.0	49.6	23.6	0.6	106.4
	50日（29＋21）	3/12	57	52.2	105.8	29.4	53.4	24.0	1.8	97.4
	71日（34＋37）	3/16	61	50.8	97.6	30.0	55.2	25.2	2.0	96.4
神　馬	50日（29＋21）	3/22	67	42.7	110.1	27.1	53.5	26.5	1.1	

注　定植日：12月3日（発根苗），消灯日：1月14日，温度管理：定植〜消灯まで11℃以上，消灯〜開花まで14℃以上，換気温度25℃，その他：再電照なし，わい化剤3回処理

キクの栽培技術と経営事例

植えでもM以上の割合が85％確保できた（第2表）。伸長性も優れるため短茎栽培と組み合わせる方法も今後検討する余地がある。

⑧その他

定植時の気温が高いと徒長ぎみに生育し，曲がりが発生しやすい。15cmマス目のフラワーネットを使用する場合，1本植えでは曲がりやすく，2本植えることで曲がりを軽減できる。

また，穂冷蔵，苗冷蔵を過度に長く（合計50日以上）行なった場合，幼若化し，とくに低温管理で栽培すると樹勢が強まり，開花が遅れた事例があるので注意する。穂冷蔵3週間程度ではほとんど影響は見られない（第3表）。

執筆　今給黎征郎（鹿児島県農業開発総合センター）

参 考 文 献

今給黎征郎. 2015. 秋輪ギク新品種の作式の検討. 平成27年度鹿児島県花き試験成績書. 25—26.

白尾吏・上野敬一郎・松山和樹・市田裕之・阿部知子. 2006. イオンビーム育種により育成した「新神」のレトロトランスポゾン配列を利用した品種同定. 育種学研究. 8（別2）, 90.

上野敬一郎・白尾吏・永吉実孝・長谷純宏・田中淳. 2005. Additional Improvement of Chrysanthemum using Ion Beam Re-irradiation. TIARA Annual Report 2004. 60—62.

夏秋ギク（精の一世）の技術体系

（1）品種特性

‘精の一世’は自然開花期が育成地では9月下旬である。自然開花では管弁主体の白色品種で、側枝の発生の非常に少ない無側枝性（通称芽なし）ギクである。2008年登録が申請され、2010年に登録が下りている。2009年ころから愛知県を中心に作付け量が急激に増え、2012年から育成会社のイノチオ精興園株式会社では毎年2000万本を超える輸入穂木を扱い、夏秋期の白色輪ギクの主力品種となっている。‘精の一世’の作付け時期は徐々に伸びてはいるが、冬作での作付けはないため、輸入穂の供給は通常8月末から11月まで一時停止する。

輸入穂木の取扱い数量が他の品種より多いのは、国内での収穫後の親株育成が無側枝性であるために非常に困難であり、国内で採穂可能となるのは、一定の寒さを経過した1月ころであることと、無側枝性の消失が株により異なるため非常に多くの切り下株の確保が必要になり、次年用の穂の確保が不安定になるからである。

当初、作付け期間としては6月下旬から10月下旬までとされていたが、夏秋期の白輪ギクの主力の一つである‘岩の白扇’の生産量の低下に伴い、生産期間が徐々に延長されてきており、現在は5月下旬から12月中旬までの作型で出荷されている。

品種特性として特筆すべき点としては、非常に均一性が高いことであり、出荷時の秀品率は非常に高くなった。

また、品種分類的には‘岩の白扇’と同じ夏秋ギクではあるが、‘精の一世’は自然開花期が9月下旬であるため、自然開花期以前の作型はすべてシェード栽培を行なう必要がある。したがって、‘岩の白扇’とは異なり電照設備だけの施設では栽培は不可能である。

（2）作型

①6月中旬開花

この開花作型での自家育成穂木の使用は、原則として勧められない。その理由は、‘精の一世’は比較的幼若性が浅い品種ではあるが、この時期の開花作型では、一部で開花遅延の報告があるためである。これは幼若性によるものとされているが、定植する穂木の幼若性を外観から判断することはできないため、使用する穂木は基本的には海外で生産された輸入穂木のほうがよい。

自家育成穂木を使用する場合、親株は必ず13℃で加温育苗したものがよい。また、幼若性の再獲得防止として、穂木の冷蔵期間は2週間以内とする。

加えて、30〜50ppmのジベレリン（GA）散布を定植から消灯までの間に2回以内で行なうとよい。これは幼若性の打破のための処理であるから、茎の伸長性が悪化した場合のみ行ない、茎の伸長性に問題がない場合は行なわない。

6月開花のシェード管理は12時間日長がよい。

②7月上旬開花

この開花作型も6月中旬開花同様、定植時期が3月になるため、定植後の温度は十分に確保する。この時期の定植では、発根苗定植より直挿し栽培を行ない、穴あき透明ポリフィルム（厚さ0.02mm、500穴/m²）を被覆することで、浅い幼若性であれば打破できる。

7月上旬開花のシェード管理は、6月開花と同様に12時間日長がよい。ただし、7月中旬開花以後は日長管理を短くし、11時間半日長とする。

③8月上旬開花

この時期からの開花作型では、消灯後に高温の影響を受けて開花遅延が起こりやすくなってくるので、前作が冬作から春作（3〜4月）である場合、基肥の施用量は通常の半分程度までを目安とする。また消灯までの長日期間も、6月から7月上旬開花と異なり50日以上は確保

せず，50日以内を目安とするとよい。基肥の施用量制限と長日期間の短縮は，生殖生長をスムーズに行なわせるための手段となるため，非常に重要である。

8月以降のシェード管理は11時間半日長がよい（第1図）。

④9月上旬開花

この時期からの開花作型は，全期間を通じて立枯れが発生しやすくなるので，圃場の排水性の確保や適切な土壌消毒は必須条件だが，過度の灌水を初期にひかえることが重要である。

定植以降，土壌表面の日中の乾きだけで判断して，朝方や夕方の灌水を行なうのは非常に危険である。朝方や夕方に葉がしおれていない場合は灌水をひかえるのが基本である。これは，表土付近だけの根の張りを防止し，深く張らせるための基本でもある。

9月開花からの直挿しでの栽培は，透明ポリフィルムの被覆が，高温による苗の消失につながる場合があるため，発根苗を使用するほうが安全である。

9月上旬開花までのシェード管理は11時間半日長がよいが，9月上旬開花以後は'精の一世'の自然開花に近いことと，秋彼岸に近づくため自然日長が短くなるので，シェードは行なわない。

(3) 親株の育成方法

6月から7月開花の作型で開花遅延の可能性があるのは，親株の育成方法の差によるものが多い。ここでは愛知県と青森県の試験結果について紹介する（野村ら，2011；東，2015～2016）。

①愛知県での試験結果

愛知県での6月から7月にかけての開花作型の定植時期は3月から4月上旬までになる。この時期，自家育成の親株を使用すると開花が遅延するという報告がいくつかあがっている。これは，使用する穂木の加温の程度および穂木の冷蔵期間の差によって起きることが愛知県の試験結果から明らかになっている。

6月開花に使用した親株は3区あり，1）前年の11月22日から15℃で継続加温した区，2）前年10月上旬開花の切り下株を無加温におき，翌年1月27日から15℃加温した区，3）前年9月開花切り下株をハウス（サイド開放）で伏せ込み，発生した吸枝（一般的にはうど芽または冬至芽とよばれている）を親株とした無加温区，これに加え採穂時期を変え穂冷蔵の期間の差を加えた合計7区で，開花日の差を詳細に検討している（第1表）。

栽培概要は，3月14日直挿し，5月9日消灯（栄養生長期間56日），消灯後は12時間日長（18～6時シェード）である。

もっとも到花日数が短いのは継続加温区で，とくに短かったのは3月6日採穂区，次いで低温のち加温区で，採穂による違いはなかった。もっとも長いのは無加温区で，穂冷蔵期間が

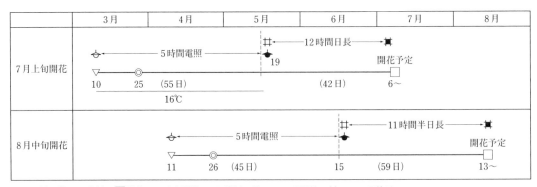

第1図　精の一世の作型図

夏秋ギク（精の一世）の技術体系

第1表　6月開花用試験区の構成　　　　　　　　　　　　　　　　　　　（野村ら，2012）

試験区名[1]	親株低温遭遇	親株育成時夜温	採穂日	穂冷蔵期間
継続加温・3/6採穂区 継続加温・2/1採穂区	無	15℃ （11/22～採穂まで）	3月6日 2月1日	8日間 42日間
低温のち加温・3/12採穂区 低温のち加温・2/14採穂区	有（吸枝にて）	無加温→15℃ （1/27から15℃加温）	3月12日 2月14日	2日間 29日間
無加温・3/12採穂区 無加温・3/1採穂区 無加温・2/13採穂区	有（吸枝にて）	無加温	3月12日 3月1日 2月13日	2日間 13日間 30日間

注　1）継続加温区：前年11月22日に15℃加温のガラス温室に発根苗を定植。以降継続して15℃加温
　　　低温のち加温区：前年10月上旬開花の切り下株を台刈りし，以降発生した吸枝を低温に遭遇させ，翌年1月27日に吸
　　枝のみを15℃加温の温室へ植え替えた
　　　無加温区：前年9月開花切り下株をハウス（サイド開放）に伏せ込み，発生した吸枝を親株とした

第2表　精の一世における親株育成経過の違いと生育・開花（6月開花）　　　　（野村ら，2012）

試験区	到花日数	草丈（cm）		節数（消灯時）	柳葉数	花首長（mm）	全重量（g）	90cm切り花調整重（g）
		消灯時	開花時					
継続加温・3/6採穂区 継続加温・2/1採穂区	45.0 51.9	58.4 61.6	103.4 110.6	25.4 27.8	2.1 2.4	17.8 19.8	17.8 19.8	111.4 149.4
低温のち加温・3/12採穂区 低温のち加温・2/14採穂区	53.0 53.0	62.7 59.7	119.8 117.3	26.5 27.0	2.1 2.0	17.1 17.3	17.1 17.3	90.3 116.4
無加温・3/12採穂区 無加温・3/1採穂区 無加温・2/13採穂区	53.5 58.8 59.6	68.3 69.4 69.1	124.1 128.6 131.3	30.6 30.3 32.1	2.1 2.2 2.1	22.6 20.2 21.6	22.6 20.2 21.6	122.3 111.4 104.0

第3表　7月開花用試験区の構成　　　　　　　　　　　　　　　　　　　（野村ら，2012）

試験区名[1]	親株低温遭遇	親株育成時夜温	採穂日	穂冷蔵期間
継続加温親株区	無	15℃（11/22～採穂まで）	3月21日	13日間
低温のち加温親株区	有（吸枝にて）	無加温→15℃（1/27から15℃加温）	3月21日	13日間
無加温親株区	有（吸枝にて）	無加温	3月21日	13日間

注　1）継続加温区：前年11月22日に15℃加温のガラス温室に発根苗を定植。以降継続して15℃加温
　　　低温のち加温区：前年10月上旬開花の切り下株を台刈りし，以降発生した吸枝を低温に遭遇させ，翌年1月27日に吸
　　枝のみを15℃加温の温室へ植え替えた
　　　無加温区：前年9月開花切り下株をハウス（サイド開放）に伏せ込み，発生した吸枝を親株とした

長いほど開花はおそくなる傾向があった（第2
表）。

　7月開花に使用した親株は，6月開花の1）か
ら3）と同様の3区（第3表）で，採穂日およ
び穂冷蔵期間はすべて同一として，開花日の差
を同じく検討している。

　栽培概要は，4月18日定植，5月30日消灯（栄
養生長期間は42日），消灯後は12時間日長（18
～6時シェード）である。

　6月開花ほど親株による大幅な開花の差はな

かったが，継続加温区がもっとも早く，無加温
区がもっともおそかった（第4表）。

②青森県での試験結果
　青森県では‘精の一世’の7月開花から10月
開花までが普及しており，自家育成の親株養成
で愛知県が行なう加温は，青森は寒冷地である
ため暖房費を考慮すると不可能であり，7～8
月開花は海外生産の輸入穂木を直接使用し，そ
れ以降は輸入穂木を養成した株の穂木を使用し
ていることが多いが，（地独）青森県産業技術

キクの栽培技術と経営事例

第4表　精の一世における親株育成経過の違いと生育・開花（7月開花）　　　（野村ら，2012）

試験区	到花日数	草丈 (cm)		節　数 (消灯時)	柳葉数	花首長 (mm)	90cm切り花調整重 (g)
		消灯時	開花時				
継続加温親株区	53 (1.84) [1]	55.9	111.4	24.2	3.6	39.6	115.6
低温のち加温親株区	55 (1.42)	62.6	122.4	25.9	3.1	41.8	115.5
無加温親株区	56 (1.34)	63.1	121.8	28.5	3.2	44.3	125.8

注　1）（　）内は標準偏差を示す

第5表　精の一世の電照下における加温状況と親株養成の有効性　　（東，2015〜2016）

加温状況	年次	7月咲き	8月咲き	9月咲き	10月咲き	11月咲き
15℃	2014	×	×	○	○	○
	2015	○	○	○	×	
10℃	2014	×	○	○	○	○
	2015	○	○	○	○	○
5℃	2014	△	△	○	○	○
	2015	○	○	○	○	○
無加温	2014	×	○	○	○	○
	2015	△	○	○	○	○

注　○：定植時の1株当たり採穂数が3本以上で，早期発蕾なし
　　△：定植時の1株当たり採穂数が3本未満，または早期発蕾10%未満
　　×：早期発蕾10%以上，または採穂不能

第6表　精の一世の無電照下における加温状況と親株養成の有効性　　（東，2015〜2016）

加温状況	年次	7月咲き	8月咲き	9月咲き	10月咲き	11月咲き
15℃	2014	△	×	×	×	×
	2015	×	×	×	×	×
10℃	2014	×	○	○	×	×
	2015	○	△	×	×	×
5℃	2014	○	○	○	○	×
	2015	△	○	○	△	×
無加温	2014	○	○	○	×	×
	2015	△	○	○	○	×

注　○：定植時の1株当たり採穂数が3本以上で，早期発蕾なし
　　△：定植時の1株当たり採穂数が3本未満，または早期発蕾10%未満
　　×：早期発蕾10%以上，または採穂不能

センターでは，7〜11月開花作型（無摘心栽培）において自家育成親株を電照処理（22〜2時）と無電照の2区に分け，それに各温度条件（無加温と5℃，10℃，15℃の4区）について2年間にわたり親株養成方法を検証している。

　青森県での7月開花作型の定植時期は愛知県同様4月上旬である。しかし，定植から1か月間は最高気温がおおよそ15℃以下で推移し，最低気温は5℃前後であるため，気象条件が愛知県と大きく異なる。このため，愛知県の試験結果のように高い加温（10℃や15℃）での親株育成が適正とはいえず，自家育成親株は，5℃加温に電照抑制（22〜2時）が青森県に適しているとしている（第5表）。

　また，無電照で加温（とくに15℃）することは親株に花芽をもたらす行為であるため不適切であるとしているが，無加温や5℃加温であれば親株が十分休眠するようで，8〜9月開花ではこの方法が有効である（第6表）。

　以上のように，愛知県と青森県は気象条件が異なるため，親株の適正な自家育成方法は大きく異なっている。親株の自家育成には外的要因（温度・日射量）も大いにかかわっているので，普及している都道府県ごとに育成方法が異なっているといえる。

(4) 栽培圃場の施肥管理

　'精の一世'は無側枝性（通常芽なし）ギクであるため，土壌の種類にもよるが，基肥は基本的に有側枝性ギクよりもひかえたほうがよいとされる。とくに8〜9月開花作型では，基肥や分施（一般的には追肥）の施用量によっては奇形花や白さび病などの病気の発生を助長する場合がある。ここでは佐賀県の基肥試験結果と北海道の基肥と分施の試験結果を紹介する。

①佐賀県での試験結果

　佐賀県では，すでに夏秋ギク'岩の白扇'での施肥量が多くなるにしたがい奇形花の発生が

夏秋ギク（精の一世）の技術体系

第7表　精の一世の施肥量の違いと切り花形質　　　　　　　　　　　（川崎・千綿，2011）

施肥量（窒素成分）	7月21日（消灯日）		平均採花日（月／日）	到花日数（日）	開花日（月／日）	切り花長（cm）	葉数（枚）	切り花重（g）	花径（cm）	茎径（mm）	上位5葉目		舌状花（枚）	管状花（枚）	総苞（枚）
	草丈（cm）	葉数（枚）									葉伸長（cm）	葉幅（cm）			
基肥8kg	51.6	28	9/19	60	9/28	87.3	50	103.2	11.3	6.7	6.5	4.0	507	94	0
基肥4kg	50.1	23	9/10	60	9/28	85.4	46	90.7	11.1	6.4	6.4	4.0	514	114	0

増える傾向にあるとの試験結果を得ていたことから，‘精の一世’にも同様の奇形花が発生するかについて試験を行なっている（川崎・千綿，2011未発表データ）。

基肥の施用量を窒素成分で10a当たり8kgと4kgの2区を設けた。栽培概要は，6月15日定植（電照時間：22〜3時），7月21日消灯（栄養生長期間は36日），消灯後3週間12時間日長（18〜6時シェード）（夜間開放21〜3時）である。

基肥の増加によって切り花重量は増加したが，その他の形質（到花日数・草丈・花径など）に差は見られなかった。奇形花の程度は，8kg区で扁平程度「重」となったものが9.5％あり，4kg区の4.0％に比べ高くなった。また，程度の軽い奇形花を含めた合計も，8kg区で19.8％と4kg区の16％に比べて高くなった。

以上のことから，‘精の一世’でも，基肥窒素施用量は奇形花の発生割合に影響を及ぼし，施肥量が多いほど奇形花の発生が増加すると考えられる（第7，8表）。

②北海道での試験結果

北海道では，‘精の一世’の秋季生産（9月開化）は，消灯後に気温が冷涼な時期になるため病気の発生（白さび病や灰色かび病）が増える傾向にある。とくに灰色かび病の発生のリスクは窒素施用量との因果関係が強いとされている。林・羽賀（2012）は，窒素施用量と分施による品質調査結果と，そこから導き出された安定栽培に向けての再電照，施肥，病害虫対策の留意点をまとめている。ここでは，施肥と病害虫について紹介する。

栽培概要は，6月7日定植（1週間から2週間の間で摘心），7月31日消灯（栄養生長期間55

第8表　精の一世の施肥量の違いと奇形花発生程度
　　　　　　　　　　　　　　　　　　（川崎・千綿，2011）

施肥量（窒素成分）	奇形花の発生程度（％）					
	貫生花			扁平花		
	重	軽	計	重	軽	計
基肥8kg	0	0	0	9.5	10.3	19.8
基肥4kg	0	0	0	4.0	12.0	16.0

注　全収穫株（50株）に占める奇形花の観察上の割合
　　「重」は奇形の程度が著しく商品性を欠くもの，
　　「軽」は奇形の程度が小さいものとした

日），消灯後12時間日長（17〜5時シェード），8月28日短日処理終了である。

基肥と分施についての試験を行ない，分施は7月9日（定植後32日目）と8月6日（定植後60日目）に施用し，窒素吸収量の変化を検討している。基肥量を検討すると，時期別の生育は15kgで頭打ち傾向にあった。定植後60日目の草丈および乾物重は，30kg以上で15kgより劣った。分施時期を検討すると，定植後60日目（従来品種での分施時期に相当）10kg分施区の採花時の乾物重は他区より小さい傾向にあり，分施窒素が乾物重の増加に反映しにくかったと推察している（第9，10表）。

また翌年は合計施肥量を0から25kgとし，次の4つの試験を行なっている。試験区の窒素施肥量は基肥＋30日目分施＋60日目分施の順で，試験区1が0＋0＋0，2が10＋10＋0，3が10＋5＋5，4が15＋5＋5である。土壌硝酸態窒素が「北海道施肥ガイド」における水準Ⅱの場合，分施窒素を定植後30日ころから花芽分化期までに5kgずつ2回施用すると，定植後30日ころに一括して施用するより生育が良好であった。（第11表）

キクの栽培技術と経営事例

第9表　精の一世への窒素施用方法と時期別の生育　　　　　　　　　　　　　　（林・羽賀，2012）

窒素施肥量　(kg/10a)				定植後32日目（分施前）				定植後60日目（分施前）				定植後104日目（分施前）			
基	32日	60日	計	草丈(cm)	節数	葉色(SPAD)	乾物重(kg/10a)	草丈(cm)	節数	葉色(SPAD)	乾物重(kg/10a)	草丈(cm)	節数	葉色(SPAD)	乾物重(kg/10a)
0	0	0	0	15.4	9.4	42.1	17	56.7	25.5	40.7	188	84.8	43.0	59.0	543
15	0	0	15	17.4	10.7	43.5	23	62.0	29.6	44.3	265	96.2	49.8	63.3	805
30	0	0	30	17.6	11.0	44.0	25	59.3	29.0	44.2	229	95.9	48.4	58.0	805
60	0	0	60	18.2	10.8	44.8	24	58.9	29.6	44.6	229	94.0	49.3	59.6	802
15	10	0	25	15.9	10.4	44.4	20	56.3	26.5	45.2	214	91.4	47.6	61.1	814
15	0	10	25	16.6	10.3	44.3	21	57.4	27.3	43.8	212	92.6	47.0	60.5	774
15	5	5	25	17.4	10.8	42.3	23	59.9	29.4	45.3	252	97.3	48.3	57.8	812

注　定植後32日目の土壌硝酸態窒素（mg/100g）は，0＋0＋0区で0.7，15＋0＋0区で1.5，30＋0＋0区で3.2，60＋0＋0区で8.2，15＋10＋0区で1.8，15＋0＋10区で8.2，15＋5＋5区で2.5

第10表　精の一世の時期別の窒素濃度および窒素吸収量，採花時の施肥窒素利用率，窒素乾物生産効率
（林・羽賀，2012）

窒素施肥量　(kg/10a)				窒素含有率（乾物中%）							窒素吸収量　(kg/10a)			施肥窒素利用率(%)	窒素乾物生産効率(%)
基	32日	60日	計	32日目 葉	茎	60日目 葉	茎	104日目 葉	茎	花	32日	60日	104日		
0	0	0	0	3.68	1.82	3.19	1.03	2.80	0.72	2.04	0.5	4.2	2.04	—	62.6
15	0	0	15	3.67	1.89	4.38	1.45	3.72	1.05	2.12	0.7	7.8	2.12	52.8	48.5
30	0	0	30	3.72	1.91	4.34	1.51	4.02	1.13	2.34	0.8	6.8	2.34	30.2	45.4
60	0	0	60	3.88	1.75	4.38	1.58	3.99	1.19	2.47	0.7	7.0	2.47	16.4	43.4
15	10	0	25	3.61	1.82	4.44	1.58	3.72	1.08	2.31	0.6	6.6	17.0	33.1	48.0
15	0	10	25	3.76	1.87	4.27	1.45	3.79	1.14	2.36	0.6	6.0	17.0	33.2	45.5
15	5	5	25	3.77	1.71	4.48	1.48	3.87	1.09	2.40	0.6	7.6	17.2	34.0	47.2

第11表　精の一世への施肥方法と9月開花収穫時の生育および窒素吸収量　　　（林・羽賀，2012）

窒素施肥量　(kg/10a)				草丈(cm)	節数	一本重(g)	窒素吸収量(kg/10a)	窒素含有率(%)	施肥窒素利用率(%)	硝酸窒素	熱抽出窒素
基肥	30日	60日	合計							（跡地mg/100g）	
0	0	0	0	96	54.2	121	18.2	1.67	—	0.7	4.5
10	10	0	20	98	56.2	126	21.2	2.02	15.3	2.4	4.7
10	5	5	20	101	57.5	134	20.8	1.85	13.0	4.0	4.4
15	5	5	25	100	56.2	133	22.8	1.96	18.5	3.7	4.8

注　施肥前の土壌硝酸態窒素：2.3mg/100g。窒素乾物生産率：窒素乾物生産効率（kg/kg）

またこの時期は分施2回処理により，生育後半に灰色かび病が発病しやすくなるが，生育終盤までの薬剤散布で対応可能である。このほかにも害虫の被害軽減も含め，注意喚起を促す作型図を北海道では出している（第2図）。

以上の佐賀県と北海道の結果から，‘精の一世’には基肥の施用限界量と，分施の施肥限界期日があると読み取れる。肥料設計については，各作付け場所の土壌診断を受けたあとに基肥の施肥量を決定したほうがよいが，土壌診断が無理な場合，基本的に基肥の施用は通常の半分で行ない，活着後に液肥や分施で対応するほうがよいといえる。

(5) 奇形花の軽減

‘精の一世’は8月下旬開花から10月中旬開花の作型で，花が楕円状になる奇形花が発生するほか（第3図），茎の伸長不良や開花遅延の

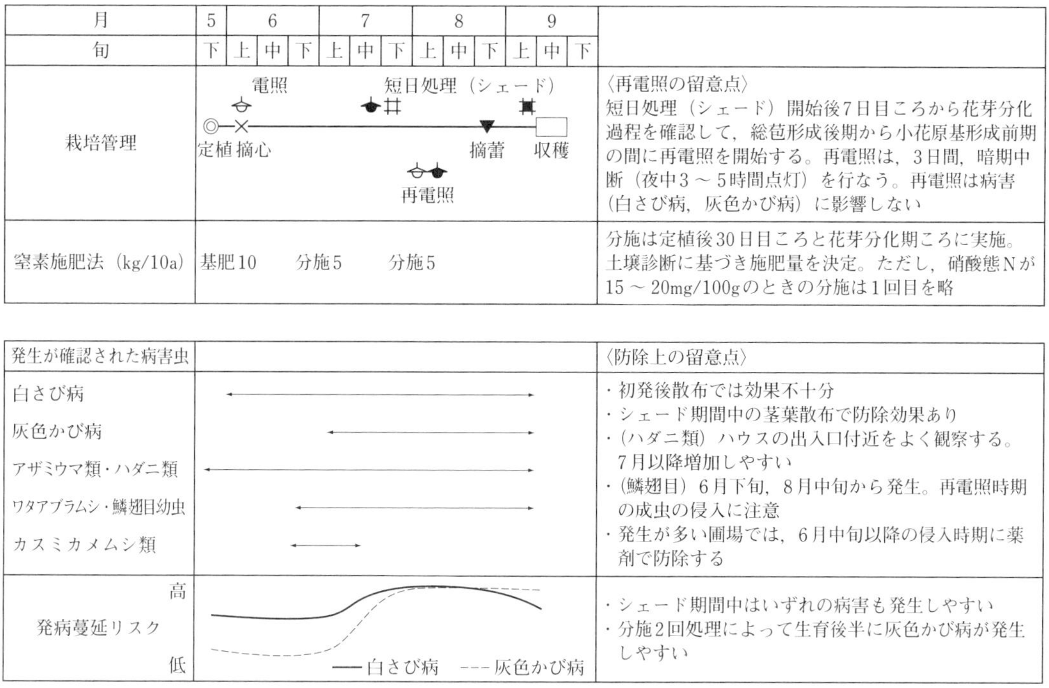

夏秋ギク（精の一世）の技術体系

月	5	6			7			8			9			
旬	下	上	中	下	上	中	下	上	中	下	上	中	下	
栽培管理	◎─×──電照──⊕　　●─#─短日処理（シェード）─▼─□ 収穫 定植摘心　　　　　　　　　　　摘蕾 　　　　　　　　　　　⊖─⊖ 　　　　　　　　　　　再電照													〈再電照の留意点〉 短日処理（シェード）開始後7日目ころから花芽分化過程を確認して、総苞形成後期から小花原基形成前期の間に再電照を開始する。再電照は、3日間、暗期中断（夜中3〜5時間点灯）を行なう。再電照は病害（白さび病，灰色かび病）に影響しない
窒素施肥法（kg/10a）	基肥10			分施5			分施5							分施は定植後30日目ころと花芽分化期ころに実施。土壌診断に基づき施肥量を決定。ただし、硝酸態Nが15〜20mg/100gのときの分施は1回目を略

発生が確認された病害虫		〈防除上の留意点〉
白さび病	←―――――――→	・初発後散布では効果不十分
灰色かび病	←――――――→	・シェード期間中の茎葉散布で防除効果あり
アザミウマ類・ハダニ類	←―――――――――→	・（ハダニ類）ハウスの出入口付近をよく観察する。7月以降増加しやすい
ワタアブラムシ・鱗翅目幼虫	←――――――→	・（鱗翅目）6月下旬，8月中旬から発生。再電照時期の成虫の侵入に注意
カスミカメムシ類	←―――→	・発生が多い圃場では，6月中旬以降の侵入時期に薬剤で防除する
発病蔓延リスク　高／低	＿＿白さび病　－－－灰色かび病	・シェード期間中はいずれの病害も発生しやすい ・分施2回処理によって生育後半に灰色かび病が発生しやすい

第2図　北海道における精の一世の秋季出荷作型の安定生産に向けた再電照，施肥，病害虫対策の留意点

(黒島, 2014)

問題も発生している。発生を軽減するには多量の施肥を避けることはすでに述べたが，このほかに遮光処理やヒートポンプを使用した夜間冷房処理が奇形花発生に及ぼす影響を調査したものがある。

①佐賀県での遮光処理試験結果

佐賀県では，寒冷紗（遮光率51％）を使用した遮光による奇形花の発生軽減の試験を行なっている（川崎・千綿，2011）。

栽培概要は，基肥は窒素成分4kgのみ，6月15日定植（電照時間：22〜3時），7月21日消灯，消灯後3週間12時間日長（18時30分〜6時30分シェード）（夜間開放21〜3時）である。寒冷紗区（消灯後に寒冷紗をハウスに水平張りし3週間）と無被覆区の2区を設け，それぞれ50株を植えて調査した。切り花形質は各区10株を調査し，奇形花の調査は全株を対象に行なった。

消灯後3週間被覆すると，日中の気温の上昇を最大4℃程度（平均3℃程度）抑制すること

第3図　精の一世の奇形花

ができた（第4，5図）。奇形花の発生は軽減でき，切り花品質にも問題はなかった（第12，13表）。

この結果から，寒冷紗だけでも温度の上昇抑制と奇形花の軽減が可能ではあるが，実際には，遮光資材や被覆開始時期，被覆期間につい

キクの栽培技術と経営事例

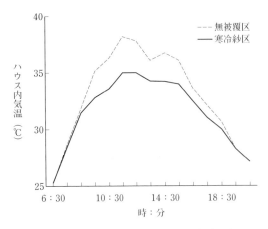

第4図 寒冷紗の有無によるハウス内平均気温の推移（7月22日〜8月9日）
(川崎・千綿，2011)

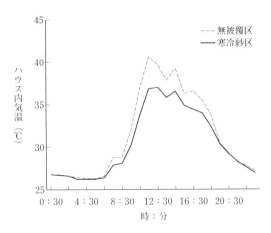

第5図 快晴日の寒冷紗の有無によるハウス内気温の推移（8月2日）　(川崎・千綿，2011)

第12表　寒冷紗被覆の有無と切り花形質　(川崎・千綿，2011)

試験区分	7月21日（消灯日） 草丈(cm)	7月21日（消灯日） 葉数(枚)	平均採花日	到花日数(日)	切り花長(cm)	消灯から採花までの草丈の伸び率	葉数(枚)	切り花重(g)	花径(cm)	茎径(mm)	舌状花(個)	管状花(個)
寒冷紗区	45.4	23.6	9月20日	61	77.8	1.7倍	44.9	87.4	11.2	6.4	448	132
無被覆区	50.1	23.2	9月19日	60	85.4	1.7倍	45.6	90.7	11.1	6.4	514	114

注　平均採花日は収穫株の60％採花時，調査株数：10株
　　本調査はジベレリンは無処理

第13表　寒冷紗被覆の有無と奇形花発生程度
（単位：％）　(川崎・千綿，2011)

試験区分	奇形花 扁平花（重）	扁平花（軽）	扁平計
寒冷紗区	2.6	7.1	9.7
無被覆区	4.0	12.0	16.0

注　全収穫株（50株）に占める奇形花の観察上の割合
　　（重）は扁平程度が著しく商品性がないもの，（軽）は扁平程度が小さいもの

第14表　愛知県における奇形花軽減のための各試験の栽培概要
(野村ら，2014)

試験年	試験名	挿し日	直挿し日	定植日	消灯日
2011年	試験1	—	6月2日	—	7月28日
2011年	試験2	6月2日	—	6月16日	7月28日
2013年	試験3	—	6月5日	—	8月2日
2011年	試験4	—	6月2日	—	7月28日

て検討の余地を残している。また，寒冷紗を除去するさいには，一気に剥がさず数日間は徐々に被覆時間を減らすなど高温環境への馴化をしながら行なうほうがよいとしている。

②愛知県でのヒートポンプ試験結果

愛知県では，近年，周年生産圃場に導入が進んでいるヒートポンプを使用した場合と遮光処理が奇形花に及ぼす影響を調査している（野村ら，2014）。

試験概要は次のとおりである。試験圃場はすべてガラス温室で，冷房は温室に設置したヒートポンプ（5馬力，パッケージエアコンFDUVP1403H3，三菱重工業株式会社）により，夜間23℃設定で行なった。温室は常時25℃設定で換気したが，夜間冷房中は天窓，側窓を閉め，保温カーテンは夜間冷房時間帯は閉じ

た。また，消灯後はシェードカーテンの開閉により12時間日長（18～6時シェード）とした。試験は以下の4つを行ない（栽培概要を第14表に示す），いずれも株間7.5cm，4条植えの無摘心栽培とした。試験結果のうち，ここでは温室内気温，奇形花の程度別発生割合のみを紹介する。奇形花の程度は，開花直前の蕾について，円形または楕円形の短径と直径の比率（短径÷直径×100）を測定して扁平率を算出し，さらに扁平率90％以上で「正常」，80％以上90％未満を「軽度」，70％以上80％未満を「中程度」，70％未満を「重度」と4段階に分類して示した。なお，蕾や花が二股に分かれたものは「重度」に含めた。

試験1：栽培期間中の全期間夜間冷房処理の効果

試験2：栽培期間中の処理時期別の夜間冷房処理効果

試験3：処理時間帯別の夜間冷房処理効果

試験4：栽培期間中の処理時期別の遮光処理効果

試験1：栽培期間中の全期間夜間冷房処理の効果 試験区は夜間冷房の有無により2区設けた。夜間冷房は消灯前の6月16日から7月28日には19～5時，消灯後の7月28日から9月28日はシェード開閉時間に合わせ，18～6時に行なった。無処理区の夜温は成り行きとした。試験は地床栽培で行ない，試験区の規模は各区220株である。

夜間冷房区の夜温は冷房開始後1時間30分～2時間30分で設定温度の23℃近くまで低下し，冷房終了時まで23℃より少し低い温度を維持できた。夜間冷房区は無処理区より，冷房開始時で約3℃，冷房終了時で約1℃低かった（第6図）。

奇形花の発生割合は軽度，中程度，重度のいずれも夜間冷房区で低く，夜間冷房区の正常花率は78.5％で，無処理区の58.7％より19.8％高かった（第15表）。

到花日数は夜間冷房区で無処理区よりも4日早くなった。草丈は夜間冷房区で高く，節数，切り花重には有意な差がなかった。

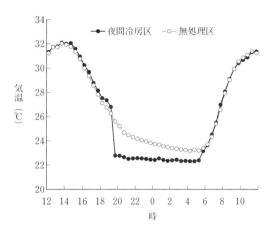

第6図　各試験区の平均室内気温（試験1）
(野村ら，2014)

冷房期間は6月16日～9月28日とした
冷房時間は7月28日（消灯日）以前は19～5時，消灯日以降は18～6時とした

第15表　夜間冷房の有無と奇形花発生割合
（試験1，単位：％）　　　　（野村ら，2014)

	正常	軽度	中程度	重度
夜間冷房	78.5	14.8	4.7	2.0
無処理	58.7	30.4	4.4	6.5

試験2：栽培期間中の処理時期別の夜間冷房処理効果 試験区は夜間冷房処理時期の違いにより1）全期間，2）消灯前，3）消灯後，4）無処理の4区を設けた。夜間冷房は消灯前の6月16日から7月28日には19～5時，消灯後の7月28日から9月28日はシェード開閉時間に合わせ，18～6時に行なった。無処理区の夜温は成り行きとした。試験はプランターを用いて行ない，試験規模は10株植えのプランター各区15個（150株）である。

試験区の温度推移は，消灯前では全期間冷房区と消灯前冷房区，消灯後冷房区と無処理区はそれぞれ差がなく，全期間冷房区は無処理区より約1～3℃低く推移した（第7図）。消灯後では，全期間冷房区と消灯後冷房区，消灯前冷房区と無処理区はそれぞれ差がなく，全期間冷房区は無処理区より1～3℃低く推移した（第8図）。

正常花率は全期間夜冷区の76.5％がもっとも

キクの栽培技術と経営事例

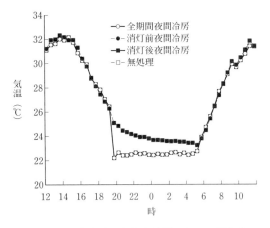

第7図　各試験区の栄養生長期における平均室内気温（試験2）　（野村ら，2014）
冷房期間は6月16日～7月28日とした
冷房時間は19～5時とした

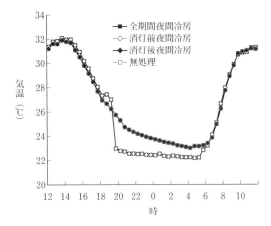

第8図　各試験区の生殖生長期における平均室内気温（試験2）　（野村ら，2014）
冷房期間は7月28日～9月28日とした
冷房時間は18～6時とした

第16表　夜間冷房の有無と奇形花発生割合
（試験2，単位：%）　（野村ら，2014）

	正常	軽度	中程度	重度
全期間夜冷	76.5	18.8	4.0	0.7
消灯前夜冷	71.9	25.3	2.1	0.7
消灯後夜冷	72.2	24.1	3.8	0.0
無処理	67.9	28.5	2.2	1.4

高かった。消灯前と消灯後の夜間冷房区では，正常花率はそれぞれ71.9%，72.2%であった（第16表）。

到花日数は全期間夜冷区がもっとも早く，次いで消灯後夜冷区が早かった。夜間冷房処理を行なった試験区では，消灯時および開花時の草丈が有意に高く，節数，切り花重には有意な差が認められなかった。

試験3：処理時間帯別の夜間冷房処理効果

試験区は夜間冷房時間帯の違いで1）前夜半，2）全夜間の2区を設けた。夜間冷房時間帯は，前夜半冷房区は消灯前6月19日から8月2日は19～0時，消灯後の8月2日から9月18日は18～0時とし，全夜間冷房区は消灯前の6月19日から8月2日は19～5時，消灯後の8月2日から9月18日はシェード開閉時間に合わせ18～6時とした。前夜半冷房区の後夜半は冷気を保つため保温カーテンを閉じたままとした。試験は地床栽培で行ない，試験区の規模は各区200株である。

前夜半冷房区の温度推移は，前夜半は全夜間冷房区と差がなかったが，後夜半には全夜間冷房区より1～2℃高く推移した（第9図）。

前夜半冷房区の冷房に要した総電力使用量

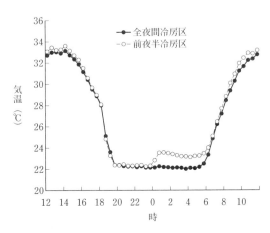

第9図　各試験区の平均室内気温（試験3）
（野村ら，2014）
冷房期間は6月19日～9月18日とした
冷房時間は8月2日（消灯日）以前は19～5時，消灯日以降は18～6時とした
前夜半と後夜半の境は0時とした

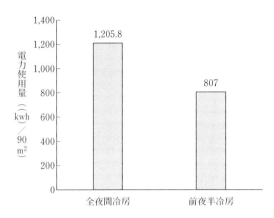

第10図　夜冷時間帯別の総電力使用量（試験3）
(野村ら，2014)

第17表　夜間冷房時間帯と奇形花発生割合
（試験3，単位：％）　　　（野村ら，2014)

	正常	軽度	中程度	重度
全夜間冷房	87.5	11.3	1.2	0.0
前夜半冷房	82.8	14.7	2.5	0.0

第18表　遮光処理別照度と気温および葉面温度
(野村ら，2014)

	生長点付近の測定値		
	照度 (lx)	気温 (℃)	葉面温度 (℃)
遮光あり[1]	43,500	34.1	29.5
遮光なし	80,300	35.4	35.5

注　1)　全期間遮光区および消灯前遮光区を示す

第19表　遮光処理時期と奇形花発生割合
（試験4，単位：％）　　　（野村ら，2014)

	正常	軽度	中程度	重度
全期間遮光	78.3	19.1	0.9	1.7
消灯前遮光	68.0	20.0	5.6	6.4
遮光なし	58.7	30.4	4.4	6.5

は，全夜間冷房区の66.9％であった（第10図）。

全夜間冷房区と前夜半冷房区の正常花率はそれぞれ87.5％，82.8％であり，4.7％の差があった（第17表）。

到花日数は前夜半冷房区が全夜間冷房区より1日おそかった。草丈は全夜間冷房区が有意に高かった。消灯時節数は有意に前夜半冷房区で多かったが，消灯後増加節数，切り花重には試験区内に有意な差がなかった。

試験4：栽培期間中の処理時期別の遮光処理効果　遮光処理は遮光率22％の白色寒冷紗を2枚重ねて行なった。寒冷紗はキクの茎頂部の30～40cm上部に被覆した。試験区は遮光処理時期の違いにより1) 全期間，2) 消灯前，3) 遮光なしの3区を設けた。全期間遮光区は6月16日から9月10日まで，消灯前遮光区は6月16日から7月28日まで遮光を行なった。

試験は地床栽培で行ない，試験区の規模は各区220株である。試験区の照度，寒冷紗下の気温，葉面温度は，7月15日午前11時30分に測定した。葉面温度は放射温度計（コニカミノルタ株式会社）を，照度は照度計（横河M&C株式会社）を用いて測定した。

遮光処理区の水平照度は寒冷紗を2枚重ねて使用した結果，遮光なし区の45.8％であった。遮光処理区の生長点付近の気温は遮光なし区より1.3℃低く，葉面温度は約6℃低かった（第18表）。

正常花率は，全期間遮光区が78.3％でもっとも高く，遮光なし区は58.7％でもっとも低かった（第19表）。

到花日数は遮光なし区と消灯前遮光区が同じ52日で，全期間遮光区は54日と2日おそくなった。さらに，遮光処理は切り花品質に影響し，開花時草丈は全期間遮光区でもっとも高くなった。また柳葉数は，遮光なし区に比べ全期間遮光区で有意に少なくなった。節数，切り花重には有意な差がなかった。

この試験1～3において，夜間冷房により夜温を25℃前後から23℃程度にすることで，'精の一世'の奇形花発生率が半減した。このことから，奇形花の発生要因は'岩の白扇'と同等であることが示唆された（昼温35℃以上，夜温25℃以上で奇形花が増加する）。試験4の遮光処理によって葉面温度を35.5℃から29.5℃に下げることでも奇形花発生率は軽減できた。

愛知県の9月開花作型でもっとも気温が高い生育期は8月上中旬であるため，ハウス内の温度を少しでも低く管理する必要がある。

キクの栽培技術と経営事例

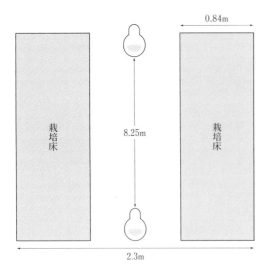

第11図　蛍光灯ランプの設置状況
(野村，2012)

この愛知県での試験結果からは，奇形花の発生時期がいつ決定されるかは明らかになっていないが，福岡県の'岩の白扇'では栄養生長期間に高温遭遇した場合に，消灯時の生長点が不整形に肥大化して，その結果，花床部が変形し奇形花が生じていたものと推察している。愛知県では消灯後夜冷（花芽分化期）においても奇形花抑制の効果が認められた。このことから，小花形成期まで至れば，花床のさらなる変形はないものと思われる。したがって，栄養生長期に遭遇した高温により生長点の変形がある程度起きるとしても，消灯から2週間程度夜間冷房を行なうことで奇形花の発生をある程度抑制できるものと考えられる。

(6) 電照抑制資材の検討

近年キクの生産圃場では，露地栽培を除けば，白熱電球以外の省エネランプの使用が主流となってきている。愛知県では現在主流となっている蛍光灯（電球色とピンク色）に加え，赤色LEDの検討も行なっているが，ここでは蛍光灯試験の結果についてのみ紹介する（野村ら，2012）

試験区，試験規模，栽培概要は次のとおりである。1）電球色蛍光灯（バイオテック製：23W），2）ピンク色蛍光灯（バイオテック製：23W）の2種類を使用して，各区ともランプの設置間隔を8.25m，高さを1.9mとし（第11図），光強度が連続的に異なる条件を設置した。なお，試験区の光量を強くするため，両側ともランプを2個ずつ設置する。各株の消灯2週間後の発蕾率と消灯後増加節数から，精の一世の花芽分化抑制に必要な光強度を明らかにする。栽培概要は株間12cmの6条植え無摘心栽培で各450株を使用し，定植5月1日（電照時間21時30分～2時30分の5時間），無摘心栽培で消灯6月19日，消灯後は11時間半日長（17時30分～6時シェード）とした8月開花作型で試験を行なった。

電球色蛍光灯は，地表面で測定した光による比較では45lx以上，および地上70cmの比較では45lxでそれぞれほぼ一定になった（第12，13図）。ピンク色蛍光灯は，地表面で測定した光による比較では20lx以上，および地上70cmの比較では20lx以上で電球色蛍光灯と同じく，それぞれほぼ一定になった（第14，15図）。以上から'精の一世'8月開花の花芽分化抑制光強度は，電球色蛍光灯で45lx（約119～146mW/m^2），ピンク色蛍光灯では20lx（約47mW/m^2）以上であると考えられる。

詳細な試験データはないが，近年急速に使用が進んでいるLEDでは，赤色（ピーク波長634nm）であれば，花芽抑制効果が十分確認されているが，照射範囲などが製品により異なるため，設置間隔や高さについての検討が今後はさらに必要になってくる。電球色や新たに開発が進んでいるピンク色でも同様のことがいえる。

(7) 耐病害虫性と防除法

'精の一世'が親株育成期間中や栽培期間中にキク白さび病に罹病しやすいことは周知の事実であるが，このほかの病害虫抵抗性について防除法などを含め紹介する。

①白さび病

温度と湿度が発生に大きくかかわってくるので，多湿度（90％以上）の外部環境があるさい

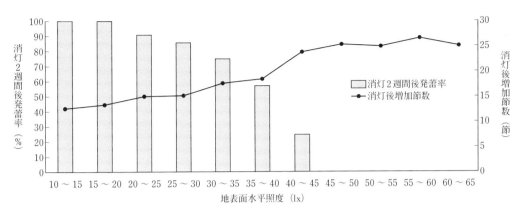

第12図　電球色蛍光灯の地表面照度と花芽分化抑制効果　　　　　　（野村ら，2012）

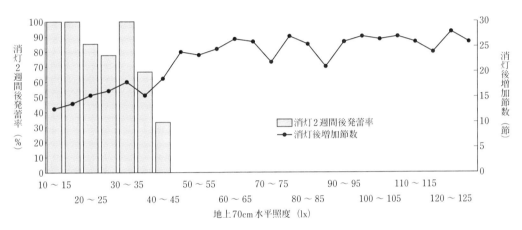

第13図　電球色蛍光灯の地上70cm照度と花芽分化抑制効果　　　　　（野村ら，2012）

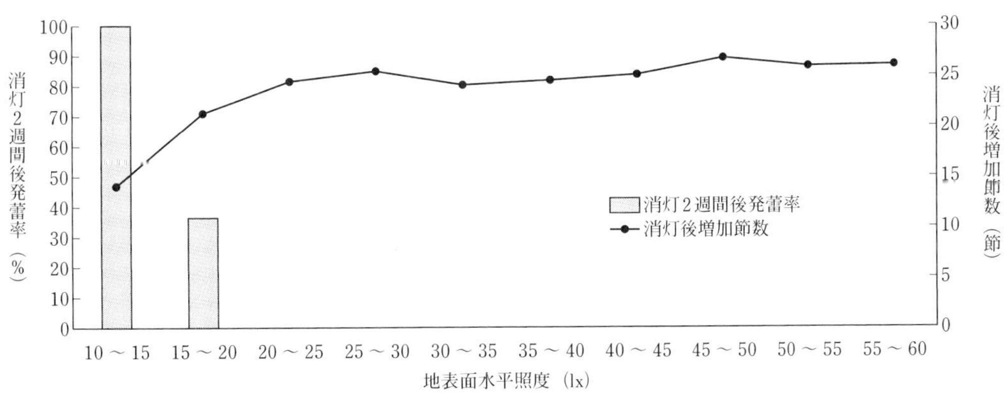

第14図　ピンク色蛍光灯の地表面照度と花芽分化抑制効果　　　　　　（野村ら，2012）

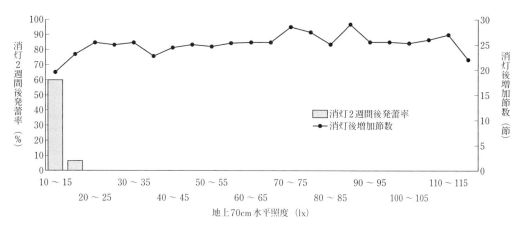

第15図　ピンク色蛍光灯の地上70cm照度と花芽分化抑制効果　　　（野村ら，2012）

には，灌水は行なわず，湿度低下のための送風や換気を行なうとよい。また，薬剤散布を行なうさいには，初期罹病葉は必ず除去して圃場外にもち出し，できれば焼却処分としたあとに行なうとよい。

②灰色かび病

灰色かび病は本州での報告事例はまれであるが，'精の一世'を作付けしている北海道では8月から9月までは，発生に対する注意喚起を行なっている。発生しやすい条件として，気温の低下と秋雨による多湿（白さび病とほぼ同じ）がある。温度条件は白さび病とは異なり，5〜30℃が生育適温であるが，この温度条件は北海道以外でも十分想定しうる気温であるので，注意は必要である。また，発生要因のひとつとして，茎葉の過繁茂も大きな原因のひとつである。茎葉の繁茂に対しては施肥を抑えることが重要である。

③べと病

キクに発生するべと病は品種間差が非常に大きいが，'精の一世'には発生の報告がある。発生適温は15〜20℃のため，冬から春にかけての親株育成時期にあたる産地で発生が多い。通常，親株圃場は長期間の使用のため，基肥の施肥設計は多いが，窒素過多による茎葉の繁茂と圃場の排水性の不良が発生要因のひとつにあげられているので注意が必要である。

④茎えそ病

えそ病（TSWV）と茎えそ病（CSNV）はどちらもトスポウイルス属による，えそ病徴を示す病気であるが，えそ病を伝搬するアザミウマの種類が多いのに対し，茎えそ病を伝搬するアザミウマはミカンキイロアザミウマのみである。

'精の一世'では茎えそ病の感染が多く報告されており，伝搬虫であるミカンキイロアザミウマが難防除害虫であるため，発生地帯での根絶がむずかしいのが現状である。現在，ミカンキイロアザミウマの防除のために，ハウス内防除以外でできることは次のとおりである。1）ハウスの出入り口やサイドを開放せず，赤色ネットを張り侵入を防ぐ。2）ハウス出入り口の地表面に反射材シートを張る。3）ハウス周辺にある寄宿雑草に除草剤を散布するさいに，効果のある殺虫剤を混用するなど，寄宿先をできるだけ減らすことも重要である。

⑤キクスタントウイロイド（CSVd）

有限会社精興園（現イノチオ精興園株式会社）は2010年度から2012年度の間，愛知県農業総合試験場を中核機関に据え，京都大学，イシグロ農材（現イノチオアグリ株式会社），（独）種苗管理センター西日本農場とともに，ウイロイドの発生メカニズムの解明と防除マニュアルの作成という大きな目標に取り組んできた。そのなかで，イノチオ精興園株式会社は自社が所

有する既存品種の抵抗性評価を京都大学と共同で初年度から2年間をかけて行なった。抵抗性評価が高い品種に'精の一世'があった。抵抗性評価の手法は次のとおりである。

京都大学では，超微小茎頂分裂組織培養法を用いてスクリーニングを行なった（第16図）。抵抗性をもつ場合ともたない場合の茎頂部分の顕微鏡写真は第17図のとおりで，その抵抗性評価を4段階に分別した（第18図）。その結果，'精の一世'はもっとも強い品種の一つである

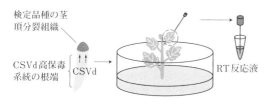

第16図　超微小茎頂分裂組織培養法を用いたスクリーニング方法　　　（細川ら，2012）
培養開始2か月後および4か月後に，葉が3～5枚展開した個体の展開最上位葉におけるCSVd感染の有無を調査した

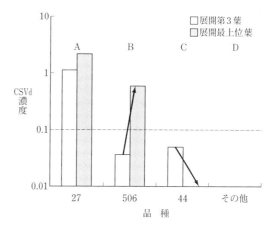

Aタイプ：CSVd濃度の上昇が早い感受性品種と考えられる
Bタイプ：CSVd濃度の上昇が比較的緩慢な罹病性品種
Cタイプ：CSVd濃度が上昇したあとに減少しており，強い抵抗性をもつ品種の可能性がある
Dタイプ：CSVd濃度の上昇がきわめておそく，強い抵抗性をもつ品種の可能性がある

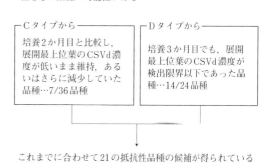

─Cタイプから─
培養2か月目と比較し，展開最上位葉のCSVd濃度が低いまま維持，あるいはさらに減少していた品種…7/36品種

─Dタイプから─
培養3か月目でも，展開最上位葉のCSVd濃度が検出限界以下であった品種…14/24品種

これまでに合わせて21の抵抗性品種の候補が得られている

精興園Dタイプ判定品種：精の一世・鞘風車

第18図　CSVd抵抗性のタイプ
（細川ら，2012）

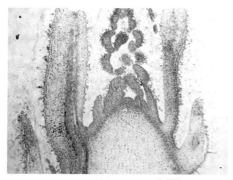

第17図　CSVd抵抗性系統の特徴
（細川ら，2012）
抵抗性評価の指標として利用
上：抵抗性品種，下：感受性品種

キクの栽培技術と経営事例

という評価を得ている。したがって，CSVd
は感染させ続ければ存在するが，感染源を除
去するとCSVdは消えるので，'精の一世'は
CSVd抵抗性のある品種といえる。

執筆　矢野志野布（イノチオ精興園株式会社）

参 考 文 献

東秀典. 2015—2016. 夏秋輪ギク「精の一世」の栽
　培方法.（地独）青森産技セ・農林総合研究所・花
　き部.
川崎孝和・千綿龍志. 2011. 夏秋ギクの高温環境下
　における生育障害防止技術　施肥管理と奇形花の
　発生. 佐農業セ・野菜・花き部・花き研究担当.
林哲央・羽賀安春. 2012. 輪ぎく「精の一世」の秋

季出荷安定栽培法. 日本土壌肥料学会2012鳥取大
　会.（地独）道総研　花・野菜技セ　北海道川上農
　改.
細川宗孝・鍋島朋之・矢野志野布・大石一史・土居
　元章. 2012. キクわい化ウイロイド（CSVd）抵
　抗性キク品種におけるCSVd生体内分布. 園学研.
　11（別1），450.
野村浩二・二村幹雄・伊藤健二. 2012.「精の一世」
　の親株育成条件が生育開花に及ぼす影響（6月開
　花，7月開花）. 愛知県農総試単年度試験研究成績.
野村浩二・二村幹雄・伊藤健二. 2012. 夏秋系輪ギ
　ク「精の一世」における花芽分化抑制に必要な蛍
　光灯の光強度. 愛知県農総試単年度試験研究成績.
　未発表データ.
野村浩二・渡邉孝政・伊藤健二. 2014. 夏秋ギク「精
　の一世」の夜間冷房及び遮光処理が奇形花の発生
　に及ぼす影響. 愛知農総試研報. **46**，87—94.

ミカンキイロアザミウマ

(1) 発生の状況と被害のようす

①被害状況

ミカンキイロアザミウマ *Frankliniella occidentalis* (Pergande)（英名：Western flower thrips）は，欧米で果菜類や花卉類の重要害虫とされている。さらに，トマト黄化えそウイルス（TSWV）の主要な媒介虫として問題視されている。わが国では1990年に関東地方で初めて発生が確認された。1992年には東海地方でキク，バラを中心とした花卉類に大きな被害を発生させ，その後，全国に発生地域を拡大した。また，1994年には，本種が媒介したと考えられるTSWVによるキクの被害が確認され，本ウイルス病も全国に拡大した。2000年以降は発生が比較的落ち着いているが，施設栽培の花卉類に多発する場合もある。

着蕾前のキクでは，本種の成虫はおもに芽に寄生し，食害，産卵を行なう。孵化した幼虫は芽や新葉を食害する。食害された新葉は展開後，ミナミキイロアザミウマによる被害と同様にケロイド状の被害痕が発生する（第1図）。食害が甚だしい場合は，芽の褐変や萎縮を起こす。

着蕾直後は，蕾上の萼などのすき間に寄生し，膜割れするとすぐに蕾内に侵入し，伸長前の花弁を食害し，産卵を行なう。蕾内では幼虫も急増し，花弁の食害が加速される（第2図）。

食害された花弁は色の淡い品種では褐色のカスリ症状が，色の濃い品種では部分的退色が発生する（第3図）。多発した場合はほとんどの花弁が食害され，商品価値が失われる。

本種が媒介しTSWVに感染したキクでは数枚の葉が黄化し，褐色斑紋が現われたり，枯死する場合もある。また，付近の茎にえ死条斑が発生する。本ウイルスは多くの植物に感染するため，周辺の作物，雑草が発生源となっているおそれがある。

②診断のポイント

新葉のケロイド症状はミナミキイロアザミウマによっても発生する。また，花の被害はクロゲハナアザミウマ，ヒラズハナアザミウマによっても発生するため，被害痕からアザミウマ類

第2図　開花初期の被害
花弁が少しのぞくときから，カスリ症状などがみえる。花弁の被害は開花とともに進行する

第1図　新葉の被害
成幼虫に食害された芽が展開すると，葉表にケロイドまたは引掻き様の傷が発生する

第3図　満開期の被害
花弁の内外側に食害痕が発生。淡色の花弁では褐色カスリ症状に，濃色の花弁では先端部が退色しやすい

キクの栽培技術と経営事例

第4図 ミカンキイロアザミウマの雌成虫
体長1.4〜1.7mmで紡錘型, 体色は夏は黄色, 冬は茶〜褐色。雄成虫は雌よりやや小型で体色は1年中黄色

第5図 ミカンキイロアザミウマの頭胸部の刺毛配列

の種を特定することはむずかしい。

アザミウマ類は体長1〜2mmの細長い小型の虫で, 芽や花の内部, または葉裏に生息するため, 目につきにくい。虫を観察するために取り出すには, 次のような方法がある。

1) 被害が見られる株の芽の中をピンセットなどで開き覗いてみる。
2) 被害花を白い紙の上で叩く。
3) 展着剤を希釈した水, または50〜70％アルコール液の中で被害芽や花を攪拌し, 昆虫類を洗い落とし, ティッシュペーパーなどでろ過する。しかし, 肉眼では正確に種を特定することはむずかしく, 40〜60倍の実体顕微鏡で観察する。

ミカンキイロアザミウマの雌成虫（第4図）は体長1.4〜1.7mmで, アザミウマ類のなかではやや大きいほうである。体色は夏期には体全体が淡黄色, 冬期には茶〜褐色になる。一方, 雄成虫は雌よりも小型で, 体長約1.0mm, 体色は1年中淡黄色である。実体顕微鏡で観察すると, 成虫の前胸背板前縁に2対, 後縁に3対の長刺毛があり（*Frankliniella*属の特徴）, 複眼の下に1本の長い刺毛があること（第5図）および後胸背楯板に1対の鐘状感覚器があることが本種の特徴である。

(2) 生活史と発生生態

①生活史

本種は寄主範囲が広く, 200種以上の植物で寄生が確認されている。海外での被害作物は野菜類（キャベツ, レタス, キュウリ, トマト, イチゴなど）, マメ類, 果樹類（リンゴ, ブドウ, 西洋ナシ, モモなど）, 花卉類（バラ, キク, カーネーション, ガーベラ, シクラメンなど）と多種類に及ぶ。

本種は植物の花に対する嗜好性が高く, 花粉, 蜜, 表面組織を食べ, 産卵する。花がない場合も, 芽や葉に寄生し, 表面組織を食べ, 組織内に産卵する。

産卵された卵は, 25℃では3日で孵化し, 体長0.4mmの孵化幼虫が現われる。幼虫は花粉および花や葉の表面組織を食べ, 2齢を経て, 土中で蛹となる。25℃での幼虫期間は約5日, 蛹期間は約4日で, 新成虫が羽化する。キクの花を餌とした場合, 卵から成虫までの発育期間は, 15, 20, 25, 30℃でそれぞれ34, 19, 12, 9.5日である。

雌成虫の寿命はキクの花を餌とした場合, 15, 20, 25, 30℃でそれぞれ99, 64, 46, 33日と長く, 総産卵数は各温度とも, 200〜300卵に達する。一方, キクの新葉や展開葉を餌とした場合は, 25℃で24日間生存するが, 総産卵数は極端に少なく10卵程度である。

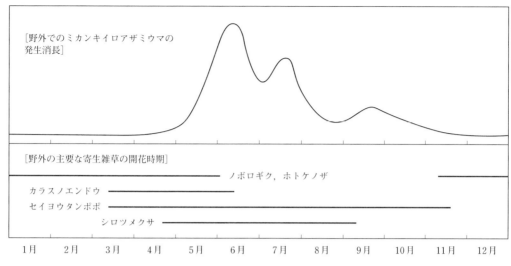

第6図 ミカンキイロアザミウマの野外での発生消長と主要な寄生雑草の開花時期（静岡県における消長）

②発生生態

静岡県西部の発生地域では、ミカンキイロアザミウマはキク親株や各種雑草上で越冬し、3月になると活動性が徐々に高まり、4月中旬ごろから飛翔・分散を始める。春から初夏に開花するキク科やマメ科の雑草は本種の寄主となる。とくにカラスノエンドウ、セイヨウタンポポ、シロツメクサでは多数の寄生が認められた。

青色平板粘着トラップによる誘殺消長からみると、野外の発生密度は5月に入ると急激に増加し、6月と7月にピークがみられる。8月以降は減少するが、9月に小さなピークがみられ、11月まで誘殺が確認される（第6図）。

秋に多発したキク圃場では、1～2月に各種雑草上に成幼虫の寄生が認められ、翌年の発生源となっている。静岡県西部地区の場合では、秋から翌春まで開花しているノボロギク、ホトケノザを中心に、多種類の雑草で成幼虫の寄生が確認された。

日本産のアザミウマでは短日条件で休眠する種が知られているが、本種は短日の冬でも休眠せず、温度が高い施設内では増殖を繰り返す。このため、施設栽培の花卉類や果菜類では冬でも被害が発生する。とくに2月以降、日長が長くなるとともに施設内温度が高まって急増し、ハウスギクやイチゴに被害が多発することがある。

キクの親株圃場では、花がなくなる2月以降も芽や葉柄基部のすき間に成幼虫の寄生がみられる。TSWV発生地域では、キクの親株も本ウイルスに感染しているケースが確認された。この親株から採集した穂は高い確率で本ウイルスに感染しているおそれがある。また、感染株で発育したミカンキイロアザミウマは10%～数十%の確率で本ウイルス病を体内にもっており（「保毒」という）、これらが翌春以降、周辺圃場にウイルス病を媒介する可能性が高い。

TSWVは7種類のアザミウマ類が媒介するが、ミカンキイロアザミウマがもっとも媒介効率が高い。感染した植物上で幼虫が発育するさい、幼虫が植物の摂食とともにウイルス粒子を体内に取り込み、腸表皮上でウイルスが増殖する。増殖したウイルスはアザミウマの唾液腺に移行し、摂食のたびに何度でもウイルスを媒介するようになる。

③発生しやすい条件

露地栽培のキクでは、本種の発生が多い5～7月に被害が増加し、作型によって異なるが、芽や花に被害が発生する。ハウス栽培では露地

での発生前の3月から密度が増加しはじめ，3〜4月にも被害が発生する。

被害のあった地では，品種により発生密度の異なる傾向があるといわれるが，詳細は不明であり，今後検討が必要である。

(3) 防除法

①防除のポイント

1) 施設では開口部に防虫ネット（1mm目以下）を張り，侵入を防止する。目合いは細かいほうが侵入防止効果があるが，通気性も低下する。最近では赤色ネットがネギアザミウマやミナミキイロアザミウマの侵入防止効果が高いことが確認されている。しかし，本種には効果は低いようである。

2) 未発生地域では，本種が発生している地域から苗や株を持ち込まない。

3) 野外の発生密度が高い5〜7月には，定植直後から薬剤散布を行なう。本種は膜割れと同時に蕾内に侵入し，防除がむずかしくなるため，着蕾後は7日間隔で数種の薬剤をローテーション散布する。

4) 収穫後，不必要な株はすみやかに処分する。また，親株は必要最小限だけ養成し，花を可能なかぎり除去し，月に1回以上の薬剤散布を行なう。

5) 本種の発生した施設では，土壌消毒を行なうか，施設を密封して次作の定植まで10日以上あけ，蛹または成虫を死滅させる。

6) 観賞用の花卉類や雑草は発生源となるので，圃場周囲から除去する。冬期も雑草は本種の越冬場所となっているので，除草に努める。

7) 圃場周辺ではTSWVの寄主植物となるナス科，マメ科，キク科の作物の栽培を避ける。

8) 圃場内で本ウイルスの発病した株はすみやかに処分する。

9) TSWV発生地域では，親株を定期的に更新するとともに薬剤防除を実施する。

②防除の実際

ミカンキイロアザミウマは薬剤が効きにくい害虫である。そこで，前述の各種の対策を総合的に実施する必要がある。

キクで利用できる有効な薬剤はアベルメクチン系殺虫剤（アファーム乳剤，アグリメック），スピノシン系殺虫剤（ディアナSC，スピノエース顆粒水和剤），METI系殺虫剤（ハチハチ乳剤），クロルフェナピル（コテツフロアブル）およびピラゾール（プリンスフロアブル）がある。ただ，これらの殺虫剤でも地域によっては効果が低下している場合もあるので，散布後の発生状況に注意するとともに，同一薬剤の連続使用をひかえる。

③防除上の注意

施設では開口部に防虫ネットを張ると圃場内部の温度が上昇しやすいので注意する。

TSWVの発生が確認された地域では，さらに防除対策の徹底が望まれる。

(4) 今後の課題

ミカンキイロアザミウマの侵入当初は有効な薬剤が少なかったことと，発生生態が不明であったことから防除対策が確立しておらず，国内の多くの地域でミカンキイロアザミウマの被害が発生した。しかし，多くの侵入害虫と同様に，防除対策の確立などにより現在では比較的被害が少なくなってきている。

ただし，施設栽培の花卉類では現在も被害が発生しやすい。花卉類では本種の被害が商品価値を直接左右するため，発生を低密度に維持する必要がある。そのためには，薬剤防除だけでなく，いろいろな防除対策に総合的に取り組む必要がある。ただし，薬剤防除は抵抗性発達と新規農薬開発とのいたちごっこで中核技術とならないおそれがある。今後，新たな防除技術の開発が望まれる。

執筆　片山晴喜（静岡県農林技術研究所）

黄 斑 症

(1) 発生状況

白系輪ギクの'精興の誠'は9～10月収穫の作型で，中下位葉に黄色または白色の斑点（第1図）が発生し大きな問題となっている。この症状は生産現場で黄斑症または黄斑点症などと呼ばれている。

以前から，高温期に収穫するスプレータイプのキクに発生することが知られていたが，輪ギクでも'精興の誠'だけでなく多くの品種で発生が認められ，多少なりとも黄斑が発生する品種も含めれば，キク全品種の約半数以上を占めるともいわれている。白系輪ギクで生産量がもっとも多い'神馬'でも栽培条件によっては発生が認められる。

黄斑症の発生部位を顕微鏡で観察すると，第2図に示したように表皮細胞は崩壊しておらず，葉緑体のみ崩壊していた。さらに，柵状組織ではなく，海綿状組織から崩壊しているのが観察された。そのため，発生初期には葉の裏から観察するとわかりやすい。この点で，アザミウマ類などによる虫害とは区別できる。

赤色LED撮影装置により黄斑発生初期を検出し，黄斑発生部の形態を発生度別に生切片を作製し観察した。黄斑発生初期には海綿状組織で，重度黄斑発生部では柵状組織でも葉緑体の崩壊が観察された。黄斑発生は海綿状組織から進行すると考えられる。

①品種間差

輪ギクとスプレーギクを含めて10品種の品種間差を調べたところ，黄斑発生度（0～4の5段階評価，第3図）は第1表に示したように明確な品種間差が認められた。年度や季節によって黄斑発生度に大小はみられたが，黄斑発生の容易さは変動しなかった。いずれの条件でも

第1図　黄斑が発生した葉

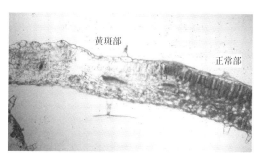

第2図　黄斑発生葉の断面写真

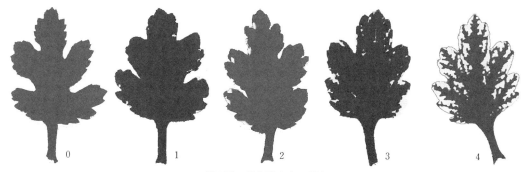

第3図　黄斑発生度の判定

0：発生せず，1：わずかに発生，2：葉縁全体に発生，3：葉身に発生，4：葉全体に発生

キクの栽培技術と経営事例

第1表 品種および栽培時期が黄斑発生に及ぼす影響

タイプ	品種	着生位置	栽培時期 2006年夏	2006年冬	2007年夏
輪ギク	精興の誠	上位葉	×	×	×
		下位葉	◎	△	○
	精興の勝	上位葉	×	×	×
		下位葉	×	×	×
	精興飛翔	上位葉	×	×	×
		下位葉	△	×	△
	精興万里	上位葉	×	×	×
		下位葉	○	△	△
	精興光明	上位葉	×	×	×
		下位葉	×	×	×
	精興粋心	上位葉	×	×	×
		下位葉	△	△	○
スプレーギク	ウィンブルドン	上位葉	○	○	○
		下位葉	◎	×	◎
	ウィンブルドンサーモン	上位葉	○	○	○
		下位葉	◎	×	◎
	セイジェニック	上位葉	×	×	×
		下位葉	◎	×	◎
	セイサイファー	上位葉	○	×	×
		下位葉	◎	×	△

注 ◎黄斑が著しく発生，○黄斑が一様に発生，△黄斑がわずかに発生，×黄斑が発生せず

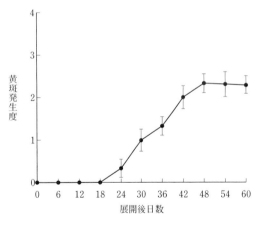

第4図 展開直後の葉身における黄斑の進行状況
7月25日展開，品種：精興の誠

黄斑が発生しない品種が存在することから，黄斑発生には遺伝的な要因が大きく関与していると考えられる。

②症状の進行

葉身に斑点が生じる生理障害は他の植物でも発生しており，セントポーリアでは葉温の急激な変化で黄色や茶色のリーフスポットとよばれる斑点が1日以内の短期間で発生する（前川ら，1987）。

黄斑がもっとも発生しやすいといわれている高温条件下で，展開直後の葉の黄斑発生の進行状況を表わしたのが第4図である。'精興の誠'の黄斑は視覚的に初めて観察されたのが展開24日後であった。その後，日数が進むにつれて黄斑の発生は進行し，調査開始42日後には黄斑発生度2に達したが，それ以降，ほとんど進行しなかった。このことから，セントポーリアの場合と異なり，キクでは長期間にわたり発生条件に遭遇しないと黄斑は発生せず，葉の成熟が終了するまでその感受性は継続するものと考えられる。このことが黄斑症の発生要因をわかりにくくしている最大の要因であると考えられる。

③季節変動

'精興の誠'の定植期ごとの黄斑発生様相を第5図に示した。いずれの定植期にも黄斑が発生したが，黄斑発生には季節変動がみられ，生育期が高温強光期に当たる3〜7月定植区で黄斑の発生度が高かった。また，低温弱光期で発生度が低かった。これらのことから黄斑の発生に環境条件が大きく影響しているものと考えられる。

(2) 発生要因

①温度と光条件

長菅ら（2008）は，温度勾配実験施設（グラディオトロン）を利用して，同一日射量における温度の影響を詳細に検討した。'精興の誠'の黄斑発生は高温遭遇によって促進されるこ

と，高温遭遇後の温度変化が大きくなるほど黄斑の発生はさらに増大すること，高温遭遇後には低温条件下であっても発生することを明らかにしている。

そこで，黄斑発生程度と温度と日射量の関係を詳細に調査した。'精興の誠'と黄斑発生がより顕著である'精興の望'（第6図）とも，黄斑発生は高温・強日射のときに多くなり，その関係は重回帰式で表わすことができた。

ところが，平均気温30℃以上では黄斑発生は抑制され，発生温度の上限があることが示唆された。また，夜温（17：00～8：30）を30℃，25℃とした場合，黄斑発生度は30℃区と比較して25℃区で有意に高くなった。いずれの場合も，生育が抑制されるほどの長期間の高温条件下では，黄斑発生が抑制されたことから，生育が旺盛な環境条件の外的要因により黄斑発生は助長されると考えられた。

また，培地温度の影響も検討した。'精興の誠'を6月14日～8月10日まで培地温度を35℃，30℃とした。培地温度による黄斑発生日や発生度への影響はみられなかった。

②接ぎ木

黄斑が発生しない'精興の勝'を穂木にした場合，台木が'精興の誠'でも黄斑は発生しなかったが，'精興の誠'を穂木にすると台木が'精興の勝'でも黄斑が発生した。以上の結果，上記に示した地下部の温度は黄斑発生に影響しなかったことも含めて考えると，黄斑発生には葉そのものに生じる要因の影響が大であること

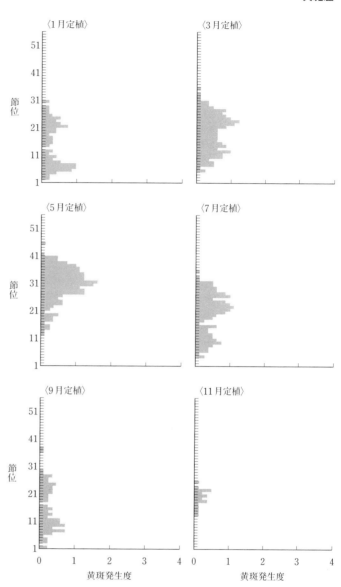

第5図 定植時期が黄斑発生に及ぼす影響
各月25日定植，定植90日後調査，品種：精興の誠

が判明した。

③養水分条件

灌水頻度 コンテナで栽培した'精興の誠'に点滴灌水装置を用いて，十分に給液して育てた場合と水ストレスを与えた場合を比較したところ，給液頻度が高いほど黄斑発生度が高くなった。強い水ストレスがかかっている植物では黄斑の発生が認められなかった。

キクの栽培技術と経営事例

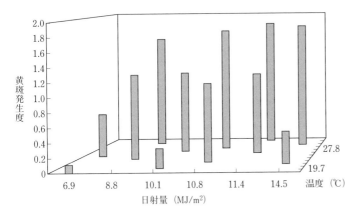

第6図 気温と日射量が精興の誠の黄斑発生に及ぼす影響
重回帰係数：0.7701
黄斑発生度＝0.083×日射量＋0.113×気温－2.794

培地 '精興の誠'をピートモスと砂を3：1に混合したピートモス砂混合培地（ピート砂区）と堆肥を含んだ砂壌土（砂壌土区）に定植したところ，養分を多く含んでいる砂壌土区でピート砂区より黄斑発生度が大きかった。

また，培地や灌水する液肥のpHを5〜7の範囲で変えて実験をしたが，黄斑発生に大きな違いは認められなかった。

液肥濃度 液肥濃度の影響を調べるため，完全培養液の一つである園試処方培養液を用い，N：0〜300ppmの範囲で希釈した液肥を与えたところ，液肥濃度が高いほど黄斑は広範囲に発生し，かつ発生度も大きかった。水のみを灌水した場合，黄斑は発生しなかった。

無機養分欠如 園試処方培養液1/3濃度を基準にして，N，P，K，Ca，Mg，Feのうち1種のみを0ppmにした6種の液肥を作製し，それぞれ3，14日処理を行なったところ，N欠如区では黄斑がまったく発生しなかった。その他の養分欠如区では黄斑が発生したが，処理区の間に違いは認められなかった。

無機養分過剰 園試処方培養液1/3濃度を基準にして，N，P，K，Ca，Mg，Feのうち1種のみを3倍の濃度にした6種の液肥を作製し，それぞれ3，14日処理を行なったところ，いずれの養分過剰でも黄斑は発生した（第7図）。処理期間が長いほど黄斑の発生は著しかった。

田中ら（2004）は，リン酸の含有量が多い土壌で黄斑発生が顕著であり，リン酸を吸着する浄水ケーキを添加すると黄斑の発生が減少したことから，リン酸過剰症の一面があると報告しているが，黄斑発生を完全には説明できなかった。筆者らは培地にほとんど養分を含まないピート砂培地でも，年間を通して黄斑が発生したこと，液肥濃度が高いほど発生が顕著であること，特定の無機養分を欠如させても過剰に与えても黄斑の発生に違いが認められなかったことから，リン酸過剰は黄斑発生の一要因にすぎないと考えている。

④その他の発生要因
この黄斑症状には高温や強日射の環境要因が大きく関与している（後藤ら，2005；Oki et al.，2007）ことが判明したが，その他のさまざまな環境要因も黄斑発生に影響を及ぼすことが判明している。現在までに筆者らが検討した環境条件の結果を紹介する。

ウイルスやウイロイド 黄斑症の発生要因として，以前にはウイルスやウイロイドによる可能性も指摘されていたが，特定のウイルスを断定できないこと，ウイルスフリー株，ウイロイドフリー株でも黄斑が発生するうえに，ウイロイドフリー株で黄斑発生が顕著になった（未発表）ことから，現在，ウイルスやウイロイド説は否定されている。

花芽形成 シェードを行ない花芽分化させたものと，暗期中断で花芽分化させないものの黄斑発生度を比較したが，違いはほとんどみられなかった。

摘心 摘心した区と摘心しない区を設け，主枝から発生する側枝はすべて除去した。摘心区，無摘心区とも著しく黄斑が発生した。摘心区より無摘心区で黄斑がわずかに多かったが，その違いは小さかった。

⑤光過剰障害の可能性

一般に植物体は過剰な光条件にさらされると，植物体内で活性酸素が多量に発生し，その結果，葉の一部や植物体全体が枯死することが報告されている。キクに発生する黄斑も，高温強日射下で発生が著しいことから，光過剰障害，すなわち活性酸素によるものではないかと考えている。ところが，キク品種のなかには，'精興の勝'のように黄斑がまったく発生しない品種がある。この品種間差は，光過剰障害に対する抵抗性の差として現われているのではないかと考えている。

(3) 発生防止対策

①栽　培

黄斑発生に関与する諸条件の影響を第2表に示した。この表を見ると，さまざまな環境要因や栽培条件が黄斑発生に関与していることがわかる。

実際の栽培現場では，夏期高温を経過した株や，同じ栽培地のなかでも西日を強く受ける葉で黄斑の発生が顕著であることが知られている。このことも，黄斑発生にもっとも影響の大きい環境要因が高温強日射であることを裏付けている。栽培上，黄斑発生を軽減するには，第2表で示した条件に遭遇する期間を減らすことが重要であろう。例をあげると，ハウス内が異常な高温にならないように換気を十分行なう，急激な環境条件（とくに光と温度）の変化を避

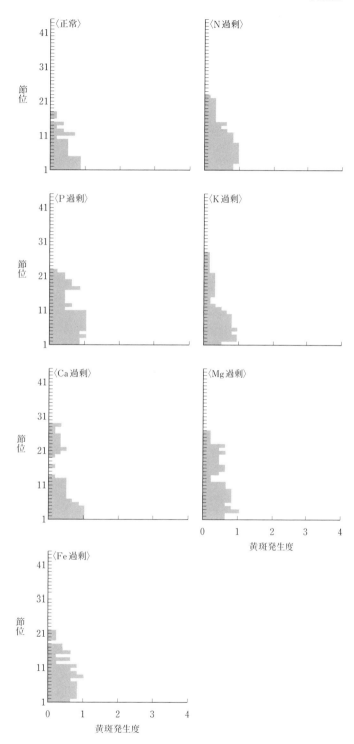

第7図 無機養分過剰が黄斑発生度に及ぼす影響
それぞれの無機養分を14日間過剰に与えた

第2表　黄斑発生に及ぼす環境要因および栽培条件の影響

要　因	黄斑発生に関与する程度	発生しやすい条件
光	◎	強光，光強度の変化
温度	◎	高温，温度変化
培地	○	養分豊富，保水性大
pH	△?	pH4～8では関係なし
灌水頻度	○	過湿，灌水頻度が高いとき
施肥方法	○	高濃度液肥
養分欠乏	△	とくになし
養分過剰	○	過剰期間が長い場合
花成	△	とくになし
摘心	△	とくになし
接ぎ木	△	穂木の影響大

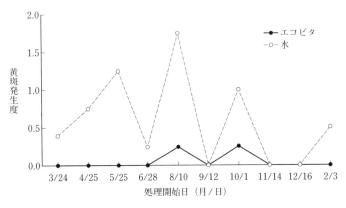

第8図　1年間にわたるエコピタ散布が精興の望の黄斑症に及ぼす影響

第3表　エコピタの散布が精興の誠の黄斑発生に及ぼす影響
(後藤ら，2016)

処理物質	散布頻度	黄斑発生平均値
水	2日ごと	0.57b
	5日ごと	0.57b
エコピタ100倍希釈溶液	2日ごと	0.1a
	5日ごと	0.27a

注　表中の異なる英文字はTukeyのHSD検定で有意であることを示す（$p<0.05$）
発生度を0～4の5段階で評価したものの平均値
0：発生なし，1：わずかに発生，2：葉の一部に発生，3：葉の半分に発生，4：葉の大部分に発生

ける，養水分を過剰に与えすぎない（適正な養水分管理を行なう）ことなどがあげられる。

②散布剤

黄斑症の発生は活性酸素による可能性があるので，黄斑症を軽減させるため，活性酸素系消去物質を含むさまざまな物質（過酸化水素，酸化チタン，キトサン，アスコルビン酸，アミノレブリン酸，2,6-ジクロロイソニコチン酸，殺ダニ剤（粘着くん，エコピタ））を散布した（四谷ら，2013；八木ら，2014）。これらの物質のなかで，酸化チタン，キトサン，粘着くん，エコピタで黄斑発生度が減少する傾向がみられた。酸化チタンは葉面に白粉末が残るので実用的ではなく，キトサンは薬害が生じることがあった。そこで，粘着くん，エコピタについて比較検討したところ，粘着くんでは薬害が発生しやすいため，エコピタのほうが望ましかった。

後藤ら（2016）は実用的に使用するために，エコピタ100倍（有効成分0.6％）希釈溶液の黄斑発生軽減効果を年間を通して調査した。エコピタ100倍を散布することにより，黄斑の発生は年間を通して著しく抑制された（第8図）。散布頻度は2日ごとのほうが安定的に効果を得られるが，労力を考慮すると5日ごとのほうが実用的と考えられた（第3表）。

エコピタ成分の植物内移行効果を調べるために，葉の左右にそれぞれ水とエコピタ100倍希釈溶液を筆で塗布したところ，エコピタは塗布した部分のみで黄斑発生を抑制し，その効果は同一葉内でも移行しないことが明らかになった。今後，エコピタによる黄斑症抑制機構を解明する必要がある。

③育　種

'精興の誠'にγ線を照射したものから黄斑発生状況，花形などを基準に選抜した系統と'精興の誠'とを比較したところ，選抜系統はいずれの定植期でも'精興の誠'より黄斑発生

が著しく少なく，放射線による軽減系統の育成が可能であることが明らかとなった（後藤・花本，2004）。このことも，黄斑発生に遺伝的要因が関与していることを立証している。'精興の勝'のように，いずれの条件下でも黄斑が発生しない品種を利用した育種も黄斑発生防止の一つの方向であろう。

　執筆　後藤丹十郎（岡山大学）

参 考 文 献

後藤丹十郎・花本央義. 2004. γ線によるキク'精興の誠'の黄斑軽減系統の作出. 園学雑. **73**(別2)，442.

後藤丹十郎・沖章紀・景山詳弘. 2005. 培地および定植期がキク'精興の誠'の黄斑発生に及ぼす影響. 岡山大学農学部学術報告. **94**，15—18.

後藤丹十郎・片岡宏美・八木祐貴・田中義行・安場健一郎・吉田裕一. 2016. 異なる環境条件におけるデンプン剤がキク黄斑症の発生抑制に及ぼす影響. 日本生物環境工学会2016年金沢大会講演要

旨. 214—215.

前川進・鳥巣陽子・稲垣昇・寺分元一. 1987. セントポーリア葉の温度低下に伴う障害について. 園学雑. **58**，484—489.

Oki, A., T. Goto, K. Nagasuga and A. Yamasaki. 2007. Effect of Nutrient Levels and Mineral Composition on the Occurrence of Yellow-leaf-spot in Chrysanthemum. Sci. Rep. Fac. Agri. Okayama Univ. **96**，43—48.

長菅香織・後藤丹十郎・沖章紀・矢野孝喜・山崎博子・稲本勝彦・山崎篤. 2008. 温度環境がキク'精興の誠'の黄斑発生に及ぼす影響. 園学研. **7**，235—240.

田中英樹・小久保恭明. 2004. 秋ギク「精興の誠」における葉の黄斑点症の発生に及ぼすリン酸とマンガンの影響. 愛知農総試研報. **36**，53—57.

八木祐貴・後藤丹十郎・森美由紀・田中義行・安場健一郎・吉田裕一. 2014. デンプン剤散布によるキクの黄斑症の発生軽減. 園学研. **13**（別2），282.

四谷亮介・後藤丹十郎・森美由紀・難波和彦・江口直輝・吉田裕一. 2013. キクの黄斑症を軽減する物質の探索. 園学研. **12**（別1），198.

キクの開花に悪影響を及ぼすことなく適用可能なLED黄色パルス光によるヤガ類防除

(1)「防蛾効果」と「開花遅延なし」を同時に解決

①殺虫剤の散布に代わる物理的防除法

農作物に甚大な被害を及ぼすオオタバコガやハスモンヨトウなどのヤガ類（第1図）は、薬剤抵抗性が発達しやすい難防除害虫である。さらに、これらのヤガ類は夜行性であることから昼間見つけにくいうえに、キクやカーネーションなどでは、幼虫が一度花蕾に潜り込んでしまうと、化学合成農薬（殺虫剤）がかかりにくいことも、防除をむずかしくしている。このため、生産現場では殺虫剤の散布に代わる物理的防除法の確立が望まれてきた。

②黄色蛍光灯による防除

黄色蛍光灯による夜間照明は、1960年代後半に果実吸蛾類に対する防除技術として、まず果樹栽培で開発・導入が始まった。アケビコノハやアカエグリバなどに代表される果実吸蛾類は、成虫が果実に直接的な吸汁被害を及ぼす。その後、1990年代後半以降、防除対象害虫は果実吸蛾類からキク、カーネーション、バラ、オオバ、スイートコーン、ナス、イチゴなどの多くの農作物を加害する前述のヤガ類へと変遷・拡大していった。

③キクでも使える防蛾照明の開発

夜間照明は代表的な物理的防除法の一つであり、前述のヤガ類は成虫の飛来を防止して産卵を防ぐことにより、農作物へ直接的な被害を及ぼす次世代の幼虫を減少させる効果がある（八瀬、2003）とされている。しかし、多くが短日植物である切り花ギクは、通常の夜間照明によって開花時期が著しく遅延する（第2図）こと

第1図 多くの農作物に甚大な被害を及ぼしているヤガ類
オオタバコガ（左上：成虫，右上：幼虫），ハスモンヨトウ（左下：成虫，右下：幼虫）

キクの栽培技術と経営事例

第2図　黄色蛍光灯による終夜照明で栽培したキクに発生した開花遅延のようす
黄色蛍光灯（パナソニック株式会社製，FL40S・Y-F）は右上矢印，品種：セイローザ，定植日：1997年8月22日，照明期間：8月22日〜11月25日，撮影日：11月1日，黄色蛍光灯の設置高：うね面から1.5m

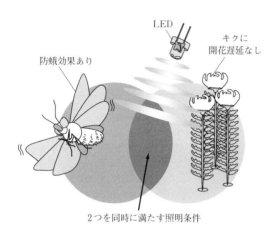

第3図　防蛾を目的とする照明に必要な条件

に加えて，切り花品質が低下してしまうため，キクに向けて光を直接照射するような照明を行なうことができなかった。

そこで，さまざまな実験を通じて切り花ギクの栽培にも適用可能な防蛾照明技術の開発を目指し，「防蛾効果あり」「キクに開花遅延なし」という二律背反する課題を同時に解決するために必要となる照明条件（第3図）の探索に取り組んだ。その結果，特定のパターンの点滅光（パルス光）が有効であることを突きとめた。具体的には，発光ダイオード（LED）をON-OFFさせて得られる，黄色パルス光を活用することで，オオタバコガとハスモンヨトウに対して優れた防除効果があること，加えて，切り花ギクの開花時期や切り花品質には営利栽培上

の問題となるような悪影響は見られないことを確認した。

＊

ここでは，一連の研究に基づいて見出した黄色パルス光のメリットや現地実証の結果などを中心に，今後の展望を含め，現段階での成果を紹介する。なお，紹介する内容の一部は，農林水産省の新たな農林水産政策を推進する実用技術開発事業「課題名：キクのエコ生産を実現するLEDを用いた防蛾照明栽培技術の開発（2008〜2010年）」を活用して実施したものであり，金沢工業大学工学部，千葉大学大学院園芸学研究科，兵庫県立農林水産技術総合センター，関連企業，広島県立総合技術研究所による共同研究の成果である。

なお，紹介する一連の研究成果は，ある受光面でのスペクトロラジオメータによる分光放射照度の計測結果を用い，供試光源がどのような波長を，どのような割合で放射しているかを示した。このため，分光放射照度の計測結果に関する図中の縦軸は，「相対分光放射照度」と表記している。また，紹介する一連の研究では，分光分布の異なる光源を用いている。分光分布が異なる光源の放射する光エネルギーを比較する場合，一般的な照度計では正確に定量できない。したがって，とくに記載のない場合の光エネルギーの測定には，400〜800nmの波長域の分光応答度がフラットレスポンスであるスペクトロラジオメータ（センサーRW-3703-4と本体X1-1，Gigahertz-Optik社製）を用いた。また，使用したスペクトロラジオメータは，設定したパルス光の点滅速度に追従（応答）できないため，パルス光の放射照度を測定できない。このため，各実験での放射照度は供試したLEDを一時的に連続点灯した状態で測定した。

(2) 照明条件の探索

①光質と切り花ギクの開花反応特性
赤色光はキクの開花抑制作用に優れる波長

(Cathey and Borthwick, 1957・1964) とされている。このことから，近年では，キクの開花調節（開花抑制）を目的として使用されてきた白熱電球の代替光源の一つとして，赤色光を放射するキクの電照用LED電球が市販されている。ところが，赤色光はヤガ類成虫の複眼に対して刺激力が小さく（平間ら，2002；藪，1999），ヤガ類成虫にとっては視認しにくい波長の一つとされている。このため，防蛾を目的とする照明は，赤色光を利用することができない。

一方，オオタバコガやハスモンヨトウなどのヤガ類に対する夜間照明を利用した物理的防除法は，580nm付近に最大波長を有する黄色蛍光灯による照明の有効性（田中ら，1992；矢野，1992；八瀬ら，1996・1997）が報告されている。しかし，市販されている黄色蛍光灯は，防蛾には不要な光も多く放射している。加えて，防蛾に有効とされる黄色光自体がキクに対し，どの程度の開花抑制作用をもつのかを，ほかの光の波長（光質）と比較検討した報告は少ない。

そこで，限られた光の波長を放射する（半値幅の狭い）LEDを用いて実験を行なった。具体的には463nm（青色光），519nm（緑色光），576nm（黄緑色光），597nm（黄色光），646nm（赤色光）をピーク発光波長とする5種類のLEDを選定するとともに，これらのLEDによる照明下でキクを栽培することで，防蛾に有効とされる黄色光自体がもっている開花抑制作用（発蕾抑制作用）が，ほかの波長の光と比較して，どの程度であるかを調べた。その結果，防蛾，あるいはキクの開花調節（開花抑制）の観点から重要と考えられる黄緑，黄，赤色光を照射した場合の発蕾所要日数には，放射照度をもっとも低く設定した10mW/m^{2}で有意な差が見られたものの，50および100mW/m^{2}では有意な差は見られなかった（第4，5図）。また，切り花長，切り花重，切り花節数についても有意な差

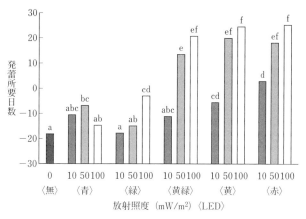

第4図　異なる相対分光放射照度のLEDを用いた暗期中断時の放射照度が秋ギク神馬の発蕾所要日数に及ぼす影響

発蕾所要日数は，暗期中断を終了した2008年1月7日から発蕾日までの日数を示し，1月7日より前に発蕾した場合はマイナス値で示す
図中の同一英小文字間にはTukeyのHSD検定により5％水準で有意な差がないことを示す（n＝3）
放射照度は各種LED点灯時のキク茎頂付近における値を示す
図中の左下の〈無〉は定植後に自然日長下で管理した無処理区を示す

第5図　異なる相対分光放射照度のLEDを用いた暗期中断の終了日から8日後の10mW/m^{2}における秋ギク神馬の生育状況

が見られなかった（データ省略）。このことは，これら3種類のLEDが放射する光は，少なくとも50〜100mW/m^{2}の放射照度域で，ほぼ同等の発蕾抑制作用を有しており，切り花形質に及ぼす影響についても差はないことを示している。したがって，576，あるいは597nmにピーク発光波長を有する黄緑色光と黄色光は，優れ

キクの栽培技術と経営事例

た開花抑制作用を有するとされる赤色光と同様に，切り花ギクの開花時期を計画的に遅らせるために適した光であると考えられた。これを裏返せば，防蛾を目的として夜間照明を用いる場合には，限られた光の波長を放射するLEDを用いることで，たとえ防蛾に不要な光（たとえば赤色光）を取り除いて照明したとしても，キクへの影響をゼロにはできないことがあきらかとなったのである。

②アイデアの着想（パルス光の利用）

切り花ギクの栽培では，開花抑制を目的としたサイクリックライティング（間欠照明）という照明技術がある。所定の時間で点灯と消灯を繰り返す節電型の照明技術でもあり，ON時間とOFF時間との割合によって，開花への影響が異なることが知られている。具体的には，OFF時間の割合が大きいほど，開花抑制作用は低下する。以上を踏まえ，ON時間とOFF時間の最適な割合を探り当てることができれば，キクの開花に悪影響を及ぼすことなく適用できる防蛾照明技術の開発に繋がるかもしれないというアイデアを着想するに至った。

③素早いON-OFFにも対応できるLED

LEDは多くの優れた特性をもっている。よく知られているのは，白熱電球や蛍光灯などの光源と比較して，発光効率（lm/W）に優れ，低消費電力であることである。そのほかにも，特定の光の波長を照射できることに加えて，素早いON-OFFを繰り返すような制御（点滅制御＝パルス制御）にも対応可能である。具体的には，一般的なLEDの応答速度は$1\mu s$（0.000001秒）ときわめて速く，点滅光（パルス光）の照射に適した光源である。白熱電球では消灯状態から点灯状態となり，しっかりと明るくなるまでに0.1〜0.2秒かかるが，LEDはほぼ瞬時にパッと明るくなる。また，LEDはしっかりと明るくなった点灯状態から完全に真っ暗の消灯状態となるのも速い。なお，LEDはたとえ頻繁にONとOFFを繰り返したとしても，白熱電球のように寿命が短くなることはない。

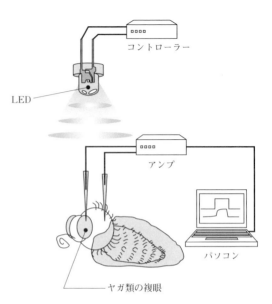

第6図　網膜電位計測システムの概要
ヤガ類成虫の複眼に光を照射すると，複眼内部に微弱な電圧が発生する。これを増幅して解析することによって，与えた光を強く認識しているか否かを迅速かつ正確に判定することができる

④ヤガ類成虫の視覚特性の解明

ところが一概にパルス光といっても，点滅のスピードやON時間とOFF時間の組合わせは無限に存在する。そこで，独自の解析手法である網膜電位計測システム（第6図）を保有する金沢工業大学工学部の協力を得ながら，まず，ヤガ類成虫の視覚に対し，より強い刺激力をもった点滅パターンの絞り込みに取り組んだ。その結果，ON時間とOFF時間の割合が1：1から1：4の黄色パルス光を照射することで，より強い刺激を与えることが可能であり，また，0.04秒以上のOFF時間の確保が重要であることが判明した。さらに，これらの特徴をもつ黄色パルス光に対し，オオタバコガとハスモンヨトウの2種がほぼ同様な視覚特性を示したことから，当該2種は同一パターンの黄色パルス光で防除できる可能性が高いことを見出した（石倉ら，2010）。

⑤ヤガ類成虫の行動特性の解明

次に，数パターンに絞り込んだ黄色パルス光を照射すると，ヤガ類成虫はどのような行動を示すのかを室内実験で検証した。具体的には，

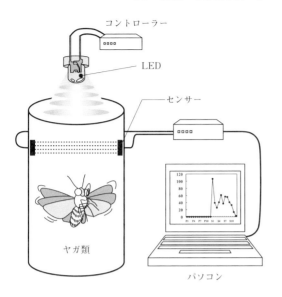

第7図　アクトグラフシステムの概要
ヤガ類成虫に光を照射すると、照射光のもつ飛翔行動抑制効果が高い場合は、センサー間の遮断回数が少なく記録される。逆に効果が低いと成虫は盛んに飛び回るので遮断回数は多く記録される。これを解析することで照射光による飛翔行動抑制効果を判定することができる

第8図　異なるON/OFF比の黄色パルス光による終夜照明下で栽培した秋ギク神馬の開花状況
LEDを一時的に連続点灯したときのキク茎頂付近における放射照度：20mW/m^2（無処理区を除く），定植日：2009年11月23日，照明期間：11月23日〜2010年2月21日，温度管理：15℃加温，撮影日：2010年1月18日

ヤガ類成虫の行動解析の分野で実績のある千葉大学大学院園芸学研究科の協力の下で、アクトグラフシステム（第7図）による検証実験に取り組んだ。その結果、ON時間とOFF時間の割合が1：2、あるいは1：4の黄色パルス光を照射すると、ヤガ類成虫の飛翔行動を確かに抑制できることが検証できた。さらにこれらの割合をもった黄色パルス光は、従来の黄色連続光と比較して、持続性の高い飛翔行動抑制効果（照明に対する"慣れ現象"防止効果）が得られることを突きとめた（尹ら，2012）。

⑥キクの開花特性の解明

続いて、ヤガ類成虫の視覚特性と行動特性の解明と対応したON時間とOFF時間の割合を設定し、黄色パルス光下におけるキクの開花への影響を調べた。その結果、ON時間とOFF時間の割合が1：4から1：8の黄色パルス光であれば、主要な秋ギクの一つである'神馬'の開花に悪影響を及ぼすことなく適用できることがあきらかとなった（第8図）。また、照明時における茎頂付近の放射照度は、最大でも35mW/m^2（15lx相当）に留める必要があることも判明した（石倉ら，2012）。

照明時の放射照度に対するキクの開花反応は、品種によって異なることが知られている。これを踏まえ、ON時間とOFF時間の割合が1：4の黄色パルス光を'神馬'以外の輪ギク、小ギク、スプレーギクの合計18品種に対し照射した場合の影響を検証した。その結果、営利栽培上の問題となるような大きな影響を及ぼすことなく適用できる放射照度の範囲が存在することがあきらかとなった（石倉，2014）。具体的には、18品種のうち15品種については、最大でも20mW/m^{2}に留めることで発蕾、開花、切り花形質に悪影響なく適用可能であることを確認した。また、黄色パルス光が適用できる放射照度の上限値は、黄色の連続光と比較して、大きいことがあきらかとなった。

⑦キク圃場周辺の農作物への影響軽減

キクに防蛾照明技術を導入するにあたって

キクの栽培技術と経営事例

第9図　黄色光による終夜照明がコシヒカリの出穂に及ぼす影響
左：連続光区，右：パルス光区（ON時間とOFF時間との比率が1：4），播種日：2013年4月13日，田植え日：5月13日，照明期間：5月13日～9月6日，撮影日：8月16日

は，周辺圃場にイネやダイズなど，キクと同様に夜間照明に対し敏感に反応する農作物が栽培されている場合も多い。そこで，イネとダイズに対し，ON時間とOFF時間の割合が1：4の黄色パルス光を照射した場合の出穂や開花に及ぼす影響を検証した。その結果，'コシヒカリ'は'ヒノヒカリ'と比較して黄色光に対し敏感に反応することがあきらかとなった（石倉ら，2016）。また，両品種の田植え日からの出穂所要日数は，同一の放射照度では連続光区と比較してパルス光区で小さく，黄色パルス光を採用することで出穂遅延の発生が軽減できることが検証できた（第9図）。具体的には，放射照度を20mW/m²以下に留めることで，実用上の問題となる出穂遅延の発生はおおむね回避できると考えられた。

一方，ダイズについては，'あきまろ'では放射照度を19mW/m²以下に留めることで，'サチユタカ'では放射照度が45mW/m²であっても，開花遅延の発生を抑制できるものと推察された（貝淵ら，2016）。

(3) LEDランプの試作と現地実証

① LEDランプの試作

関連企業の協力を得て，これまでに得られた知見に基づき，第10図に示した相対分光放射照度の黄色LEDを実装したLEDランプ（第11図）を試作した。試作したLEDランプは，専用の電子回路を内蔵しており，既存の防水ソケット（口金：E26）に装填し通電することでON時間とOFF時間の割合が1：4の黄色パルス光を放射することができる。また，1灯を高さ1.8mに吊り下げて点灯すれば，直下から半径3m以内の地面で，防蛾に有効とされる照度の下限値1～2lx（内田ら，1978；藪，1999）（1.2～3.2mW/m²相当）を上回る放射照度2.6～9.1mW/m²を確保できる。さらに，主要な秋ギク'神馬'に有意な影響を及ぼすことなく適用できる放射照度の上限値が35mW/m²という前述した知見に基づき，LEDランプ直下の地面からの高さが1mの位置でも，放射照度が35mW/m²を大きく超えないように配光性を工夫した。

②現地実証

農業技術指導所（旧：農業改良普及所）や地

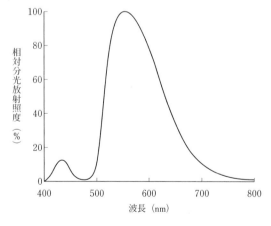

第10図　供試した黄色LEDの相対分光放射照度

キクの開花に悪影響を及ぼすことなく適用可能なLED黄色パルス光によるヤガ類防除

第11図　試作したLEDランプ（AC100V対応）
既存の防水ソケット（E26）に装填して通電することにより，ON時間とOFF時間の比率が1：4の黄色パルス光を放射する

第12図　現地露地ギク圃場における試作LEDランプ点灯時のようす（広島県）
撮影日：2010年7月9日

元のJAなどから聞き取りを行ない，対象害虫としたオオタバコガやハスモンヨトウ幼虫による食害発生が，例年多く見られる露地ギク圃場を選定し，試作したLEDランプによる被害防止効果と，オオタバコガ，ハスモンヨトウの性フェロモントラップを用いて誘引虫数の低減効果を調査した。

実験は，秋ギク'精の波'を2010年5月31日に株間10cm×条間45cmの2条で定植し，3本仕立てで管理している広島県庄原市西城町の露地ギク圃場で行なった（第12図）。供試光源として，前述のLEDランプ（第11図）を用いた。無処理（LEDランプなし）区とパルス光区の2区を設け，両区の間に9mの距離を確保して，無処理区にパルス光が干渉しないようにした。パルス光区では，うね地表面からの高さが約1.8mの位置に6mの間隔で，調査対象としたキクを取り囲むように，LEDランプを6個配置し，7月1日〜9月29日までの期間，毎日17時〜翌朝7時まで終夜照明した。パルス光区の点灯方式は，6個のLEDランプすべてがタイミングを合わせてパルス点灯する同期方式とした。無処理区では，定植日以降を自然日長下で管理した。なお，防蛾効果をより明確に判定しやすくするために，両区での殺虫剤は，製品ラベル中の適用害虫としてオオタバコガとハスモンヨトウの記載がなく，これらのヤガ類に対する影響が小さいと考えられる殺虫剤のみの使用に制限し実証実験を行なった。7月1日〜9月16日まで7〜14日ごとに，各区36株ずつ害虫による食害を調査し，食害茎率を算出した。加えて，市販されているオオタバコガとハスモンヨトウの性フェロモンルアーのフェロモン含量を，それぞれ10分の1に減じた専用開発品（信越化学工業製）とファネルトラップを用いて，7〜14日ごとに誘引虫数を調査した。

その結果，パルス光区におけるLEDランプを一時的に連続点灯させたときのうね面からの高さが1mの位置における放射照度は，最小1.2mW/m^{2}から最大31.4mW/m^{2}の範囲で分布していることを確認した（データ省略）。パルス光区において点灯を開始した7月1日から開花（出荷）が終了した9月29日までの日最高気温は20.7〜36.6℃，日最低気温は11.5〜25.8℃で推移した（データ省略）。オオタバコガ幼虫，あるいはハスモンヨトウ幼虫によると見られるキクの食害茎率は，無処理区と比較してパルス光区で低く推移し，9月16日の最終調査日には無処理区で40.9%，パルス光区では9.5%となった（第13図）。オオタバコガ成虫（オス）の誘引虫数は，両区で少なく推移し，無処理区では8月4日〜8月13日に1頭であり，パルス光区では調査期間を通じて0頭であった（データ省略）。ハスモンヨトウ成虫（オス）の誘引虫数は，無処理区で8月13日以降に急激に増加し，7月1日から最終調査日である9月16日ま

キクの栽培技術と経営事例

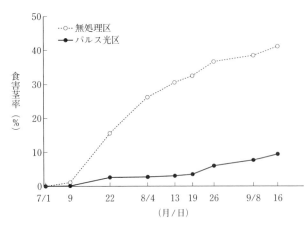

第13図　露地ギク圃場でのヤガ類幼虫によると見られる食害茎率の推移（2010年）

第1表　露地ギク圃場での殺虫剤の散布履歴（2010年）

散布日 （月/日）	殺虫剤名	適用害虫
7/ 4	イミダクロプリド水和剤	アブラムシ類，アザミウマ類
7/10	還元澱粉糖化物液剤	ナミハダニ，アブラムシ類
7/19	イミダクロプリド水和剤	アブラムシ類，アザミウマ類
7/25	還元澱粉糖化物液剤	ナミハダニ，アブラムシ類
8/ 3	還元澱粉糖化物液剤	ナミハダニ，アブラムシ類
8/11	還元澱粉糖化物液剤	ナミハダニ，アブラムシ類
8/25	還元澱粉糖化物液剤	ナミハダニ，アブラムシ類
9/ 1	還元澱粉糖化物液剤	ナミハダニ，アブラムシ類
9/10	還元澱粉糖化物液剤	ナミハダニ，アブラムシ類
9/18	還元澱粉糖化物液剤	ナミハダニ，アブラムシ類

第14図　防蛾用電球形LEDランプ
シャープ株式会社製，DL-LS02Y

での合計が837頭となった（データ省略）。パルス光区では無処理区と比較して少なく推移し，調査期間中の合計は413頭となった。殺虫剤の散布履歴は，還元澱粉糖化物液剤が計8回，イミダクロプリド水和剤が計2回であった（第1表）。なお，キクの開花時期は，パルス光区と無処理区ではともに9月22日～9月29日となり大きな差は見られず，目視により確認した範囲では，切り花品質についても大きな差はなかった。

以上のように，試作したLEDランプを所定の方法に基づいて設置し点灯させることで，キクの開花時期や切り花品質に営利栽培上の問題となるような悪影響を及ぼすことなく一定程度の防蛾効果が得られることを現地露地ギク圃場でも検証することができた。なお，これらの結果は，ヤガ類に対する殺虫剤の使用を制限した条件の下で得られたものである。したがって，実際の栽培では卓効のある殺虫剤の散布を必要に応じ適切に組み合わせることで，より高い防蛾効果が得られるものと考えられる。

（4）製品化された防蛾用電球形LEDランプ

試作したLEDランプを用いて実施した現地実証実験（前述）を通じて抽出されたさまざまな課題を克服するとともに，得られた多くの知見を反映させて，2016年5月末に防蛾用電球形LEDランプ（第14図，以下，防蛾ランプと略記）が製品化・市販された。

①防蛾ランプの仕様

現在，防蛾ランプには常時点灯タイプ（DL-LS01Y）と点滅タイプ（DL-LS02Y）の2種類がある（第2表）。これらはともに，防蛾について多くの実績のあるピーク発光波長585nm付近の黄色光を放射し，AC100V駆動である。キクなどの光に敏感に反応する農作物の圃場およ

キクの開花に悪影響を及ぼすことなく適用可能なLED黄色パルス光によるヤガ類防除

第2表　防蛾ランプの仕様

型　式	寸　法 (mm)		質　量 (g)	定格消費電力 (W)	平均消費電力 (W)	口　金	光源寿命 (h)
	全　長	外　径					
DL-LS01Y常時点灯タイプ	110	60	100	4.8	4.8	E26	40000*
DL-LS02Y点滅タイプ	110	60	100	5.0	1.4	E26	40000*

注　*：光源（LED）の設計寿命を示す。製品寿命は実使用環境により異なる（シャープ（株）防蛾ランプの説明書の一部を改変）

びその周辺では，DL-LS02Yを使用するとよい。DL-LS02Yには，専用の電子回路が内蔵されており，通電するとON時間とOFF時間の割合が1：4の黄色パルス光を放射する。具体的には，ON時間0.1秒/OFF時間0.4秒の点滅パターンを繰り返す周波数2Hzの黄色パルス光である。

②使用上の留意点

　高さ4mに設置した防蛾ランプ1灯でカバーできるエリアは，DL-LS01YおよびDL-LS02Yでともに半径5〜6mである。すなわち，点灯時には半径5〜6mのエリア内で，防蛾に有効とされる放射照度1.2mW/m²以上を確保できる。また，高さ4mに設置した場合，ランプ直下のキクが草丈1m程度に成長しても，茎頂付近の放射照度が20mW/m²を超えないように設計されている。このため，高さ4mに設置した場合，DL-LS02Yであれば，多くの品種で開花に悪影響を及ぼすことなく利用可能である。なお，高さ3m以下に設置した場合は，たとえDL-LS02Yであってもランプ直下のキクが草丈1m程度に成長すると，茎頂付近の放射照度は20mW/m²を超えてしまうので開花遅延の発生に注意が必要となる。

　防蛾ランプの使用にあたっては，市販の防水ソケットケーブル（口金：E26）を用いる。安定的な防蛾効果を得るためには，ヤガ類成虫の活動時間である日の入り直前から日の出直後までの間，一晩中照明する必要がある。このため，照明時間帯を設定するためにタイマーが必要となる。

　防蛾ランプによる照明は，ヤガ類成虫の圃場への飛来防止には有効である。しかしながら，その照明にはヤガ類幼虫を直接殺傷する効果は

なく，また，幼虫の食害行動を妨げるような効果も期待できない。このため，時期的にもヤガ類成虫の飛来が始まる前から照明を開始する必要がある。ヤガ類成虫の飛来が始まる時期は，地域によっても異なるが，広島県の場合は6月ころであるので，おおむね5月末から10月末までを適切な照明期間として推奨したい。

(5) パルス光を採用するメリット

　ヒトは古来より縦と横の比率のもっとも均斉がとれている造形に美しさを感じ，そこには"黄金比"と呼ばれる比率が存在していることが知られてきた。本稿で紹介した防蛾照明技術は，「美しさ」とは直接関係ないが，「防蛾効果あり」と「キクに開花遅延なし」という二律背反する課題を同時に解決するために必要となる"絶妙な明暗比率"という意味では，まさに当該分野における'黄金比'ではないかと考えている。

　パルス光を採用するメリットとして，以下の3点があげられる。

　第1に，照明に対し日長反応を示す秋ギクにも適用できる点である。現在，'神馬'以外のキク品種や，ほかの作目への適用性を検討中であるが，それらの多くに適用できる見通しを得ている。

　第2に，持続性の高い防蛾効果が得られる点である。前述したとおり室内実験レベルでは，黄色連続光と比較して照明に対する"慣れ現象"が起こりにくいことを突きとめている（尹ら，2012）。また，兵庫県立農林水産技術総合センターが中心となり実施した屋外実験でも，前述したパターンの黄色パルス光の照射によって，少なくとも黄色連続光と同等な防蛾効果が

キクの栽培技術と経営事例

得られることを確認している（石倉ら，2010）。今後は，室内実験で得られた持続性の高い防蛾効果が屋外（現地圃場）でも安定的に得られるような条件を探っていきたいと考えている。

第3は，連続光と比較して節電が可能となる点である。紹介したON時間とOFF時間の割合が1：4のパターンを繰り返す点滅タイプ（DL-LS02Y）では，内蔵する電子回路での消費分を含む消費電力量が常時点灯タイプ（DL-LS01Y）の約3分の1となり，とくに大面積で使用するさいにはランニングコストを大幅に削減できる。将来は，自然エネルギーと蓄電池を有効に活用することで，無電化地域での適用を視野に入れた技術展開も期待できる。

今後は，関連企業やJA，農業技術指導所などと連携しつつ，ここで紹介した防蛾照明技術の完成度をさらに高めるとともに，当該技術をキク以外の農作物にも適用拡大すべく，さまざまな取組みをいっそう強化していきたい。

執筆　石倉　聡（広島県立総合技術研究所農業技術センター）

参 考 文 献

Cathey, H. M. and H. A. Borthwick. 1957. Photoreversibility of floral initiation in chrysanthemum. Bot. Gaz. **119**, 71—76.

Cathey, H. M. and H. A. Borthwick. 1964. Significance of dark reversion of phytochrome in flowering of *Chrysanthemummmorifolium*. Bot. Gaz. **125**, 232—236.

平間淳司・荒永誠・中出智己・宮本紀男・藪哲男・伊澤宏毅. 2002. 超高輝度型の発光ダイオード（LED）によるヤガ・カメムシ類の防除装置の開発—光刺激の波長およびパルス光の網膜電位（ERG信号）応答特性—. 農業機械学誌. **64**, 76—82.

石倉聡. 2014. 切り花ギクに利用可能な黄色LEDパルス光を用いた害虫防除技術の開発. 広島総研農技セ研究報告. **90**, 1—88.

石倉聡・後藤丹十郎・平間淳司・山下真一・野村昌史・尹丁梵. 2012. 黄色LEDパルス光を用いた秋ギクの害虫防除光源装置の開発—秋ギク生産に適用可能な放射照度の範囲の特定—. 植物環境工学. **24**, 244—251.

石倉聡・平間淳司・野村昌史・山下真一・東浦優・岩井豊通・二井清友・山中正仁. 2010. 黄色LEDパルス光を用いた秋ギクの害虫防除光源装置の開発—開花の遅延を回避できる光照射技術—. 植物環境工学. **22**, 167—174.

石倉聡・貝淵由紀子・勝場善之助. 2016. 黄色パルス光を用いた防蛾用LED照明技術の開発—水稲に悪影響を及ぼさない黄色パルス光の放射照度—. 生物環境工学会2016年金沢大会講演要旨. 184—185.

貝淵由紀子・勝場善之助・石倉聡. 2016. 黄色パルス光を用いた防蛾用LED照明技術の開発—大豆に悪影響を及ぼさない黄色パルス光の放射照度—. 生物環境工学会2016年金沢大会講演要旨. 186—187.

田中寛・溝淵直樹・向阪信一・柴尾学・上田昌弘・木村裕. 1992. 黄色蛍光灯によるオオバに寄生するハスモンヨトウの防除. 関西病虫害研報. **34**, 47—48.

内田正人・福田博年・宇田川英夫. 1978. ナシを加害する果実吸蛾類の生態と防除に関する研究. 鳥取果試研報. **8**, 1—29.

藪哲男. 1999. 発光ダイオードを利用した害虫防除技術—黄色夜間照明がオオタバコガの行動に及ぼす影響を中心にして—. 植物防疫. **53**, 209—211.

矢野貞彦. 1992. 防蛾灯によるシロイチモジヨトウの防除. 関西病虫害研報. **34**, 97.

八瀬順也. 2003. 黄色灯による害虫管理—花き，野菜類のガ類を中心として—. 生態工学会企画委員会編集. 生態工学シンポジウム論文集. ポプラ社. 埼玉. 27—32.

八瀬順也・九村俊幸・向阪信一. 1996. 黄色蛍光灯によるカーネーションのタバコガ・ヨトウムシ類に対する被害軽減効果. 応動昆中国支部会報. **38**, 1—7.

八瀬順也・山中正仁・藤井紘・向阪信一. 1997. 黄色蛍光灯によるカーネーション，バラ，キクのタバコガ・ヨトウムシ類防除技術. 近中農研. **93**, 10—14.

尹丁梵・野村昌史・石倉聡. 2012. 黄色LED点滅光によるオオタバコガの飛翔抑制. 日本応動昆. **56**, 151—156.

北海道上川郡当麻町　桑原　敏

〈輪ギク〉7～9月出荷

ハウスの有効利活用による出荷期間の拡大

―作型分散化で効率的な労働と雇用減,土壌環境の改善―

1. 経営と技術の特徴

(1) 産地の概要

①地域の気象条件と経営形態

当麻町は北海道のほぼ中央部に位置し,旭川市の北東部に隣接している。

気候は内陸性で,年平均気温は6.0℃,8月の平均最高気温26.3℃,平均最低気温15.9℃と夏季は高温となり昼夜間差が大きい。また,冬季は−10℃を下まわる日も多く(2月の平均最低気温−13.9℃),積雪量も多い。年間降水量は1,015mm,年間日照時間は1,547時間である。

このような気象条件のもと,水稲を基幹とし,水稲専業経営,および野菜,花卉を取り入れた複合経営が主体となっている。

②花卉産地としての経緯

当麻町の花卉栽培の歴史は古く,始まりは1949年に遡る。現在の主要品目であるキクは1951年から栽培が始まった。その後も高収益作物として花卉栽培者が増加し,1961年に「当麻町花き生産組合」が設立され,現在に至っている。当麻町は,道内でも古くから花卉栽培に取り組んできた産地として位置づけされている。

1971年には種苗費の低コスト化と苗品質の均一化のため,共同育苗施設によるキクの育苗が始まり,苗供給量は最高で100万本を達成するまでとなった。また,1982年から一元集荷による共販体制とし,出荷規格の統一化がはか

■経営の概要

経営　花卉0.52ha(実面積0.29ha),水稲9.68ha,ソバ0.22ha,その他0.12ha,計10.54ha

気象　年平均気温6.0℃,最高気温(8月平均)26.3℃,最低気温(2月平均)−13.9℃
年間降水量1,015mm,年間日照時間1,547時間

土壌・用土　上層:褐色森林土,下層:低位泥炭土

圃場・施設　パイプハウス330m^2(2棟),264m^2(1棟),248m^2(3棟),231m^2(2棟),198m^2(3棟),172m^2(1棟),計2,896m^2
温風加温機7機,電照設備・シェード資材12棟分

品目・作型　4月上旬定植,7,8月切り:4棟(908m^2),4月下旬定植,8月切り:1棟(172m^2),5月上旬定植,8月切り:3棟(693m^2),5月下旬定植,9月切り:4棟(1,122m^2)

苗の調達法　農協共同育苗苗を使用

労力　家族(本人,妻)2人,臨時雇用4名(96時間)

られた。

一方,消費地の洋花志向に伴い,シュッコンカスミソウ,スターチス類,カーネーションなど,キク以外の品目も導入された。

1994年は真空予冷施設,2005年には選花システムが導入され,キクの完全共選体制が確立された(第1図)。

現在,キク659a,バラ126a,カーネーション59a,その他草花類62aが栽培されている(第2図)。また,上川管内近隣の町も参入し,広

キクの栽培技術と経営事例

第1図　キクの共選風景

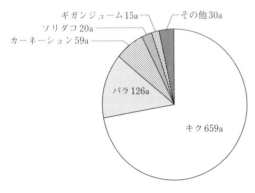

第2図　当麻町花き生産組合の品目別作付け面積（2015年）

域的な花卉産地としてロットの確保と良品質花卉生産に努めている。

③組織体制と出荷規格

生産組合では部会の合理化がはかられ，「菊部会」と，バラ，カーネーション，草花をまとめた「洋花部会」の2つの組織が活動を行なっている。

キクの出荷規格は第1表のとおりであるが，ボリュームも重点においた重量格付けが実施されている。

キク以外の品目も全量JA当麻（以下農協）に一元集荷され，厳密に格付けされた切り花は「大雪の花」ブランドとして出荷されている。

④切り花品質維持への取組み

キクは苗の供給実績にもとづき，農協が生産組合と協議のもとで出荷計画を立てている。出荷は盆，彼岸の需要期が中心で，低温トラック，航空機を輸送手段とし，おもに札幌をはじめとする道内や関西方面に出荷される（第3図）。

また，真空予冷施設の活用により，従来の鮮度保持技術に加え，日持ち性が向上し，市場評価が高まっている。

(2) 産地の技術的課題

連作障害の回避　当地ではキク作付けの経年化により，いや地現象や土壌塩基類（有効態リン酸，カリ，苦土，石灰）の過剰蓄積が目立っている。また，適正なpHでない場合も多く，生理障害発生の一因となっている。

昨今では，土壌病害，ネグサレセンチュウによる被害も散見され，定期的な土壌消毒が必要となっている（第4図）。

今後も輪作を基本にしながら，土壌診断に基づく適正な施肥管理，有機物投入による土つくりを実施していかなければならない。

病害虫対策　病害虫の被害回避として施設まわりの環境整備および薬剤防除を中心に行なっているが，アブラムシ類，アザミウマ類，ハダニ類の薬剤抵抗性個体の出現による防除効果の低下が問題となっている。また，生育後半では，薬剤防除の労働時間が増加するなど負担が大きい。

農業者の高齢化に伴い，病害虫の発見が遅れたり，薬剤防除が的確に行なわれないケースも多く見受けられる。

シェード栽培の場合，通気性の悪化により灰色かび病の発生が多く，市場からのクレームの原因となっている。

農協，指導機関は，病害虫発生状況とその対策における情報の共有化をはかり，対象農業者に対し的確な支援を実施することが必要である。

品質の高位平準化　農業者個々の土壌条件や肥培管理の相違から切り花品質の差が見受けられる。北海道のキクの責任産地として，組織ぐるみのレベルアップをはかる必要がある（第5図）。

水稲育苗後地利用での問題　所得向上のため，水稲育苗後地での栽培が増加しているなか，水稲播種時の育苗箱施用剤（いもち病薬剤）と思われる薬害が発生している（第6図）。水

ハウスの有効利活用による出荷期間の拡大

第1表　輪ギクの出荷規格

品　種	等　級	規　格	草　丈	首長（花首）	入　数	重量（1本）	重量（箱）
精の一世	秀	2L	85cm	5cm	80	95 ～ 80g	8.6 ～ 7.4kg
		2L			100	80 ～ 65g	9.0 ～ 7.5kg
		L			100	55g	6.5kg
		M			200	45g	10.5kg
		S			200	35g	8.5kg
	優	2L			80	95 ～ 80g	8.6 ～ 7.4kg
		2L			100	80 ～ 65g	9.0 ～ 7.5kg
		L			100	55g	6.5kg
		M			200	45g	10.5kg
		S			200	35g	8.5kg
	A	2L		7cm	150	95 ～ 80g	15.75 ～ 13.5kg
		2L			150	80 ～ 65g	13.5 ～ 11.25kg
		L			200	55g	12.5kg
		M			200	45g	10.5kg
		S			200	35g	8.5kg
岩の白扇	秀	2L	85cm	5cm	80	95 ～ 85g	8.6 ～ 7.8kg
		2L			100	80 ～ 69g	9.0 ～ 7.9kg
		L			100	55g	6.5kg
		M			200	45g	10.5kg
		S			200	35g	8.5kg
	優	2L			80	95 ～ 85g	8.6 ～ 7.8kg
		2L			100	80 ～ 69g	9.0 ～ 7.9kg
		L			100	55g	6.5kg
		M			200	45g	10.5kg
		S			200	35g	8.5kg
	A	2L		7cm	150	95 ～ 85g	15.75 ～ 14.25kg
		2L			150	80 ～ 69g	13.5 ～ 11.85kg
		L			200	55g	12.5kg
		M			200	45g	10.5kg
		S			200	35g	8.5kg

注　秀品：茎の曲がりがなく，花・茎・葉のバランスがとくに良く，品種本来の特性を備え，花型・花色ともにきわめて良好なもの。病害虫，日焼け，薬害，すり傷などが認められないもの

　　優品：茎の曲がりがなく，花・茎・葉のバランスがとくに良く，品種本来の特性を備え，花型・花色ともに良好なもの。病害虫，日焼け，薬害，すり傷などがほとんど認められないもの

　　A品：茎に曲がりがある，若干首長である，花型・花色ともに優品に次ぐもの。病害虫，日焼け，薬害，すり傷などが多少認められるもの

稲育苗後地にキクを作付けする場合，いもち病薬剤を原則として使用しないことを徹底する必要がある。

また，生育後半に低pHによるマンガン過剰障害が散見されるため，土壌pHの改善が急務となっている（第7図）。

キクの栽培技術と経営事例

第3図　出荷前の荷姿

(3) 桑原さんの経営の特徴

経営概況　桑原さんは1975年から水稲＋花卉（キク）の複合経営を行なっており，地域の標準的な経営規模である。

キク（0.52ha）は輪ギクの'精の一世'を中心に作付けしており，2015年は約8万本の出荷実績となっている（第2表）。

'精の一世'は電照シェード栽培で8月上中旬，9月中下旬の出荷を目標に作型の分散化を図ることによって，効率的な労働作業が可能となり，雇用を極力抑えた経営となって

第4図　専用機械による土壌消毒作業

第6図　薬害により葉に萎縮症状を呈した株（品種：精の一世）

第5図　関係機関連携による現地研修会

第7図　マンガン過剰障害が発生した葉

152

土壌条件に応じた施肥量による品質低下の防止　施肥量は土壌診断に基づいた施用を実施している。桑原さんの圃場は下層土に泥炭層があるため，地域標準の窒素施用量では樹勢が強くなり品質を落としかねない。そこで，標準窒素施用量を15％低減させ，品質低下の防止に努めている（第3表）。

部会組織としての活動　2006～2012年まで当麻町花き生産組合菊部会長を努め，品質向上のための新技術の導入，新規導入農業者に対する技術支援を行なうなど部会活動を積極的に行なってきた。また，「大雪の花」のブランド化のため，共選の導入，土つくりの実践，栽培技術の高位平準化について推進，支援を行なってきた。

主要品種を'岩の白扇'から芽なし品種'精の一世'へ切り替えたことで，管理作業の労働時間を減少させ，雇用による経営費の縮減とキクの作付け振興に努めた。

土壌環境改善の取組み　施肥量の低減を行なうなど環境を考慮した施肥体系を組んでいるほか，圃場の土つくりを意識し，ヤシがらなどの粗大有機物の投入（第8図）や稲わらの収集・堆積による自家堆肥を生産し，圃場への還元を行なっている。

ハウスの有効利活用による所得向上の取組み

水稲育苗ハウスを利用し，田植え終了後の5月下旬に定植を開始，9月中下旬に採花する作型を導入し，出荷期間の延長と所得の拡大を図っている（第9図）。

水稲育苗ハウスは一般的にpHが低く，キクの栽培には適さない場合があるため，翌春の水稲育苗に影響の出ない程度までpHを調整し，歩留り向上に努めている。

第2表　桑原さんの品種別出荷数量（単位：本，2015年）

品種	7月	8月	9月	10月	計
精の一世		49,982	33,322		83,304
精の枕		560			560
計	0	50,542	33,322	0	83,864

第8図　通路に敷かれた粗大有機物（ヤシがら）
栽培終了後にすき込まれる

第3表　施肥の実態

	区分	肥料名	成分	施肥量(kg/10a)	N	P₂O₅	K₂O	MgO	備考
地域標準例	基肥	銀河1号	8—8—8	100	8	8	8		有機複合，有機態窒素2％
		明星2号	6—8—0—1	160	9.6	12.8		1.6	有機複合，有機態窒素2％
		リンマグ	0—17—0—3.5	60		10.2		2.1	
			計		17.6	28.8	8	3.7	
	追肥[1]	液体ジャンプ	6—1—3	20	1.2	0.2	0.6		着蕾期以降2回
			合計		18.8	29.0	8.6	3.7	
桑原さん (8月切り)	基肥	敷島特8号	8—8—8—2	200	16.0	16.0	16.0	4.0	有機複合，有機態窒素1％
		グリーンセットⅡ	0—17—0—3.5	60		10.2	0	2.1	
		ヒューライム		200					土壌改良資材
			計		16.0	26.2	16.0	6.1	

注1）追肥は生育状況に応じて行なう

第9図　水稲育苗ハウス後地の栽培

第11図　トンネルと温風ダクト（ベッド中央）による保温管理

第10図　出荷前の苗の状態

第12図　電照を開始した圃場

2. 栽培体系と栽培管理の基本

(1) 育　苗

基本的には農協共同育苗施設の育苗苗を使用している（第10図）。

苗は育苗施設で挿し芽し，約15日間養成し発根したもので，草丈6～7cm，展開葉4～5枚で生産者へ供給される。

(2) 温度管理

キクの定植は3月下旬から始まるが，この時期の平年最低気温は−5.9℃まで下がり，活着に十分な温度が確保できない。このため，ハウスは二重張りでトンネルを施し，最低夜温10℃を目標として，保温・加温を実施する（第11図）。

活着後はステージ別の最低夜温を確保しながら，保温を中心とした管理に心がける。また，4月に入ると日中ハウス内は高温となるので，十分な換気を行なう。

花芽分化期の最低夜温は，'精の一世'は16℃以上，'岩の白扇'は18℃以上を確保する。

(3) 日長管理

'精の一世'は電照＋シェード，'岩の白扇'は電照のみの日長管理を行なっている。

電照による管理は，'精の一世'は21～2時の5時間，'岩の白扇'は22時～2時の4時間暗期中断（深夜電照）とし，定植して摘心後から開始している。また，摘心から消灯まで50日とし，消灯時の草丈は作型にもよるが55～60cmを目安としている。電照は20W電照用電球を約10m^{2}に1灯，高さ1.8mに設置している（第12図）。

'精の一世'では，シェードによる短日処理

第4表　輪ギクの施肥標準（北海道，単位：kg/10a）

作　型	目標収量 (10a)	基　肥 N	基　肥 P₂O₅	基　肥 K₂O	分　施 N	分　施 K₂O	時期・回数
夏秋ギク・秋ギク7～10月切り	35,000本	10	20	15	10	10	花芽分化後1回

注　「北海道施肥ガイド2015」より引用

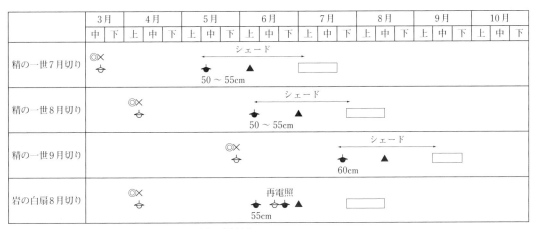

◎定植，×摘心，🜂電照開始，●消灯，▲摘蕾，□採花

第13図　主要品種のおもな作型

は，消灯後より18時から翌朝6時までの12時間日長とし，被覆資材は0.1mmのシルバーシートを使用している。また，夜間の開放は行なわないため，裾を10～15cm程度開放するなど通気性確保に努める。

'岩の白扇'では，花弁数の増加とうらごけ防止のため，再電照を行なう。8月切り作型では，消灯12日後3日間，秋切り作型では，消灯8日後7日間，暗期中断で22～2時の4時間程度実施する。

（4）栽培環境の整備

土壌水分　定植直後は手灌水を実施し，以降灌水ムラのないよう注意する。とくに初期生育時の土壌水分の過不足は生育差を招きやすい。それによる正品歩留りの低下や収穫遅延が生じる。

施肥　基肥を中心とした施肥体系で，分施は生育状況により加減するが，施用時期は花芽分化後とする（第4表）。'精の一世'では，基肥は同じで，分施は定植後30日ころから花芽分化期ころまでに2回に分けて施用することで品質向上が期待される（「輪ギク「精の一世」の秋季出荷安定栽培法」平成26年普及奨励ならびに指導参考事項，北海道農政部）。

病害虫防除　低温期には白さび病の発生が懸念されるため，硫黄くん蒸器を使用する。シェードによる通気性低下により灰色かび病の発生が懸念されるため，消灯後は定期的に薬剤防除を実施する。

また，ハウスまわりの雑草を駆除し，アザミウマ類，ハダニ類などの害虫の侵入を防ぐ。

3. 栽培管理の実際

ここでは'精の一世'の栽培管理について記す。

（1）作　型

地域では，'精の一世'の無加温7～9月切りが中心となる作型（第13図）であり，2015年実績では輪ギクのうち'精の一世'が73％のシェアとなっている。

以前の主要品種であった'岩の白扇'は側枝の発生が多く，芽かき作業に多くの労力を要すること，また，農業者間で品質の差が出やすいなどから，2008年から無側枝性品種'精の一世'の栽培を開始した。

(2) 定植準備

土壌改良資材や堆肥は前年秋に施用し，施肥は定植の1週間前までに有機化成を中心に施用する（第3表参照）。

無加温7，8月切り作型では，地温を15℃以上に確保する。9月切りの作型では，定植後，高温によるしおれが生じるため，あらかじめ遮光資材を準備しておく。また，水稲育苗後地の栽培では，低pHによるマンガン過剰障害回避のため，pHを5.0〜5.5に調整しておく。

床幅60cm，通路60cmで15cm×4目のフラワーネットを使用し，1目2株の2条植えとする（栽植密度：20株/m^2）。

(3) 定植後の管理

摘心までは活着，初期生育を促すために，手灌水による灌水は十分に行ない，生育を揃えるよう努める。

活着後，摘心を行ない電照管理に入る。同時に，ベンジルアミノプリン液剤を2,000倍で散布し，腋芽発生を促進する（第14図）。

温度管理は，定植時から日中25℃，最低夜温10〜12℃を確保する。夜間も最低気温が12℃以上あれば，ハウス内の湿度を上げないよう換気に努め，白さび病を発生させないよう注意する。

以上のように栄養生長期間は，目的の日数で十分な草丈を確保するために，温度管理に細心の注意をはらう（第15図）。

(4) 消灯直前〜消灯後

消灯5日前から最低夜温を徐々に17〜18℃に上げるとともに，土壌水分をやや控えめにする。消灯後は1週間程度灌水はひかえる。ただし極端な灌水制限は花径を小さくするので注意する。

消灯と同時にシェード管理を行なう。18時〜翌朝6時までの12時間日長とする。生殖生長開始時に追肥を行なうと花芽形成を阻害するため，消灯後12日間は追肥は行なわない。着蕾確認後，生育状況に応じて追肥2kg/10aを1〜2回施用する。

側枝整理，摘蕾は早めに行ない，実施後は灰

第14図　摘心直後（上）と脇芽から発生した状況

第15図　定植直後の状況
遮光資材によりしおれを防止する

色かび病の防除を実施する。また，通気性を促すために循環扇を使用する。

花首伸長抑制のため，発蕾確認後，ダミノジット水溶剤を1,500〜2,000倍で7〜10日間隔で2回散布する。このとき，重複散布や高濃度散布にならないよう注意する。

(5) 収　穫

採花時間帯は，品温が上昇しないようハウス上部のみシェードを下ろし，夏季で午前5〜10時ころ，秋季で午前6〜9時ころである。

切り前は，夏季ではやや硬めとし，秋季は外花弁が2〜3列直立になったときとしている場合が多い（第16図）。

4. 今後の課題

農業者の高齢化に伴い花卉作付け面積の減少が懸念されるなか，産地を守るためには「低コスト生産」「労働力の確保」が重要な課題となっている。そのため，町・農協は新規作付け者に対する助成やヘルパー制度の確立など最大限の支援を行なってきた。

今後，新規品目の導入によるアイテムの増

第16図　精の一世の切り前

加，意欲ある担い手への育成・支援，広域産地の拡張化といった，「産地を守る」という概念から「新たな産地」へ展開することが重要と考える。

《住所など》北海道上川郡当麻町中央6区
　　　　　　　桑原　敏（60歳）
執筆　羽賀安春（北海道上川総合振興局上川農業改良センター）

2016年記

長野県南佐久郡佐久穂町　大工原　隆実

〈輪ギク〉7～9月出荷

量販向けの輪ギク生産で大規模経営を目指す

大工原さん親子（右が隆実さん）

1. 地域の状況と産地形成

(1) 産地の状況

　佐久地域は長野県の東に位置し，耕地は標高500～1,300mに広がり，高原地帯はレタス，ハクサイなどの全国屈指の葉洋菜産地である。花は高冷地の特性を生かし，色づきと日持ちの良いことが定評で，夏秋の産地として，キク，カーネーション，シンテッポウユリ，トルコギキョウなどが昔から栽培されてきた。

　2014年度の佐久地域の花卉栽培面積は134haである（県推計）。このうちキク（小ギク，スプレーギクを含む）は78haで，7月の関東盆，8月盆および秋の彼岸を中心に約2000万本が全国各地へ出荷されている。栽培されているキクは，色ギク・色物と呼ばれる黄色と赤色が主体で，全出荷量の8～9割を占める。当地域のキク栽培の施設化率は10.6％（2015年度県佐久地方事務所調べ）と低く，露地栽培が全体の9割近くを占める。大工原さんがキク専業経営を営む佐久穂町は，キクやカーネーション生産の草分け的地域であり，現在でも"花のまち"として，町をあげて花卉生産の振興に力を入れている。

(2) 量販ギク生産に向けた取組み

　量販ギクとは，市場と事前に協議しておもに量販店向けに出荷する輪ギクのことである。従来規格だと最高等階級は長さが90cmだが，量

■経営の概要

経営　キク切り花専業

気象　年平均気温10.6℃，最高気温平均16.9℃，最低気温平均5.2℃，年間降水量960.9mm，年間日照時間2,060時間（佐久市アメダス値）

標高　800m

土壌　表層腐植質多湿黒ボク土

圃場・施設　地目：水田，ビニールハウス（育苗用）607m²

機械装備　ブームスプレーヤ1台，トラクター2台，全自動結束機（商品名フラワーバインダー）1台

栽培規模　栽培圃場面積（ベッド面積）：約30a　栽培品種（輪ギク）・定植苗数：黄色輪ギク；千穂41,200本，深志の匠20,800本，三宝8,000本，白色輪ギク；天守閣4,800本（2016年度現在）

労力　本人，息子

販ギクは70cmである。この生産に向け，現地で試験が始まったのは2004年である。JA佐久浅間と県佐久農業改良普及センター，県野菜花き試験場とが連携し，県の園芸作物振興協議会美しい信州の花推進部会の現地調査事業の一つとして，2007年まで現地佐久市で基礎的なデータの収集を行なった。「短茎短期間栽培」と名づけ，栽培期間が短いというメリットを生かした省力化とともに，当時から需要の高まっていたパック花など量販店需要を見すえての試みであった（第1図）。

　JA佐久浅間では，2009年から試験的に販売

量販向けの輪ギク生産で大規模経営を目指す

	年	摘心日 (月/日)	平均切り花日 (月/日)	摘心から開花までの日数	切り花長 (cm)	花首長 (cm)	葉枚数 (枚)
8月盆用品種	2004年	5/19	8/6	81	83.8	6.7	37.7
		6/1	8/19	79	91.9	7.2	47.9
		6/10	8/26	85	90.4	6.0	51.3
	2005年	4/20	8/1	112	96.3	5.7	48.7
		5/1	7/28	88	86.0	5.8	37.7
		5/10	8/4	86	89.0	6.5	39.2
		5/20	8/14	86	89.0	7.4	39.9
		6/10	8/23	74	86.7	4.9	44.2
		6/20	8/31	72	76.1	4.2	41.0
	2006年	5/1	8/6	97	91.7	6.4	—
		5/20	8/13	85	89.8	6.1	—
		6/20	8/31	72	82.8	2.8	—
		7/10	9/11	63	65.2	3.7	—
		7/20	9/27	69	61.9	3.8	—
		8/1	10/3	68	62.0	2.1	—
9月彼岸用品種	2004年	7/1	9/25	87	75.9	3.9	39.5
		7/9	9/28	81	66.8	4.0	33.0
		7/21	10/1	72	61.6	3.6	29.7
	2005年	4/20	8/21	123	87.3	3.3	44.8
		5/1	8/22	113	93.6	3.7	45.8
		5/10	8/29	111	90.0	3.3	46.7
		5/20	9/4	107	97.6	3.5	49.0
		6/10	9/14	96	89.6	3.9	44.4
		6/20	9/22	94	81.1	4.2	39.9
		7/10	10/1	83	81.0	3.1	38.9
		7/23	10/7	76	58.6	2.7	27.8

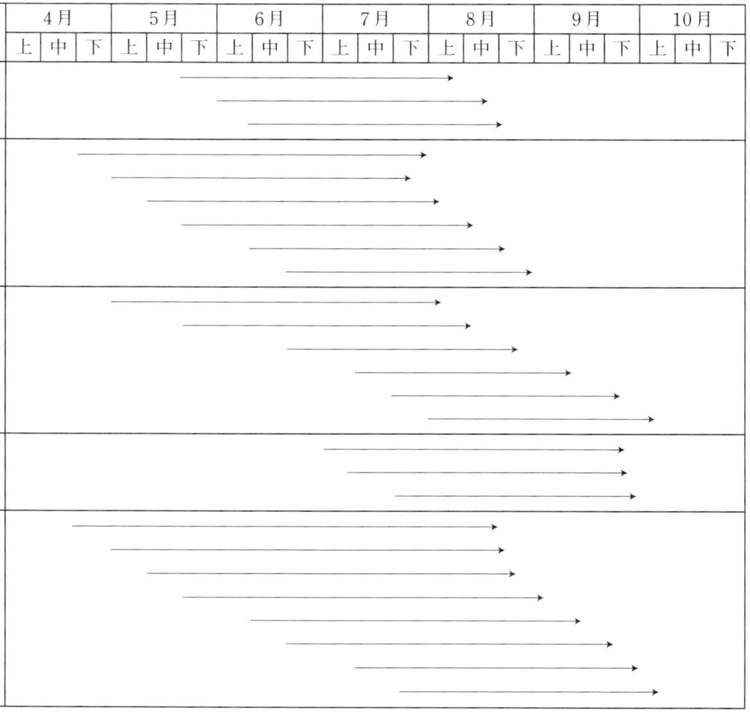

第1図 摘心時期の違いによるキクの開花と品質（2004～2006年、県佐久農業改良普及センター、JA佐久浅間）

長野県園芸振興協議会美しい信州の花推進部会現地調査事業調査成績書より、試験圃場：長野県佐久市鳴瀬
標高650m
矢印：機転が摘心日で終点が平均開花日
ピーナイン無処理

を始め，翌年に大阪のなにわ花いちばの提唱で始まった，使う目的や用途に応じたジャストサイズのキク「アジャストマム」の企画にも参画し，2011年から本格的に量販ギクの生産が始まった。現在では大田花き，なにわ花いちばと事前に協議し，それぞれ花束加工業者へ出荷を行なっている。ちなみに2016年度は，20名の生産者が生産に取り組み，約76万本の出荷を計画している。ここでは，量販ギクを経営の柱に据えて規模の拡大を目指している，大工原さんの栽培事例を紹介する。

2. 大工原さんの経営と技術の特徴

（1）キク生産を始めたきっかけ

大工原さんはもともと兼業農家であったが，2001年に勤めていたJAを退職し，本格的に農業経営を始めた。当初はキクの露地栽培20a，ほかにアスパラガス20aと水稲が50aほどの経営内容であった。このうちアスパラガスは4，5年栽培を続けたものの，キクと作業がかぶるため完全に中止した。また，水稲もキクとの競合を避けるため，水田すべてを水稲農家に貸し出している。

経営を始めた当時，近くにはベテランのキク農家がまだまだ大勢いた。その人たちから栽培を勧められ，手ほどきを受けながらのキクづくりの始まりとなった。手を入れてていねいにつくりこなす栽培で，面積をこなすのはむずかしいと感じた反面，このとき教えてもらったことはしっかりと身についており，今のキク生産の礎となっている。とくに基本的な知識と技術を学ぶことができたのが一番良かった。それは大工原さんが植物生理をきちんと踏まえたうえで，一つひとつの作業を適時にこなしているようすからも推察できる。だからこそ，決して手抜きではない作業の省力化へと結びついており，「仕事に追われるのでなく，仕事を追いかけることが大事」が口癖のとおり，作業に一切の遅れやむだは感じない。

（2）量販ギク導入の考え方

2016年度のキク生産計画は，栽培床の実面積で30a，圃場面積ではおおよそ45a，すべてが露地栽培である。全出荷本数の約4割程度を量販ギクにしており，2016年度は約6万本の出荷を見込む。

量販ギクを生産するメリットを大工原さんは次のように捉えている。

1）多くが花束の花材で，茎はある程度細いほうが加工しやすい。茎を細身に仕上げるためには必然的に密植となり，従来規格のキクよりも単位面積当たりの出荷本数が増やせる。

2）契約栽培で単価が保証されており，予定どおりの出荷ができれば，相場に左右される従来規格のキクよりも収入の増加が期待できる。また，大工原さんは特定の品種を利用することで，従来規格のキクで行なう作業を省くことを可能にしている。この省力栽培が可能で，収益の計算ができる「量販ギク」をさらに増やし，今後の規模拡大の柱に据えたいと考えている。

（3）栽培管理の基本

良い品物をつくるためには，良い苗を育てることから始まる。そのため大工原さんは，親株の栽培床から定植圃場に至るまでの土つくりをとくに重要視している。また，挿し芽のスムーズな発根を促すため，芽の貯蔵を必ず行なう。露地栽培で契約の時期に出荷ができるように，同一品種を使って，挿し芽，摘心，定植時期に幅をもたせ，植物成長調整剤を活用している（第2図）。

（4）品種の特性とその活用

大工原さんが量販ギク用に栽培している輪ギク，‘千穂’と‘深志の匠’の2品種は，佐久地域で栽培すると，挿し芽時期，摘心時期を変えると，それに伴って開花時期が少しずつずれるという特性があり，この性質を出荷時期の調整に利用している。

また，環境によっても違うが，この2品種は他品種に比べて側枝の発生量が少ない傾向があ

量販向けの輪ギク生産で大規模経営を目指す

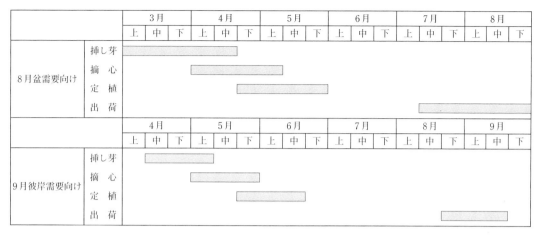

第2図　2016年度量販店用輪ギクの生産計画

り，これを密植して芽整理作業の省略を実現している。

（5）省力化と養水分管理

量販ギク栽培では省力化も大きなポイントである。通常は定植してから行なう摘心作業を，挿し芽をしたセルトレイのなかで行なっており，省力化とともに労力の軽減にもなっている。

圃場の土はもともと水持ちが良く，干ばつになっても灌水の必要なことはほとんどないが，保水力と保肥力の維持向上をはかるために粘土質資材を毎年施用している。

3．大工原さんの栽培管理の実際

（1）種苗，育苗

種苗は自家育苗をしており，摘心までの育苗については，従来規格のキク生産と変わらない方法で行なっている。

①親株伏込み

佐久地域では，前年栽培した株のうち，生育が良好で病害がないなど，有望と判断した切り下株を選んで，次の年の苗をとる親株（次の年の苗生産のために挿し穂をとる元の株）にするのが一般的である。

大工原さんもある程度低温を受けた株を，例年11月に入ってから掘り上げて親株床に伏せ込む。この床の準備は早く，8月盆用の出荷が一段落してから9月彼岸用の出荷が本格化するまでの間に行なう。土壌消毒を行なったのち，土壌改良資材のゼオライトを混ぜるなど，床の土つくりには余念がない。理由は，床のある場所の土がやや地力に欠けると感じているためである。ゼオライトを施す目的は，親株床の保肥力を増やすことである。親株が長期にわたって老化せず元気に育っていれば，そこから得られる芽も充実し，育てた株もまた元気に育つことにつながるからである。

②挿し芽の冷蔵貯蔵

毎年1月下旬から2月の初めころに親株から芽をとり始める。芽は長さ5cm，葉6枚程度の，挿し芽ができる状態に調製してから梱包し，2℃に設定した専用の冷蔵庫に30日ほど入れておく。大工原さんは芽を必ず冷蔵貯蔵するようにしており，この日数を逆算してその前の作業を行なうようにしている。

芽を冷蔵貯蔵する理由は，挿し芽の日程調整や芽の確保などもあるが，一定期間芽を貯蔵するととったさいの傷口が乾いて癒合し，挿し芽後の発根がスムーズかつ一斉に揃うからである。良い苗づくりと計画的な生産のために，挿し芽の冷蔵貯蔵は必ず実行している。

③挿し芽

露地栽培であり，8月盆の需要を見込んだ作型からスタートするため，2月下旬から挿し芽作業を始める。大工原さんの育苗ハウスの場所では，まだ外気温が氷点下になることが多い時期である。キクの発根には15〜20℃が最適とされる。このため，効率的な発根には本来温床線を利用したほうが良い。しかし時期的には太陽の高度も上がり始めて，徐々に気温が上昇していく時期である。この時期になると日中のハウス内気温も高くなってくるため，温床がなくても30日程度冷蔵した芽を挿すことで，発根が容易になる。

挿し芽には200穴のセルトレイを使用している。78穴や288穴のセルトレイも試した結果，200穴セルトレイに行き着いた。挿し芽に使う培土は，栽培圃場の土にピートモス，パーライト，ゼオライトを混ぜて，自家調合している。ゼオライトを混ぜると保肥力が増し，育苗後半まで苗の葉色が落ちず老化もない。

④挿し芽床（200穴セルトレイ）での摘心

佐久地域では1本の苗を摘心して，出てきた側枝を2，3本に整理し，切り花に仕立てるのが一般的である。したがって佐久地域で輪ギクを栽培する場合，摘心は必須の作業となっている。

摘心はふつう仮植床や定植床で行なう作業だが，大工原さんは挿し芽をしたセルトレイのなかで，発根した苗をそのまま摘心するという方法をとっている。芽の先端が伸び始め，発根を確認してから本葉3，4枚を残し，その上の部分をハサミで摘心する。そして側枝となる芽が少し膨らんでくるまで，そのままセルトレイのなかで苗を育てる。

このタイミングはちょうど根鉢形成が良く，定植のとき引き抜いても崩れないことと，根も老化していない適期なのである。また，根を含めた苗が定植まで健全であることは，品質差にも大きく関係してくる。200穴セルトレイの利用，育苗後半まで老化しない培土つくりの理由がここにある。

⑤仮植をしない苗づくり

佐久地域において8月盆用に出荷する露地栽培では，定植後の凍霜害を避けるため，ハウスや露地のビニールトンネルのなかにいったん仮植をし，摘心を実施して切り花用の側枝を生長させておくのが一般的である。しかし，大工原さんはこの仮植をせず，定植までセルトレイで育苗する。仮植は移植時のダメージがあり，この回復のために一時的に生長の停滞をまねいてしまうからである。セルトレイで育苗しても，適期に定植ができれば，活着が早くその後の生長はきわめて良好となる。

⑥量販ギクの出荷規格を生かした計画的な切り花出荷

従来規格のキクでは最高級品（秀90cm）は，出荷時の長さが90cmで，切り下も考慮すると，側枝を100cm以上の草丈まで生長させる栽培日数が必要になる。一方，量販ギクは，最高級品（秀70cm）の長さが70cmで，切り下を考慮しても草丈は80cm以上あれば良いことになり，その分の栽培日数は少なくてすむ。大工原さんはこのメリットを生かし，定植後90日で切り花出荷するという計画的な生産を実現している。

(2) 土つくりと施肥

圃場はもともと水田であるが排水が良く，大雨で冠水してもすぐに水がひく。また，保水性も良いため，よほどの干ばつにならない限りは定植時以外に灌水をしたことがない。作土層はある程度深く，根の張りも良い。

塩基置換容量（CEC）を測ったことはないが，地力はあまり高いほうではないと感じている。そのため，ここ数年は保肥力と保水力の向上のためゼオライトを毎年施用している。さらに牛糞主体の堆肥を入れて，商品の品質向上のため，栽培期間後半まで窒素がある程度残るような施肥を心がけている（第1表）。ほかの作業は省けても，土台となる土つくりだけは手が抜けない。土台がしっかりしていないと栽培が計画どおり進まず，経営自体が成り立たないと土つくりには余念がない。

第1表　2016年度の施肥設計 (単位：kg/10a)

肥料名	施用量	成分量				
		窒素	リン酸	カリ	苦土	石灰
花卉専用1号	110	16.5	11.0	8.8		
苦土重焼燐	60		21.0		2.7	
苦土の源さん	40				22.0	
炭酸苦土石灰	100				8.5	55.0
牛糞堆肥	3,200	4.8	19.2	5.1		
ゼオライト	100					

注　栽培床の面積当たりの施用量

(3) 定植

量販ギクの栽培床は，床肩部で幅54cm，通路は60cmで，栽培床には条間を36cmとり，2条植えする。株間は6cmで，通常より3～4cm程度狭くなり，従来規格のキク栽培に比べると3割程度多く定植する計算になる（第3図）。株間を5cmにすることも考えたが，フラワーネットにうまく収まらないことと，茎が細くなってしまうことが心配されたため，6cmの株間で栽培している。

定植方法は手植えで，栽培床をつくったあとフラワーネットを床表面に置いて目印とし，1人がネットのマスのなかに苗を置き，もう1人が定植を行なう。200穴セルトレイで適期に育苗された苗は植えやすく，この方法により2人で1日1万本は楽に定植できる。

(4) 芽整理なしで省力化

量販ギクは，多少細い茎になっても規格内であれば出荷ができる。そのことが芽整理を省略化できる最大の要因である。一般的な摘心栽培の場合は，余分な側枝をとり除き，切り花にする側枝を1株当たり2，3本に整理する。この芽の整理作業は手間がかかるうえ，圃場内で身を屈めて行なうため，農家にとっては体に負担のかかる作業ともなっている。

大工原さんが生産する量販ギクは，この芽整理作業を行なっていない。ポイントはいくつかあるが，その一つが品種である。これまでの経験から，8月盆用の品種'千穂'，8月盆明けから9月彼岸までに出荷する品種'深志の匠'ともに，側枝の発生が他品種に比べ少ないことがわかっている。本葉3，4枚残して摘心を行なうため，側枝は少なくとも3本程度は発生すると考えられ，普通であれば若干の芽整理は必要なところである。しかし，量販ギクとして，密植することで勢いの弱い側枝の生長は自然と抑制され，途中で消えてしまう場合が多い。

一方，切り花本数自体は'千穂'で1株2.2

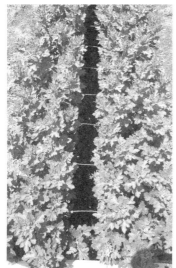

第3図　栽植密度は条間36cm，株間6cmの2条植え

本，'深志の匠'は2.5本程度は得られているため，定植した苗の本数に十分見合った収量となっている。

さらにこの2品種の良い点は，無側枝性も強く，不要な側芽の芽かき作業がほとんど要らないことである。側芽の発生が多い品種の場合は，蕾がついた途端，花茎上部の側枝が一斉に発生するということがあるが，'千穂'と'深志の匠'には，それもほとんどない。

(5) 開花調節技術

量販ギクは，盆と秋彼岸需要を見込んでの契約栽培であり，出荷時期はとても重要で，課題となるのが切り花時期の調節である。佐久地域では夏秋ギク品種の早晩性を利用して，7月から9月の間の需要期に出荷する栽培方法が多く行なわれている。このとき重要になるのが「幼若性」である。幼若性とは，植物が花芽分化に適した環境に置かれても，生育初期の一定期間は花芽分化をせず栄養生長を続ける性質のことで，花芽分化の時期に大きく影響し，開花時期を左右する要因の一つである。この幼若性はある程度の高温に一定期間遭遇することで消失するとされている。そのため育苗期の温度も影響を与えるが，とくに定植後に高温と干ばつが続くような年には，幼若性の消失が早まり開花が前倒しすると考えられている。

このような環境下での生産とはなるが，大工原さんは電照栽培など日長処理による開花調節は行なっていない。もっぱら適品種の利用と作型の調整，そして植物成長調整剤の利用である。なお，植物成長調整剤は幼若性をより長く維持するための農薬であるが，幼若性を消失した個体には効果がないほか，高温など環境条件によっては幼若性を維持できず，効果が劣ることもある。

しかし，大工原さんが栽培する'千穂'と'深志の匠'は，挿し芽時期を変えて摘心時期をずらすと，その分開花時期も少しずつずれていく性質がある。側枝や側芽が少なく省力的であるという以上にこの性質が重要で，8月盆用出荷を例にとると，挿し芽，摘心，定植の時期をそ

れぞれずらして1か月程度の幅をもたせ，摘心時からおおむね10日おきに2回エスレルの処理を行なって，幼若性の維持をはかることで開花時期の調節を行なっている。

(6) 病害虫防除

量販ギクの密植栽培を可能にしている一つの条件として，大工原さんの圃場の立地条件がある。圃場はほかの田畑や住宅地よりも一段と高い風光明媚な場所にある。一段高いためか風が吹き上げるようによく通り，夏の日中でも比較的さわやかな環境である。密植栽培をしても病気の発生が少ないのは，風がよく通ることが関係しているものと考えられる。

また，将来の規模拡大を視野に，白さび病を中心とした病害虫防除の省力化をはかるため，2年前にブームスプレーヤとトラクターをセットで導入した（第4図）。導入コストはかかったが，防除時間は大幅に短縮された。ブームスプレーヤはアームが片翼のみだが，最大12mまで伸び，さらに2mの高さまで上がる構造である。圃場はブームスプレーヤでの防除作業をあらかじめ想定し，12m幅6うね分を一区画として設置してあり，各圃場の中央部にはトラクターの通り道として，3mの通路が設けてある（第5図）。

片翼のアームは180度の反転が可能で，通路を前進後退で1往復すると，左右の12うねの防

第4図　防除用のトラクターとブームスプレーヤ

量販向けの輪ギク生産で大規模経営を目指す

第5図 ブームスプレーヤによる農薬散布を考慮した圃場
12m幅6うね分が一区画。幅広の通路はトラクターや軽トラが走行できる

第6図 量販店向け輪ギクの束

除が終了する。薬液タンクは600lで，現在の規模ならば十分である。ブームスプレーヤを用いると，10aの防除作業に要する時間はおおよそ6〜7分で，すべての圃場を防除しても1時間はかかっていない。

さらにオオタバコガなどヤガ類の被害を軽減するために，LED光を利用した防除機具も利用している。

大工原さんは今後，量販ギクを柱に規模拡大を計画しているが，とくにキクの場合は病害虫防除が多い。この作業には多くの時間を要するが，大工原さんの圃場環境であれば，ブームスプレーヤ利用も可能なため，省力化は十分はかられると見込まれる。

(7) 選花・選別作業

収穫，調製，出荷作業は，キク栽培のなかでもっとも時間のかかる作業である。2009年度作成の長野県農業経営指標では，キク栽培の全労働時間のうち約21％を占める。

以前は調製作業を手作業で行なっていたが，4年前に全自動結束機を導入した。収穫したキクを機械にセットすると，自動的に脱葉（下葉とり），結束（2か所10本1束），切断（設定した長さになる）までをこなしてくれる（第6図）。これにより選花・選別作業は大幅に能率が上がった。出荷の能力としては，日量5,000本（1箱100本入りで50箱，200本入りで25箱）

第2表 量販店向け輪ギクの選別基準

等階級	草丈(cm)	花・草姿	病害虫の有無
秀70	70	適期切り前 葉の状態良好 25g以上/1本	ほとんど認められない
優70	70	曲がり 極端な首長 早い切り前	ハダニ・白さび病が少しあるもの
細	60	ボリュームの不足	
A		上記以外の品物	

注 JA佐久浅間「輪ギク」量販店対応選別基準より一部抜粋

まで対応できる。

収穫から出荷までの作業の流れを見ると，8時半から12時までが収穫，昼を挟んで14時から18時ころまでを選花・選別作業にあてている。できあがった束は翌朝4時まで常温下で水揚げし，その後箱詰めして出荷している。

とくに量販ギクは出荷の規格が少なく，従来規格の輪ギク出荷基準より単純化されており，選花・選別の作業もはかどる。また細いものでも一定の等階級扱いとなり，専用箱を使って1箱200本での出荷も可能となっている。このため箱数も減って，運賃と箱代金の節約にもつながっている（第2表）。

4. 今後の課題と希望

規模拡大をはかるために，ブームスプレーヤと専用の大型トラクター，全自動結束機を続けて導入してきた。しかし，面積，出荷量ともま

165

だまだ機械の能力に見合っておらず，規模拡大の必要性をさらに強く感じている。防除用のトラクターの運行時間にしても年間約30時間で，レタス，ハクサイ農家で一般的とされる200時間をはるかに下まわっている。過剰投資とならないよう，機械に見合った生産規模の実現も急がれる。

圃場の場所は基盤整備をした水田地帯であるが，農家の高齢化などで周囲にも遊休荒廃農地が目立つようになった。また，農地を大工原さんに借りてほしいという農家も近くに何軒かある。この一帯は住宅地から離れているため，騒音や農薬飛散といった問題も起こりにくい。農地としては土の質も良く，灌漑水路が整備され水の便も良い。今のところ果樹や野菜類を近くに作付けするという動きもないため，量販ギク生産を主体とした規模の拡大をするには打ってつけの条件である。

しかし，その妨げとなっているもっとも大きな問題が労働力の確保である。なかでも摘蕾作業は，とりわけ手間の必要な作業である。1本の茎に1つの花が定番の輪ギクは，蕾が小さいうちに数個ある蕾を1つに整理する摘蕾作業が必須であり，これをしなければ商品にならない。また，花茎の生長に差が出るため，圃場全体を一斉にすませることがむずかしい。さらに側芽の出にくい芽なしの品種でも，摘蕾のときに花茎上位にわずかながら側芽が発生することがある。この摘蕾作業にはどのキク農家でも人手が必要で，機械化できない作業の一つでもある。この時期だけ人を雇うということもできないため，どのような労力確保が可能なのかを検討中である。

キクの生産面積拡大と切り花の増産が，大工原さんの将来の夢，希望である。それを実現に向けて一歩近づけてくれたのが，JA佐久浅間の量販ギクである。従来規格のキク生産とは異なり，省力的で効率的な生産・出荷ができるため，これからもこの需要が続く限り，規模拡大の急先鋒としてさらに生産を拡大していきたいと考えている。

また，露地栽培の模様拡大だけでなく，施設を利用した長期出荷も実現したいことの一つである。作期拡大によって出荷時期が長くなり，経営が安定することと，雇用を入れる場合は，周年仕事があるほうが望ましいからである。この実現に向けて，今後は信用を高めるために法人化も視野に入れて考えていきたい。また，国や県，町などの行政施策にもアンテナを高くし，機を逸しないよう積極的な活用をはかっていくつもりである。われわれ関係者もそれぞれの機関，団体が連携を密にし，しっかりと支えていく必要がある。

《住所など》長野県南佐久郡佐久穂町大字海瀬
　　　　　大工原隆実（59歳）
執筆　竹澤弘行（長野県佐久農業改良普及センター）

2016年記

静岡県湖西市　木本　大輔

〈輪ギク〉周年出荷

白色花と有色花を組み合わせた周年生産体系

―全量自家採穂・直挿し，環境管理，ディスバッドマムの導入―

1. 経営と技術の特徴

(1) 産地の状況

　静岡県西部地域は浜松市と湖西市の2市で構成され，県内有数のキク生産地であり，県内キク生産額の50%以上を占めている。気象条件は年平均気温16.3℃，最低気温2.5℃，降水量約1,800mm（浜松市のデータ）と温暖な気候を生かし，キクの産地として発達してきた。キク生産は輪ギクのほかに，スプレーマムおよび小ギクが生産され，農協（JAとぴあ浜松）による共選共販体制により，関東を中心に出荷している。

　JAは市場へ正確な出荷情報を提供し，予約相対取引を行なうことで安定的な販売網を築いている。正確な出荷情報を提供するためには，生産者の生育情報を把握することが必要なため，品種ごとの圃場巡回，消灯後の検鏡とそれに基づく栽培管理指導を行ない，出荷時期を予測している。またJAでは情報端末を一人一台営農アドバイザーに配布し，写真や生育状況を記録することで情報の共有化に努めている。

　西部地域の輪ギク生産の特徴は，他産地と比べ，黄色などの有色花の作付けが多いことである。全国的な輪ギクの作付け色割合は，白色60%，黄色30%，その他10%程度と思われるが，本地域では年間を通じ白色と黄色の作付け割合はほぼ同等である。そしてとくに3月の彼岸などの物日には，黄色輪ギクの出荷量が70

■経営の概要

経営　輪ギク切り花専業

気象　年平均気温16.3℃，最高平均気温31.1℃，最低平均気温2.5℃，降水量1,800mm

土壌・用土　砂壌土，埴壌土

圃場・施設　経営面積1.4ha　全30棟
　鉄骨両屋根型ハウス12棟　75a（うちシェード・重油暖房機利用75a，自走防除機利用45a，CO_2施用機利用18a）
　鉄骨丸型ハウス4棟　20a（うちシェード・重油暖房機利用20a）
　パイプハウス14棟　45a

品目・栽培型　輪ギク
　'精の一世'（白）：定植2月下旬～8月上旬，5月中下旬～11月中旬出荷，出荷量9万本
　'神馬'（白）：定植7月～1月，11月上旬～4月出荷，出荷量2万本
　'精興北雲'（白）定植7月～1月，11月上旬～4月出荷，出荷量15万本
　'岩の白扇'（白）：定植1月下旬～2月中旬，5月上旬～6月中下旬出荷，出荷量4万本
　'精の光彩'（黄）：定植1月上旬～9月上旬，4月中旬～11月中旬出荷，出荷量40万本
　'精興栄伸'（黄）：定植7月～1月，11月上旬～4月出荷，出荷量7万本
　'黄金浜'（黄）：定植1月上旬～3月，5月上旬7月上旬出荷，出荷量3万本
　'夏姫'（赤）：定植1月上旬～2月下旬，5月上旬～6月下旬出荷，出荷量0.5万本
　'精丹'（赤）：定植3～5月，7～9月出荷，出荷量2万本。出荷量合計80.5万本

苗の調達法　自家育苗

労力　家族3人（本人，父親，母親），パート7名

％になる時期もあり，全国の市場からは有色花の産地としても知られている。そのため，本地域は白色輪ギクとともに黄色輪ギクも視野に入れた戦略を構築し，安定的な出荷へとつなげている。

(2) 経営と技術の特徴

木本さんの経営面積は約1.4haで，労働力は家族3人（本人を含む）にパートなど7名の合計10名で生産を行なっている。作付け計画の作成とパートなどへの作業指示を木本さんが行ない，採穂や芽かき，収穫などの作業が指示に従って行なわれる。作業開始前には，目揃いなどを通じパートへのきめ細かな指示を出すことで，大面積を管理しながらも質の良いキクづくりができるように努力している。

キクの作付け色割合は，白色：黄色：赤色＝4：5：1となっており，3色の安定した周年供給体制を整えている。本地域は白輪ギクとともに黄色輪ギクを全国に供給してきた歴史のある産地のため，その歴史を守るために黄色輪ギクの生産に力を入れている。また周年安定供給を目指しつつ，物日出荷にも対応した生産体系を取っており（第1図），さまざまな需要に応えられるように常に需要動向を把握している。

輪ギク主体の経営を行なっているが，ディスバッドマムの生産も始めた。輪ギクというと葬儀や仏花のイメージであるが，ディスバッドマムは新しい洋花として活用でき，輪ギクとは違った需要が開拓できるので，販売を拡大していくために有利だと考えている。また，輪ギクは，お盆やお彼岸といった特定の月に需要が集中してしまうが，ディスバッドマムは仏花とは違った需要に対応できるため，集中する出荷日を分散させ，年間作業の平準化につなげられる。平成26年からディスバッドマムの試験栽培に取り組み，平成27年から栽培を開始した。作付け品種は'アマランサ'，'クルム'，'マロウ'をおもに作付けし，トータルで10品種栽培，出荷時期は11月～6月の8か月である。出荷形態は，通常，輪ギクは蕾出荷であるが，ディスバッドマムの場合は6分咲き程度で収穫し，花がいたまないようにネットで包んで出荷している。

(3) 栽培の課題

栽培上の課題は冬季の暖房コスト（重油代）である。とくに重油をもっとも多く使用する3月の彼岸向けの作型への影響が大きい。暖房コストはキクの生産費の20％を占め，重油価格は外部環境の変化によって変動するため予測がむずかしい。現在，それらに対応するため，低温伸長性・開花性といった生態的育種が進み，木本さんもそれを積極的に導入してきた。とくに白輪ギクでは，民間育種会社をはじめ多くの品種が育種されている。

一方で黄色輪ギクは，白輪ギクに比べると冬季作型に適した品種が少ない。その結果，黄色輪ギクを作型に組み込むことによる回転率の低下と暖房費による収益性の悪化対策が課題となっている。

さらには，夏の高温により開花遅延によって計画出荷がむずかしい作型もあるため，高温対策も今後の課題の一つである。

2. 栽培体系と栽培管理の基本

(1) 生長・開花調節技術

①温湿度管理

栽培品種は9品種で，品種に応じて，また生育スピードを見て管理法を変えている。夏季は最高平均気温が31.1℃と高温で，ハウス内はさ

第1図　9月の彼岸出荷用黄色輪ギク

白色花と有色花を組み合わせた周年生産体系

らに上昇するため，側窓や天窓を開放し，ハウス内温度を調節している。冬季作型の場合，栄養生長期は15℃，生殖生長期は18℃に加温して管理している。また二重被覆を行なうなどしてハウスの断熱性を高め，循環扇や暖房機の送風機能を使用するなどしてハウス内の空気を循環させ，温室内の温度を均一にすることで省エネにつなげている。

一方で断熱性が高まると相対湿度が上昇しやすく，露で植物体が濡れることで病気が心配されるため，冬季にも換気が重要となってくる。

②**開花調節技術**

日長の調節には電照による暗期中断を行ない，その後シェードによる短日処理により花芽分化を促す。電照にはかつて白熱電球を用いてきたが，最近では蛍光灯やLED電球の普及が進み，値段も従来と比べると安くなってきた。また，白熱電球と比べ蛍光灯のほうが寿命が長いため，交換の手間が省けることから，蛍光灯による電照へと切り替えてきた。

(2) **品種の特性とその活用**

年間3作体系を基本とした周年出荷を行なっているため（第2図），ハウス栽培の回転数を重視した品種選定を行ない，さらに低温伸長性・開花性や芽なし性など生産性を考慮に入れている。また，キクは花だけでなく葉も商品としての価値が高いため，草姿のバランスがとれ

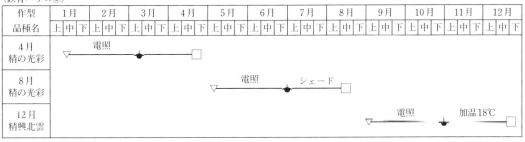

第2図　木本さんの施設利用体系

ていることも重要な点である。

夏季作型の主力品種である'精の一世'および'精の光彩'は従来の品種と比べ，芽なし性が強く，生育および開花の揃いが良いので作業性に優れた品種である。また到花日数が短く高回転型栽培に適している。さらには'精の一世'は立葉で密植もできるので，収益性も高い。冬季作型では'精興北雲'，'精興栄伸'を導入している。その理由として低温開花性に優れることから，冬季の栽培コスト低減に役立っている。とくに'精興北雲'に関しては，開花の揃いが良いため，一斉収穫ができ収穫期間を短くできるという特徴がある。暖房設備やシェード設備がないハウスには無加温でも栽培できる'岩の白扇'，'黄金浜'，'夏姫'を作付けし，収益性やハウスの回転率を高めている。

品種導入にあたっては，出荷を行なう前年度に試験栽培を実施し，さらにはJAを通じた試験出荷による市場評価などを入念に調査し，JA担当者と相談のうえ決定している。現在，作付けが多い品種は，白輪ギク'精の一世''北雲'，黄色輪ギク'精の光彩''精興栄伸'となっている。

(3) 養水分管理のポイント

施肥設計は土壌診断に基づいて行ない，全量基肥栽培として追肥は施さない。そのため，緩効性肥料を用いて，キクの栽培期間を通じて肥効がでるような組み合わせとしている。灌水は頭上灌水装置を用いることで，圃場全体に均一に灌水し，生育ムラを出さないようにしている。品種や栽培時期によって灌水量や回数が変わってくるため，常に植物のようすを見ながらの管理となる。

3. 栽培管理の実際

(1) 親株管理と種苗

キク生産用の穂は全量自家採取するため，栽培8品種の親株はすべて自分で管理している。親株は2か所の圃場で管理し交互に採穂している。親株は膝丈程度で随時切り戻し，冬季は暖房することで穂を確保している。穂の長さは6cm程度とし，周年で直挿しを行なっている。

穂を全量自家採取している理由は，自分の納得のいく穂を使用したいこと，需要動向に応じて作付けしているため，それらにフレキシブルに対応できること，急な作付け変更が生じることによるハウスの回転効率の低下を防ぐことである。

(2) 土つくりと施肥

土つくりについては，まず作付け前にJAの土壌診断サービスを活用し，土の状態を把握して施肥設計を行なう。診断にもとづき，堆肥投入量や施肥量の調整を行なう。また深耕を行なうことで根の生育範囲を広げ，根の健全な生育を促進し，品質の良いキクづくりができる。さらには深耕で下層土と地表土を混ぜることで，土壌に集積している養分が均一に混ざるなどの効果も期待できる。

(3) 圃場準備と直挿し

作付け10日前までにセンチュウ対策としてD-D剤（商品名テロン）を土壌に所定量の薬液を注入し，ただちに覆土・鎮圧する。土壌消毒後，うね幅90cm，通路45cm，高さ10cmに仕立て，たっぷりと灌水したあと，直挿しを行なう（第3図）。うね立てを行なうことで，灌水時の水の偏りを防ぎ，生育差が生じないようにしている。直挿しは育苗の手間と育苗スペースを省略でき，現在では多くの生産者が活用して

第3図　直挿しのようす

第4図 直挿し後に有孔フィルムでべたがけを行なう

第5図 べたがけをはがした状態

いる。フラワーネットは13cm×7目を用いて，栽植密度は品種や作型によって違うが，夏季作型では坪50本，冬季作型では40本程度としている。

直挿し後，うね全体に有孔フィルムでべたがけを行なう。通常，直挿し前に散水するため，べたがけの下は過湿になりやすく，それが病気や苗の腐敗の原因となるが，有孔フィルムを用いれば余分な水分が穴から逃げ，水分量を適切に保つことができる。

有孔フィルムはべたがけ後，10～20日程度ではがす（第4，5図）。フィルムをはがすタイミングは，キクが発根して水を吸い上げ始め，葉の縁に水滴がつくときである。

3月以降は高温にも気をつける。有孔フィルムはシェード用カーテンと併用することで温度上昇を防ぐ効果もある。キクの根は25℃で発根が早くなるが，35℃では著しく悪くなり，40℃以上では枯死してしまうので，夏の高温期はとくに注意が必要である。有孔フィルムを活用した直挿しによって，定植が省力化でき，また揃いが良くなってロスが減るなど，収益性が向上してきた。

(4) 生育中の管理作業

水管理　マルチを取ったあと，土の乾き具合を見ながら頭上灌水で均一に散水する。基本的には頭上灌水装置を活用しているが，冬季などは頭上灌水後の植物の乾きが悪く作業性が悪化したり病気の発生要因となるため，冬季は地上灌水装置を用いている。

施肥管理　土壌診断結果をもとに緩効性肥料を使った全量基肥栽培としている。一般的に施設園芸は土壌のリン酸の集積が課題となっており，木本さんの圃場も同様の診断結果となっているため，リン酸含量が少ない種類の肥料を用い，キク1作で肥効が切れるものを使用している。

温湿度管理　質の高い輪ギク生産では，地下部とともに地上部の環境改善も重要である。夏季作型は，高温による開花遅延や品質の低下，葉やけなどが懸念されるため，換気や遮光による昇温の抑制などの対策を講じている。具体的には遮光剤（商品名レディソル）を全ハウスに塗布している。また換気を良くするために，サイドネットの網目もハウスの形状によって変えている。棟高が高いハウスは，植物の上部空間が広いため，低軒高ハウスと比べると昇温しにくいので，病害虫の進入防止に重点を置き，防虫ネットは0.4mm目，その他のハウスは，換気を重視し3mm目としている。

冬季作型では，栄養生長期15℃，生殖生長期18℃で管理している。2008年から重油が高騰し，暖房温度を下げる動きも見られたが，最適温度で管理することにより作期および収穫期間が短くなって結果的に省エネになり，また切り花の品質も良いため，収益性が良くなる。

上位階級に合格する花の発生率を高めるため，バラなどで積極的に導入され，一定の成果をあげている二酸化炭素施用機を，一部圃場に

第6図　選別機

第7図　出荷前の状態

試験的に導入している。今後，費用と収益への効果について検討していく予定である。現在の二酸化炭素濃度の制御方法は，天窓・側窓を全閉し，日中600ppmで施用，室温が28℃を超えると天窓が開き，400ppmの施用に切り替わるという方法である。

病害虫防除　一人で全圃場を管理しているため，病害虫防除は自走式防除機を積極的に導入し，省力化に努めている。ただし，病害虫の発生状況により，動力噴霧器による手がけ防除も行なっている。

(5) 採花と鮮度保持など

出荷時期や品種特性を考慮しながら，切り前を判断し採花している。とくに夏季作型は開花の進みが速いため，通常よりも若干堅めの切り前としている。

収穫は午前中に行ない，選別機で90cmに調製後（第6図），下葉を落としJAで決められた各階級に分類し，10本一束に結束したあと（第7図），3℃の冷蔵庫で水揚げする。水揚げ終了後は，箱詰めしJAに出荷する。

4. 今後の課題

今後の最大の課題は労働力である。現在は家族労働が主体であり，栽培・ハウス利用・出荷計画そして日々の管理作業の指示はすべて経営者本人が行なっている。栽培規模が拡大するにつれ，各仕事に費やせる時間が少なくなってくることが予想される。今後さらに規模拡大をしていくには，栽培担当や出荷担当など，今まで一人で行なってきた仕事を部門化するなどの組織の仕組みづくりが重要であるとともに，それを任せることができる人材の育成が課題である。そのためには，家族経営から法人への転換をはかり，社会的信用を高めることで人材の確保をはかりたい。

また，施設の老朽化による生産性低下が懸念され，施設の新設および更新が必要になってくるとともに，規模拡大に伴い出荷施設も拡大していかなければならない。これらのことも視野に入れるとその資金調達という課題も生じる。法人化すれば信用が高まることで資金調達もしやすくなることから，これらの課題解決のために，まずは法人化を目指す。

《住所など》静岡県湖西市
　　　　　木本大輔（38歳）
執筆　興津敏広（静岡県西部農林事務所）
　　　　　　　　　　　　　　2016年記

愛知県田原市　河合　清治・恒紀

〈輪ギク〉周年出荷

大苗直挿しと環境制御による生産性の向上

―大苗利用による栽培期間短縮，栽培環境の改善による品質の向上―

河合清治さん（左）と恒紀さん

1. 経営と技術の特徴

(1) 産地の状況

田原市は，愛知県の南端の渥美半島に位置する。渥美半島は南を太平洋，北を三河湾に挟まれた東西に細長い半島であり，冬季温暖で日照量の多い気象条件を生かした園芸品目の周年栽培が盛んで，施設栽培も古くから取り組まれてきた。

施設ギク栽培は1937年の秋ギクのシェード栽培に始まり，1948年には電照抑制栽培が開始されている。水不足から当初は一部の地域での栽培に限られていたが，1968年の豊川用水の全面通水により水不足が解消され，また1970年代から始まった構造改善事業の導入，生産者と愛知県農業試験場などが一体となった技術開発が相まって，全国一の生産地へと発展した。

現在の田原市の輪ギク生産は，2014年度の愛知県花き生産実績では，栽培延べ面積978ha，生産量3.5億本，生産額214億円，生産農家数997戸である。生産農家の半数以上が輪ギク主体の専業農家で，生産額は国内の約3割を占めている。

生産者の多くは農協の生産組織に加入しており，出荷は共選共販で行なわれている。関東，関西，中京，東北を中心に，北海道から九州まで全国60社以上の卸売市場に出荷され，おもに予約相対取引による販売が行なわれている。

■経営の概要

経営　輪ギク切り花専業
気象　年平均気温16.0℃，8月の最高気温の平均30.9℃，2月の最低気温の平均2.6℃，年間降水量1,602mm，冬期暖かく降雪はほとんどない
土壌・用土　壌土・耕土30cm
圃場・施設　ガラス温室30.3a（5棟計），いずれも加温，電照，シェード，自動灌水施設あり。育苗室はガラス温室2.6a（1棟），ビニールハウス3.3a（1棟）
品目・栽培型　輪ギク（神馬，精の一世）
　2015年　神馬：定植9～11月，12～2月出荷，12万本，神馬二度切り：4～5月出荷，7万本，精の一世：定植3～7月，6～11月出荷，20万本
苗の調達法　神馬：購入（未発根苗），精の一世：自家育苗
労力　家族3人（本人，妻，長男），常時雇用1人，臨時雇用1人

(2) 経営と技術の特徴

河合清治さんは，地域を代表する輪ギクの篤農家の一人である。1959年に輪ギク栽培を開始して以来，50年以上輪ギク生産に取り組み，改良を重ねてきた。1987年に'精雲'の直挿し栽培で挿し芽・移植作業の省力化を実用化したことは，河合さんのもっとも大きな功績の一つである。その後も，大苗育苗による作期短縮，'神馬'の芽なし系統の育成など，常に新たな技術改善に取り組んでいる。後継者の恒紀さん

キクの栽培技術と経営事例

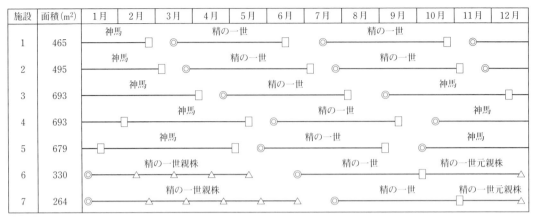

第1図　河合さんの施設利用体系

第2図　直挿しの定植風景

は2008年に就農し，現在は圃場運営の中心として働きつつ，精力的に栽培技術の修得に励んでいる。

現在の河合さんの経営は，ガラス温室30.3aで年3作の周年生産を行なっている。栽培品種は'神馬'と'精の一世'の2品種である（第1図）。

①直挿し栽培技術の開発・普及

河合さんは，定植時に捨てた発根していない苗がいつの間にか活着し，ときには発根苗より旺盛に生育するのをヒントに，本圃に直接挿し芽を行なう，直挿し栽培技術を開発した。直挿し栽培は挿し芽と挿し芽管理作業を省くことができ，従来の発根苗定植と比較して10a当たり約50時間の省力になるため，現在は全国の輪ギクやスプレーギク栽培での一般的な定植方法になっている（第2図）。

河合さんは，このキクの直挿し栽培技術を開発した功績によって，1999年に岩槻賞（愛知県農業の改良・発達に顕著な功績が認められた農業関係技術者および農家を表彰する賞）を受賞し，2008年には農林水産省の「農業技術の匠」に選ばれている。

直挿しに使う挿し穂は，開発当初は10cm程度のものを使っていたが，2004年ころから，施設利用率を向上させるために20cm程度の大苗を使うことを考案し，実行している。大苗を使うことで消灯までの期間が10日程度短縮できるため，栽培期間の長い'精の一世'の導入後も，ゆとりを持って年3作栽培体系を維持できている。

②環境制御の改善による品質の向上

河合さんは栽培方針として「土，光，水，温度，風の管理により好適な生育環境を与えて，あとはキクが健康に育つのにまかせる」ことを，常に心がけている。そのため室内環境の制御には細心の注意を払い，また新たな技術の導入を積極的に行なっている。

キクの生育にもっとも重要な要因として光を重視し，1年を通して最適な光量となるよう日射量を調整している。冬季は日の出とともにシェードカーテンを開放して光の確保に努め，春

〜夏季は遮光剤を5月と梅雨明け後の二段階に分けて薄く散布して，必要以上に遮光しないようにしている。

2014年には冬季の栽培環境改善のため，2棟のハウスに炭酸ガス発生装置を導入した。河合さんはもともと土つくりとして積極的に有機物を施用していたため，炭酸ガスの不足は感じていなかったが，ガス濃度の測定により日中200ppmまで低下する日があることを知り，炭酸ガス発生装置の導入を決断した。また，光環境の改善にも取り組んだ結果，1月の2L発生率を導入前より約15％向上させている。

2. 栽培体系と栽培管理の基本

(1) 品種の特性とその活用

①精の一世

河合さんは2010年に'フローラル優花'に替わる品種として，'精の一世'を導入した（第3図）。'精の一世'は花型や草姿に優れ，生産面でも芽なし性が強いこと，上位階級発生率が高いことから，現在地域でもっとも栽培される品種となっている。当初懸念された奇形花は，ハウス屋根面に遮光用塗料を散布して遮光すること，十分に換気を行なうことによって，大幅に軽減された。河合さんは6月中旬から11月初旬まで出荷を行なっている。

②神 馬

河合さんは2000年ころから地域でもっとも早く'神馬'の栽培を開始し，これまでに自家選抜した芽なし系統を含め，さまざまな系統を栽培してきた。現在は秋ギクの定植苗を全量購入していることから，低温開花性系統のなかでボリュームがあり苗質が安定している，マリンステージ社の'神馬K3'系統を使用して，12月から5月まで出荷を行なっている（第4図）。

(2) 環境管理と養水分管理のポイント

①土・水

排水性が良く根張りの良い土をつくるため，毎作サブソイラーによる深耕と，粗大有機物や腐植資材など土壌改良材の施用を行なってい

第3図　精の一世の開花圃場

第4図　神馬の開花圃場

る。

灌水は必ず，土壌の水分状態を確認しながら行なっている。その方法として，40cmの深さに挿したフラワーネットの支柱を抜き，先端の湿り具合を確認して，灌水を行なうかどうか判断している。とくに'精の一世'栽培では，土壌水分が多いと根いたみを起こしやすく，少ないと伸長が極端に悪くなる。そのため，ベッドに灌水ラインを3本（中央に塩化ビニルの灌水パイプ，両端に灌水チューブ）敷設し，ベッド内の場所ごとの水分状態を確認しながら，使用する灌水ラインを選択している（第5図）。

②光

夏季の強日射は'精の一世'にとって過酷な環境であるため，遮光剤により日射量の調整を行なっている。遮光剤（商品名:レディソル）

キクの栽培技術と経営事例

第5図　3本の灌水ライン

第7図　炭酸ガス発生装置

第6図　循環扇

の散布は2回に分けて行なっており，1回目は5月に葉焼けや芽焼けを予防するために薄く散布し，2回目は7月の梅雨明け時に散布して開花遅延や奇形花を軽減させる。必要以上に日射量を減らさないため，日中のシェードカーテンによる遮光は一切行なわない。

冬季の日照の少ない時期は，日光をハウス内にとり入れることを栽培管理上の最優先事項としている。夜間は保温のために二層カーテンを閉じているが，日の出とともにシェードカーテンを開け，透明の保温カーテンも8時には開放する。また，ハウスの北面にはアルミの反射フィルムを内側に張り，ハウス側面のシェードカーテンも内側が白い資材を使って，日中，光が射し込まない側のカーテンを閉めることで，反射光を最大限に活用している。

③温度・風

栽培期間中は循環扇，暖房機の送風ファンを常時稼働させて，ハウス内の空気を動かし，温度や湿度ムラの解消，キクの光合成促進をはかっている（第6図）。夏季は換気扇も常時稼働させて，室温の低下に努めている。

温度管理は暖房機や天窓のセンサー任せにせず，自分で実際に温度計を持ってハウス内を測定し，実温にもとづいて設定を行なっている。

④炭酸ガス

冬季はハウスの換気量が少なくなるため，日中の炭酸ガス濃度が低下する。そのため，現在3部屋で炭酸ガス発生装置を導入し，11月下旬から4月まで，日中外気と同じ400ppmの濃度を維持するよう管理している（第7図）。

(3) 生長・開花調節技術

①6～7月開花（精の一世）

'精の一世'の出荷は6月中旬から行なっている。定植は3月から始まり，定植から消灯まで約45日，消灯から収穫開始まで約47日，収穫終了まで約10日である。花芽分化抑制のための電照は深夜5時間，消灯時の草丈は65cm，消灯後のシェードによる短日処理は11時間日長としている。夜温は，消灯前は15℃，消灯後は20℃で管理している。定植本数は約170本/3.3m^{2}である。

②8～9月開花（精の一世）

高温による開花遅延が発生しやすい時期である。定植から消灯まで約45日，消灯から収穫開始まで約45日，収穫終了まで約10日である。花芽分化抑制のための電照は深夜5時間，消灯時の草丈は70cm，消灯後のシェードによる短日処理は11時間日長としている。定植本数は

約170本/3.3m²である。

③10〜11月開花（精の一世）

生育前半は高温による立枯れ，後半は日照量の減少による開花遅延が発生しやすい時期である。定植から消灯まで約47日，消灯から収穫開始まで約45日，収穫終了まで約7日である。花芽分化抑制のための電照は深夜5〜6時間，消灯時の草丈は70cmとしている。定植本数は約150本/3.3m²である。

④12〜3月開花（神馬）

'神馬'は12月上旬から出荷を開始する。12月下旬から2月中旬までの開花作型では，日照が少ないためボリュームを確保しにくい時期である。定植から消灯まで約55日，消灯から収穫開始まで約45日，収穫終了まで約7日である。花芽分化抑制のための電照は深夜5時間，消灯時の草丈は70cmとしている。夜温は，消灯前は13℃，消灯後花芽分化期は16℃，発蕾期以降は15℃で管理している。定植本数は約140本/3.3m²である。

⑤4〜6月開花（神馬）

'神馬'の二度切り作型となる。芽数を1株1本に整理することで，ロスのない揃った高品質の花を生産している。二度切り開始（芽の立上げのための蒸し込み開始）から消灯まで約55日，消灯から収穫開始まで約45日，収穫終了まで約7日である。花芽分化抑制のための電照は深夜5時間，消灯時の草丈は70cm，消灯後のシェードによる短日処理は10時間日長としている。夜温は，消灯前は13℃，消灯後花芽分化期は16℃，発蕾期以降は15℃で管理して

いる。定植本数は約130本/3.3m²である。草丈を揃えるため，消灯前に草丈の長い株だけビーナインを拾いがけしている。

3. 栽培管理の実際

(1) 親株管理

'精の一世'は自家で親株を育成している。元親株は，10月および11月開花作型の切り下株を使用するが，そのさい，奇形花や伸長の悪い株，無側枝性の弱い株などの不良株は淘汰して，優良株のみ残すように選抜している。収穫後は切り下株をそのまま圃場で管理して，発生した冬至芽を12月下旬に採穂し親株とする。圃場は採穂後すぐに片付けて植付け準備を行ない，1月上旬に冬至芽を直挿し定植する。ハウスは13℃で加温し，1回ピンチを行なったあと，3月から採穂する。大苗をとるため，育苗面積は広く確保（生産面積の20％）し，採穂間隔は約30日である。

'神馬'は省力化とキクえそ病のリスク回避の面から，定植穂を全量購入している。

(2) 土壌管理と施肥

前作終了後，有機物主体の肥料を散布し，サブソイラーによる硬盤破砕を行なってから，D－D剤で土壌消毒を行なう。その後，化成肥料とともに腐植，有機石灰などの土壌改良資材を散布して，ロータリで耕うんする。施肥は基肥のみで，基本的に追肥は行なわない。

定植後は，作ごとに通路にサトウキビかすを

第1表 肥料などの施用例（神馬12月出荷の場合）

項 目	投入資材	商品名	成分（N—P—K）（%）	施肥量（kg/10a）	備 考
粗大有機物	牛糞堆肥	みなみエコユーキ	—	4,500	3年に1回散布
	サトウキビかす	ケイントップ	—	600	毎作中に通路施用
土壌改良材	腐植資材	アヅミン	—	120	
	有機石灰	かきがらくん	—	180	
	苦土石灰	活力	—	180	
基 肥	有機質主体肥料	幸運配合	5—6—5	280	
	化成主体肥料	エコロング426	24—2—6	280	140日タイプ。二度切り分を含む

177

10a当たり600kg敷き，土壌の乾燥を防ぐとともに，作付け終了後には切り株などの残渣とともに作土にすき込んで，有機物として供給している。また，牛糞堆肥10a当たり4,500kgを，3年に1回散布している（第1表）。

（3）直挿しの穂の準備

大苗直挿し用の穂の採穂前には，冷蔵中の穂の腐敗を防ぎ，また陰干しの時間を短縮するため，育苗ハウスの灌水をひかえ，水分量を減らす。穂は22～23cmの長さではさみで摘み，2～3時間陰干しして熱をとったあと，深さ30cmのコンテナに立てて詰める。いっぱいまで詰めたら穂の上に新聞紙をかけ，全体をポリフィルムで密封しない程度にくるんで，2℃の冷蔵庫に入れる。冷蔵期間はおおむね20日以内としている。

直挿しする4～7日前に冷蔵庫から出して，ポリフィルムと新聞紙を除き，コンテナに詰めた状態のまま，発根剤（オキシベロン液剤）と殺菌剤を入れた水で水揚げする。中古の浴槽に水揚げ用の水を入れ，これにコンテナ全体を10～15秒間浸漬する。その後1～2時間日陰で水切りをし，ふたたび新聞紙とポリフィルムに包んで，今度は5℃の冷蔵庫に入れておく。この処理により冷蔵中に発根準備が進み，直挿し後の発根が早まる効果がある。直挿しの前夜に冷蔵庫から出して，常温において慣らしておく。

購入穂（第8図）を定植する場合は，手元に届くまでに採穂から10日程度経過していることから，冷蔵庫での保管は7日以内としている。水揚げは直挿しの3日前までに行なう。購入穂は50本ずつ袋詰めされており，袋には横に穴があいているため，袋のまま水揚げ用の水槽に投入し，穴から水が入り気泡が出なくなるまで，全体を浸漬する。その後，袋の下側をあけてコンテナに立てて並べ，1時間半程度水切りを行なう。そしてコンテナ全体をポリフィルムで包んで，5℃の冷蔵庫に入れる。この方法で水揚げすることで，水揚げ時に袋から穂を出す手間が省け，定植時にも袋のまま配れるので，作業効率が良い。

（4）直挿し方法

定植前にうね立ては行なわず，ベッドになる位置に糸を張り，中央に灌水パイプを置いて，灌水チップの間隔を目安に直挿しを行なっていく。

大苗の直挿し方法は，穂を手に持って，そのままベッドへ約5cmの深さで挿す。大苗は茎が硬くなっているため，コテを使わずに片手で挿すことができる。

栽植方法は'精の一世'の場合，灌水チップ（40cm間隔）間に片側当たり4本×4列で16本植えと，3本×4列で12本植えを交互に行なう。フラワーネットは，13cm×13cm×8目で幅104cmのものか，14cm×14cm×7目で幅98cmのものを使用している（第9図）。フラワーネットを張ったあとの通路幅は27cm前後と狭く，

第8図　購入穂

第9図　フラワーネット

施設の利用率は約70%ときわめて高い。このため、ベッド内の1本当たり占有面積は140～148cm^{2}と広いのにもかかわらず、3.3m^{2}当たり定植本数は約170本を確保している。また通路幅が狭いことで、ベッドの外側の株が大きくなりすぎるのを抑えられる。

'神馬'の場合は、灌水チップ間の植え本数をすべて片側3本×4列の12本とし、栽植本数は3.3m^{2}当たり約140本である。ベッド内で1本当たり占有面積は163～173cm^{2}と大変ゆとりがあり、これが冬季の上位階級発生率を増やす一因になっている。

(5) 直挿し後の管理

直挿し後は十分に灌水を行なう。直挿し後すぐに1回目の手灌水を行ない、殺菌剤(リゾレックス粉剤)を散布して、2回目の手灌水を行なう。そして1～2時間後、灌水パイプを使って3回目の灌水を行なう。

直挿しの翌日、ポリフィルムによる被覆を行なう。フィルムは穴あきポリフィルム(500穴/m^2、透明0.02mm)を年間通して使用している。'精の一世'では12～14日間、'神馬'では20日間被覆するが、途中の7日目と14日目に灌水パイプで1～2分灌水する。被覆の途中で灌水することで、発根と生育の揃いが良くなる(第10図)。

被覆中、天井部のシェードカーテンは、日中10cm程度隙間をあけて閉めておく。サイドのシェードカーテンは、日の入る方向は閉め、反対側は開けておく。朝夕は太陽の光を当てるため、日没の1時間前から日の出の1時間後まではシェードカーテンをすべてあける。ポリフィルムの被覆を取り外したあとも2日間ほど遮光を行ない、徐々に慣らしていく。遮光方法は、季節や天候に応じて調節する。

(6) 電 照

電照は蛍光灯で行なっている。昼光色で25Wのものを多く使用しているが、一部で赤色蛍光灯やLEDの試験も行なっている。設置間隔は、白熱電球と同じ約10m^{2}に1灯である。電照時間は1年を通して、5時間電照(22～3時)で行なっている。

(7) 病害虫防除

春から秋にかけて、アザミウマの侵入防止のため、すべてのハウスの側窓や出入り口に、白色不織布を織り込んだ遮光ネット(商品名:スリムホワイト)を設置している。ネットは上部のみ固定して吹き流しとし、細かい目合いのネットは張っていないので、ハウス内の通気はきわめて良い(第11図)。

白さび病に対しては、動力噴霧機による定期的な殺菌剤散布とともに、夜間に硫黄くん蒸器による防除を行なっている。くん蒸器は11月下旬から7月上旬まで使用する。

(8) 収 穫

収穫は、JA愛知みなみ輪菊部会で決められ

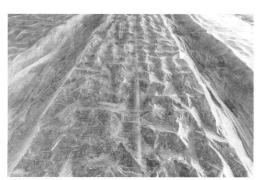

第10図　直挿し後の被覆中の圃場

第11図　防虫用に設置している遮光ネット

キクの栽培技術と経営事例

た切り前基準に従って行なう。午前中にほとんどの収穫作業を終え，その後に選別調製を行なう。水道水で一晩水揚げ後に段ボール箱に詰めて，農協の出荷場に持ち込む。検査後，指定市場に出荷する。

4. 今後の課題

河合さんは，これまで多くの技術改良を行なってきたが，今後も新しい技術を積極的にとり入れていきたいと考えている。とくに冬季の環境制御については，まだ試行錯誤の段階であり，継続的に試験を行なっている。

また品種について，'精の一世'は伸びにくい，奇形花が発生しやすいなどの課題があり，種苗メーカーと連携しながら，より良い系統の育成に取り組んでいる。

清治さんは後継者への技術継承について，キクをよく観察し，作業の一つひとつがキクの生理生態と経営の合理化にもとづいて決定されていることを理解して，考えながら仕事をするよう促している。そして多くの優れた経営体に接したり，新たな技術を積極的に学び，変化を楽しみながら，経営の発展に取り組んでいけるよう期待している。

《住所など》愛知県田原市若見町亀太郎32
河合清治（75歳）・河合恒紀（46歳）
TEL. 0531-45-3263
執筆　坂場　功（愛知県東三河農林水産事務所田原農業改良普及課）

2016年記

山内英弘さん

愛知県田原市　山内　英弘・賢人

〈輪ギク〉周年出荷

環境データの「見える化」への取組み

—精の一世と神馬の採用，炭酸ガス施用で高収量・経営安定—

1. 経営と技術の特徴

(1) 田原市の輪ギク生産の状況と課題

①栽培の歴史

　愛知県南東部の田原市は施設園芸を中心とした全国屈指の農業地帯である。なかでも輪ギクは全国一の産地として有名で，2014年度の生産実績は，栽培面積978ha，生産量3億5,083万本，生産額214億円となっている。生産農家は998戸で，大半が専業農家である。

　当地域の施設園芸での輪ギク栽培は，1937年の秋ギクのシェード栽培が始まりとされている。1948年には秋ギクの電照抑制栽培が試験的に導入された。その後，暖地の気象条件を利用し，無加温で2～3月開花までの作期拡大が図られた。

　1968年の豊川用水の通水に伴う土地基盤整備，周年化栽培の確立，制度資金の積極的な活用による規模拡大で，田原の輪ギク生産量は飛躍的に伸びた。

②生産組織

　輪ギク生産者のほとんどは愛知みなみ農協の組織に加入しており，経営方針の違いによって専作経営で共同選花場を利用する「TeamMAX」，専作経営主体で自家で出荷調製を行なう「TeamSTAR」，複合経営主体で輪ギクを生産する「TeamSKY」の3組織のいずれかに属している。いずれのTeamも全量共選共販を行なっている。

■経営の概要

経営　輪ギク専業

気象　年平均気温16.6℃，8月の最高気温の平均31.5℃，1月の最低気温の平均3.1℃，年間降水量1,985.5mm，冬季暖かく降霜はほとんどない

土壌・用土　壌土・耕土30cm

圃場・施設　ガラス温室20.5a（3棟），硬質ハウス54.5a（8棟）。いずれも加温，電照，シェード設備，自走式防除機を設置。育苗施設12.6a（3棟）

品目・栽培型　輪ギク（品種：神馬，精の一世）
　2015年度　神馬：定植8～1月，出荷11～5月，出荷量42万本，精の一世：定植1～8月，出荷5～11月，出荷量63万本

苗の調達法　自家育苗（精の一世の5月出荷作型のみ購入苗を利用）

労力　家族3人（本人，妻，長男），外国人技能実習生2人

販売先は，関東方面を中心に関西，中京，東北と全国の市場に及んでいる。

③産地での技術・経営の課題

　産地では，経営の安定化を図るため，年間予約相対取引を主体にした販売に力を入れている。年度初めに規格別の契約単価を設定して，市場と週間取引数量を契約し，年間を通じた取引きを行なっている。

　安定して輪ギクを出荷するには，部会員全員の栽培技術の高位平準化や病害虫などによるロスの低減が課題で，輪菊部会の栽培委員会が中

キクの栽培技術と経営事例

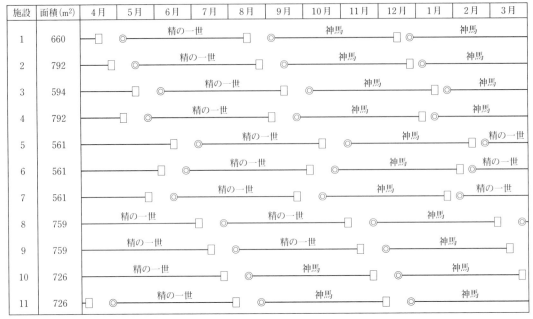

◎定植，□収穫

第1図　山内さんの施設利用体系

施設の5，6，7は3連棟，8，9と10，11は2連棟

心となり課題解決に取り組んでいる。

(2) 経営と技術の特色

山内さんは，JA愛知みなみ輪菊部会「TeamMAX」に所属している。高校を卒業し，就農した1982年当時は，メロン＋輪ギク体系の15aの施設栽培と露地野菜の複合経営で，その後，3～5年ごとに規模拡大を行ない，1988年に輪ギク専作経営となった。現在，生産施設面積は75aで，すべてにシェードカーテン，暖房機，自走式防除機などが設置され，周年栽培を行なっている（第1図）。このほかに，6.6aと3aの育苗ハウスと，3aの挿し芽用ハウスがある。

施設の建設には農業改良資金，近代化資金，公庫資金などの制度資金のほか，国のリース事業を活用し，規模拡大をはかった。また，2012年度に施設園芸省エネルギー設備リース支援事業，2014年度に燃油価格高騰緊急対策事業の活用によりヒートポンプを導入し，暖房コス

トの低減に努めてきた。

品種は，5～8月盆までは'岩の白扇'，8月下旬～11月中旬まで'精の波'を栽培していたが，この時期の栽培は'精の一世'に替わった。この品種は2L規格の発生率がきわめて高く，市場からは仏花向けのL・M規格の出荷量を増やしてほしいという要望が高まった。そのため，単位面積当たりの定植本数を増やすことにより，上位階級から下位階級までバランス良

第2図　後継者の賢人さん

環境データの「見える化」への取組み

く出荷するように努めている。

秋ギクは2L発生率が低い冬場の収量増加を図るため，'精興の誠'から'神馬'へと切り替え，2011年11月に炭酸ガス（CO_2）施用機と併せて環境モニタリングシステムを導入した。一緒にシステムを導入した農家同士でデータを共有し，栽培技術の高度化につなげるための勉強会を立ち上げ，栽培環境の「見える化」に取り組んでいる。

2013年3月には長男・賢人さん（第2図）が就農したため，ハウス1棟を任せ，栽培技術を教えている。この指導にあたって，自らの経験や感覚を伝えるのはむずかしいが，モニタリングで得られたデータ（第3図）が大変役立っている。環境データと生育状況を見ながら教えることで後継者も理解しやすく，データにもとづいて意見交換ができる。このため勉強会へは親子で参加している。

賢人さん（26歳）は，大学卒業後，公益社団法人国際農業者交流協会が主催する海外農業研修のオランダコースに参加し，1年間スプレーギク農家で世界最先端の施設園芸を学んだ。オランダでは日射量に応じて灌水を行なっていることを学び，環境モニタリングシステムで日射量を確認し，日射量 $20MJ/m^2$ に対し $5l/m^2$ を目安に行なっている。

施設1棟を任され，父親の栽培方法に自分の考えも取り入れて栽培し，就農1年後に行なわれた部会主催の圃場共進会で第1席を受賞した。

2. 栽培品種と栽培管理

(1) 精の一世

①品種の特徴と栽植方法

'精の一世'は，立葉で密植しても茎が曲がりにくく，ボリュームもあることから多収栽培が可能である。このため部会では $3.3m^2$ 当たりの定植本数は，8月上旬開花の作型で'岩の

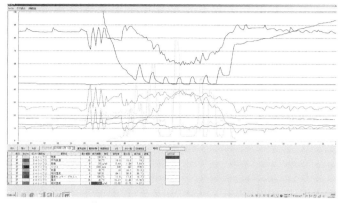

第3図　モニタリングのグラフ画像

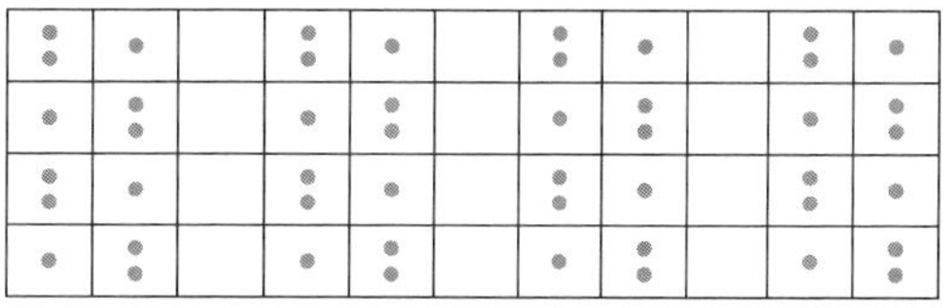

第4図　8月開花精の一世の栽植方法

白扇'の125～135本に対し，'精の一世'は160～180本を基本としている。また，無側枝性が強く側枝・着蕾数がきわめて少ないため，摘芽・摘蕾作業の労力が大幅に削減できる。現在，'精の一世'の出荷期間は5～11月の7か月間で年間出荷の過半となり，部会の主力品種となっている。

山内さんは，2008年から'精の一世'の栽培を開始した。自家育苗を基本としているが，5月出荷作型では苗数の確保がむずかしく，幼若性による開花遅延が起こりやすいため，この作型のみ購入苗を利用している。

この品種は，上位階級の発生率を低くし細いものまでバランスよく出荷することが課題である。8月開花の山内さんの栽植方法は，ネット目が $11cm×11cm$ の11目のフラワーネットを使い，$3.3m^2$ 当たり190本定植している（第4図）。

②病害虫対策

'精の一世'はハダニ，白さび病の被害を受けやすく，アザミウマ類が媒介するTSWV，CSNVに感染しやすい品種であるため，登録農

薬のローテーション防除を徹底している。

梅雨明け後の高温期には立枯れが発生しやすいため、毎作リッパーやサブソイラーによる深耕を行ない、クリンカアッシュ（火力発電所から排出される石炭灰を原料にした土壌改良資材）を土壌に混和し、排水性の向上をはかっている。灌水は、立枯れが発生しやすい高温期は、地温と灌水に使用している用水温が下がる夕方に行なっている。また、立枯れ対策のため通常より灌水量をしぼって栽培すると草丈の伸長が悪く栽培期間が長くなるので、セル成型苗を定植して栽培期間の短縮をはかっている。そのほか、ヒートポンプによる夜冷を行ない、夜間の温度を下げるようにしている。

③露心花対策

10月下旬開花以降は露心花になりやすい。これは総小花数が減り管状花数が多くなるためで、対策として再電照が有効である（第1表）。8月20日以前に消灯する作型では再電照の必要はないが、それ以降に消灯する作型では、花芽分化が3期後半から4期前半のタイミングで3時間、3日間が基本となっている。消灯10日後が目安であるが、花芽分化の進み具合は気象の影響を受けやすいので必ず検鏡し適期に行なっている。

また、低温下では花芽分化にバラツキが生じるため、外気温が17℃を下まわったら20℃で加温し花芽分化を揃えている。部会では10月に入ったら加温のセットをするようにしている。

(2) 神　馬

'神馬'は、'精興の誠'に比べ収量と2Lの発生率が高く、市場のニーズも高い品種である。管内では、鹿児島県から導入された早生系統と、当初導入された株由来の在来系統の2つの系統がおもに栽培されている。早生系統は、在来系統に比べ幼若性を獲得しにくいため在来系より最低温度は2℃低くしても栽培が可能で、厳寒期の栽培では暖房コストを削減できるが、ボリュームを確保しにくいため消灯時の草丈を在来系統より5cmほど長くする必要がある。山内さんは以前は2月開花までは在来系統を、3月以降は早生系統と時期により分けて栽培していたが、現在はボリューム確保を重視し全期間在来系統を栽培している。

部会では、取引市場と年間予約相対取引により、年間を通じて毎週、規格別に契約数量を出荷しており、12〜2月出荷の2L出荷量確保が大きな課題となっている。これは、日照が少なくなるこの時期がもっとも2L規格の出荷量が少なくなるためである。

3. 炭酸ガス施用の取組み

寡日照期の2L規格の出荷本数と発生割合をできるだけ増やすため、炭酸ガス施用に取り組んでいる。

2010年、田原市内のトマト農家が、炭酸ガス施用と環境制御により増収させているとの情報を聞き関心を抱き、トマト農家を視察したこ

第1表　再電照の実施日数の違いが花弁数に及ぼす影響　　（田原農業改良普及課, 2015）

区　名	舌状花数 (枚)	管状花数 (枚)	総小花数 (枚)	舌状花率 (％)
3日間再電照区	356.7	92.0	448.7	79.5
2日間再電照区	337.0	130.7	467.7	72.1
1日間再電照区	222.3	153.0	375.3	59.2
無再電照区	160.0	212.7	372.7	42.9

注　栽培概要は以下のとおりである
　　定植：7月28日、消灯：9月15日、再電照：9月26日〜、開花：10月27日〜

第5図　炭酸ガスの勉強会のようす

とがきっかけである。2011年11月，炭酸ガス施用機と環境モニタリングシステムを導入した。

輪ギク生産での炭酸ガス施用は，これまでに幾度か導入が試みられたが，効果がはっきりせず定着しなかった。山内さんは同じ轍を踏みたくないという思いから，導入と同時に有志を募り炭酸ガス勉強会を立ち上げ，農業改良普及課，市内の農業資材メーカーやJA，経済連とも連携して活動を開始した（第5図）。その活動をとおして，以下のことが明らかとなった。

(1) 炭酸ガス施用による増収効果

2013年3月開花の作型で，炭酸ガス施用区と無施用区を設け効果の比較を行なった。灯油燃焼式（ネポン社製8.07kg/h，燃料消費量3.2l/h）（第6図）で，定植日（12月9日）から消灯後34日（3月6日）までの87日間，1日の施用時間は午前8時から午後4時までの8時間とし，濃度制御器を利用して，施設内の炭酸ガス濃度が500ppmを下まわったときに施用機が稼働するように設定した。

①施設内炭酸ガス濃度

2013年2月16〜18日（消灯後16〜18日目）の3日間，環境モニタリング装置（誠和社製）を用いて施設内の炭酸ガス濃度を測定した。2月16日の天候は晴れで天窓が開閉したが，2月17日は薄曇り，2月18日は雨天のため天窓が

第6図 炭酸ガス施用機（右）と濃度制御器（左）

一度も開かなかった。無処理区の昼間の炭酸ガス濃度は，2月16日では天窓が開閉し換気されたが，炭酸ガス濃度は外気（400ppm）以下であった。天候が薄曇りで天窓の開閉がなかった2月17日は，外気より大幅に低く推移し，午後1時ごろには約100ppmまで低下した（第7図）。このことから曇雨天時の炭酸ガス施用の有効性が確信できた。

②収穫本数，切り花調整重

炭酸ガス施用により，1本当たりの切り花重が20％増加した。また，ボリュームが向上したことで，ロス率が11ポイント低下し，出荷本数が13％増加した（第2表）。

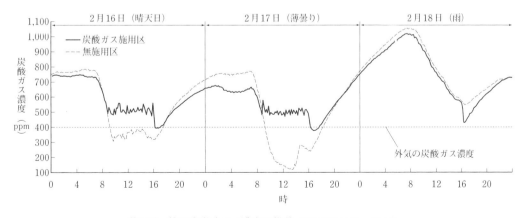

第7図 施設内炭酸ガス濃度の推移（2013年2月16〜18日）

キクの栽培技術と経営事例

第2表　炭酸ガス施用と出荷本数・切り花重（品種：早生神馬）

区　名	出荷本数[1] （本/10a）	ロス率 （％）	平均切り花重[2] （g/本）
炭酸ガス施用区	42,300	6	61
無施用区	37,350	17	52

注　定植本数は炭酸ガス施用区，無施用区ともに45,000本/10a
　　1）切り花長90cm，下葉20cm脱葉したときの切り花重が38g/本以上
　　2）切り花長90cm，下葉20cm脱葉した切り花重の平均値

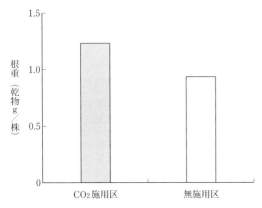

第8図　炭酸ガス施用における輪ギク早生神馬の開花時の根重

③開花時の根重

　開花時の根重は，炭酸ガス施用区が無施用区より32％重く，炭酸ガス施用により茎葉とともに地下部の根重も増加した。炭酸ガス施用により茎葉だけでなく地下部の根へも光合成産物が転流していることが推測された（第8図）。

④費用対効果

　費用対効果を本調査結果から試算すると，初期投資費用の約38万円（炭酸ガス施用機1台と濃度制御機1台の導入コスト）は，2年程度で回収できることがわかった。

(2) 日照が少ない時期の収量アップ

　現在のところ炭酸ガスの施用方法は，施設内の炭酸ガス濃度が外気並の400ppmを維持することが適当と判断している。濃度制御装置

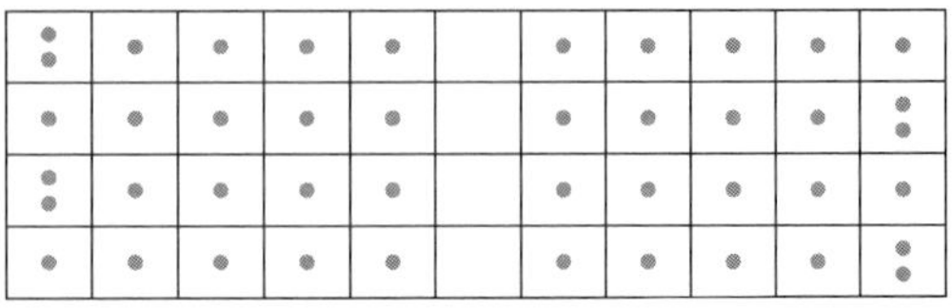

第9図　日照が少ない時期の神馬の栽培方法その1

による濃度制御のほかに，装置がない場合はタイマーで60分のうち15分施用するとおおむね400ppmを維持できるため，この方法で施用している生産者が多い。施用開始時間は，夜間に施設内の炭酸ガス濃度が高まるため日の出後1～2時間くらいは施用する必要はなく，400ppmを下まわる手前から開始し，16時ごろまで行なう。日中は，天窓が開いても施用している。

　11cm×11cm×11目のネットを使い，3.3m^{2}当たり160本定植（第9図）とした2016年1月開花の結果は次のとおりである。

　栽培概要は9月25日定植，消灯は11月15日。ビーナインは11月1日に1,500倍，11月16日に2,500倍，12月24日に1,000倍で散布した。炭酸ガスは9月25日から1月3日までの間，1時間当たり15分施用する方法で，9時から16時まで施用した。再電照は暗期14日，夕方電照により15時間日長となるよう5日間行ない，収穫は1月3日から開始した。結果は，3.3m^{2}当たりの出荷本数が144本，2L率は33％で，Teamの平均を出荷本数で27本，2L率で7.4ポイント上まわった。

　2017年1月開花では，3.3m^{2}当たりの出荷本数140本かつ2L率50％以上を目標としている。2L率をさらに高めるため，3.3m^{2}当たり150本定植とし，各株により光線があたるよう3列続けて植えない栽植方法に取り組む予定である（第10，11図）。

4. 今後の課題

　山内さんは，今後もさらに出荷量を増やすことを目指している。具体的には，施設規模を92aに拡大し，年間作付け回数を3作以上とし

3.3m²当たりの出荷本数を550本以上にしたいと考えている。年間作付け回数を向上させるためには，直挿し栽培をすべて発根苗定植に切り替え，1作当たりの栽培期間を短縮する必要がある。あわせて，環境データに基づく「見える化」の取組みを今後も継続し，日照が少ない時期の単位面積当たりの収量をさらに増やす栽培管理方法の構築が必要である。

《住所など》愛知県田原市江比間町字郷中43
　　　　　　山内英弘（53歳）・山内賢人（26歳）
　　　　　　TEL. 0531-37-0355
　執筆　大羽智弘（愛知県東三河農林水産事務所田原農業改良普及課）
　　　　　　　　　　　　　　　　　2016年記

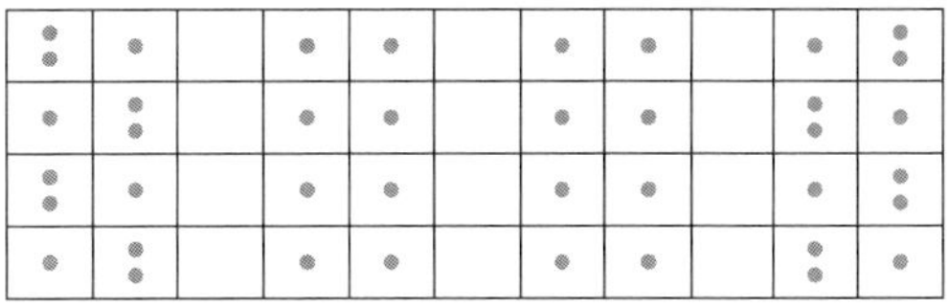

第10図　日照が少ない時期の神馬の栽培方法その2

第11図　実習生による定植のようす

福岡県筑後市　近藤　和久

〈輪ギク〉周年栽培

神馬と優花，精の一世の省力安定生産技術

—根域を広げる土つくりと雇用労力の活用—

1. 経営と技術の特徴

(1) 産地の状況

　八女地域は福岡県南部に位置し，南は熊本県，東は大分県と隣接しており，東部は山間地や丘陵台地，北は600〜800m，東および南を300〜1,000mの山が囲んでいる（第1図）。西は筑後平野の一部をなしており，茶やイチゴなどそれぞれに特色を生かした農業生産が行なわれており，電照ギクもその一翼を担っている。年間の平均気温が16.3℃（アメダスデータ，地点：久留米）で温暖な気候であるが，日本海側気候で冬季は曇天となる日が多く，年間の日照が1,972時間（地点：久留米）である。

　当地域でキクの栽培が始められたのは1947年で，1950年には電照栽培が開始されている。電照ギクの組織は1956年に「忠見農協花き組合」が結成され，1960年には「八女市花卉園芸組合」に改組され，全国に先駆けて共選共販が行なわれた。八女市花卉園芸組合は生産組合と出荷組合の機能を併せ持ち，生産者運営による生産から販売まで一貫した体制によって産地を形成した。その後，2000年に農協部会へ移行し，現在の「福岡八女農業協同組合八女電照菊部会」となっている。部会内の組織構成として，販売部，指導部，育苗センター部のほかに10支部があり，生産者とJAによる検査体制や月1回の現地圃場巡回，育苗センターの巡回など生産者が主体となった取組みを行なう組織と

■経営の概要

経営　輪ギク切り花専業
気象　年平均気温16.3℃，年間降水量1,884mm，年間日照時間1,972時間，日本海側気候で冬季は曇天が多い
土壌・用土　灰色低地土
圃場・施設　ガラスハウス4,570m^2，硬質フィルムハウス630m^2，補強型パイプハウス2,145m^2，総施設面積7,345m^2
品目・栽培型　輪ギク周年出荷，年間施設回転率2.3回転，延べ栽培面積17,000m^2
苗の調達法　JAふくおか八女花き育苗センターより購入
労力　家族2人（本人＋母），常時雇用3名，臨時雇用2名

第1図　八女地域の位置

なっている。

近年は，キクの単価低迷や高齢化などによって部会員は減少し，2015年の実績では，部会員数は136名，施設面積は71.3ha，栽培面積は延べ124haとなっている。部会員数の減少に対し，1戸当たりの栽培面積の増加によって産地規模を維持してきた。現在，販売金額は約30億円，出荷量は4,900万本と徐々に減少してきているが，全国2位の産地である。また，次世代を担う青年部が組織され，独自の勉強会や販売促進など活発に活動を行なっている。

(2) 地域の輪ギク栽培の概要

栽培品種は，2015年から白色秋ギクは'神馬'を主力に'雪姫'，白色夏秋ギクは'優花''精の一世'となっている。黄色秋ギクは'精興の秋''精興光玉''月姫'，黄色夏秋ギクは'晃花の宝''夏日和'，赤色秋ギクは'美吉野'，赤色夏秋ギクは'秀の彩'が栽培されている。

1戸当たりの栽培面積が増加してきており，労力のかかる摘蕾作業を軽減するため，芽なし性品種の導入が進んでいる。また，'優花'導入以降，夏秋ギクを組み合わせた周年栽培が急激に進み，重油高騰のあおりも受けて暖房経費のかからない夏秋ギクの栽培割合が増加してきている。

また，'秀芳の力'を栽培していた時代からの技術を生かし，優良系統の選抜が続けられており，現在栽培されている比較的低温で伸長・開花する'神馬'，伸長性の良い'優花'は部会が長年培ってきたものである。さらに，将来を見据え，優良な品種の適応性栽培試験に継続して取り組んでいる。

周年栽培が進むにつれ，台風などの気象災害の影響を受けず，かつ1戸当たりの面積を拡大するために省力化を進める必要があり，フェンロー型や大屋根型，丸屋根型などの耐候性ハウスの導入が進んでいる。近年ハウス新設のさいの被覆資材は，長期展張できるエフクリーンの導入が中心で，費用が高く日照が少ない時期の特級品率が低下するガラスは導入していない。

また，夏期の高温・葉焼け対策，冬期の生育揃いを良くするために散乱光となり影のできない梨地フィルムの導入が増加している（第2図）。夏期にもハウス内で作業を行なう場面が増加してきたため，梨地フィルムは作業環境の向上にも役立っている。

ハウスの付帯設備では，短日処理ができるシェード設備の充実と頭上灌水の導入が進んでいる。夏秋ギクの開花調節にはシェード設備が必要で，'精の一世'では作型によっては必ず短日処理が必要となるため，導入していないハウスでは栽培期間が限られることから，今後は導入が必要不可欠な設備となってくる。灌水は，チューブや点滴など，株元からの灌水が中心であった。しかし，資材の機能向上で水ムラの少ない頭上灌水の導入が増加してきている。ムラなく灌水できることで生育・開花の揃いが良くなり，短時間灌水ができ，停滞水による立枯れや生育不良が少なくなっている。

新たな取組みとして，収穫後管理の改善により，日持ちや品質の向上に取り組んでいる。水揚げ用の水に焼ミョウバンを添加することで，バクテリアなどの発生を抑制し，市場着荷以降の葉の黄化や萎れ，水揚げ不良の改善をはかっている。また，収穫後の管理基準を作成し，部会員の意識改善と品質の統一をはかった。これにより，2015年度には花き日持ち性向上対策認証制度において認証を取得した。

(3) 経営と技術の特色

近藤さんは，三重県にあった野菜茶業試験場，海外での研修後，後継者として就農し，一

第2図　梨地フィルムを導入したハウス

キクの栽培技術と経営事例

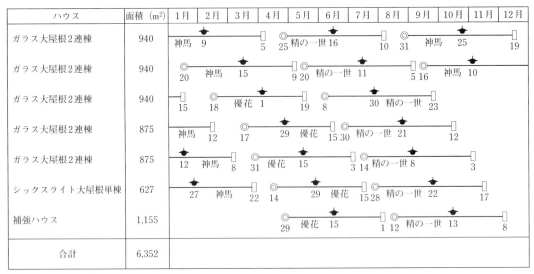

第3図 近藤さんの年間の作付計画 (2016年)

　時はスプレーギクの栽培を行なっていたが，現在は輪ギクの専業農家として生産を行なっている。施設面積は，ガラスハウス4,570m²，硬質フィルムハウス630m²，補強型パイプハウス2,145m²で，総施設面積は7,345m²，親株も同施設内で栽培していることもあり，年間施設回転率2.3回転で，延べ面積で約17,000m²の周年栽培を行なっている（第3図）。

　家族労力は本人を含め2名，常時雇用3名のほか臨時に2名雇用しており，雇用によって規模を拡大してきた。

　栽培品種は，秋ギクが白色の'神馬'，黄色の'精興光玉'，夏秋ギクは'優花''精の一世'である。

　秋ギクは，2015年の部会の主力品種転換に伴い，'雪姫'から'神馬'に変更した。

　夏秋ギクは，これまで'優花'のみであったが，2014年以降は部会の出荷期間の変更に合わせ'精の一世'が徐々に増加している。

　キクの根域を広げるための土つくりに力を入れており，根域としての有効土層40cmを常時確保している。プラソイラーを活用し耕盤層を破壊し，堆肥を投入して土壌の物理性を改善している。また，排水が良いため，うね立てをし

ない平うねで省力化をはかっている。また，温度管理にDIF理論を用い，夜明け前の温度と夜明け後の温度を調整することで，茎伸長や花首伸長を調整する。伸長を抑制するには夜明け前（暗期）の温度を上げ夜明け後（明期）に下げる。

2. 栽培体系と栽培管理の基本

(1) 神馬の生長・開花調節技術

　'神馬'は主力品種となって日は浅いが，過去に栽培した経験があるため生理・生態などの品種特性はほぼ理解されている。しかし，より低い温度で伸長・開花する系統を八女電照部会で独自に選抜したことから，系統としての特性把握は完全ではない。今後も現状に満足することなく，品質向上のため系統選抜や栽培基準の改訂が行なわれていく。以下，現在の品種・系統での作型について示す（第4図）。

①11〜12月出荷の作型

　定植時期が8〜9月となり，温度も十分にある時期となるため，茎が軟弱になりやすく，茎曲がりの発生も多い。高温になると，根いたみなどが発生するため排水対策をしっかりと行なう必要がある。

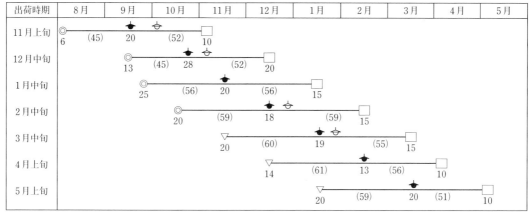

第4図 神馬の栽培基準
( ) 内の数値は，直挿しまたは定植から消灯までの日数および消灯から収穫盛りまでの日数

▽直挿し，◎定植，●消灯，✿再電照，□収穫盛り

基肥は窒素成分で30kg/10aで，再電照の時期を目安に窒素成分で3kg/10aの追肥を2回程度行なう。坪当たりの定植本数は160本程度で，定植直後から深夜4時間の電照を行なう。穂冷蔵は2週間以内とし，苗冷蔵は定植までの期間の調整程度とする。消灯までは定植苗で45日程度で，草丈の目安は60cmとする。再電照は花芽分化4.5期（総苞形成後期）に4時間で3日程度行なうが，花芽検鏡を実施し，9月15日以前の消灯については再電照を行なわない。管理温度は，生育期および発蕾後の夜間最低気温は13℃，花芽分化期は15℃を保つ。わい化剤散布は発蕾時，摘蕾時に行ない，消灯から収穫最盛期までの到花日数は52日程度とする。

② 1～2月出荷の作型

基肥，追肥などは11～12月の作型と同様であるが，茎伸長が悪くなる時期であるため消灯までの期間が55～60日と長くなってくる。生育期間の管理温度は日中を25℃目安とし，夜間最低気温は10℃以上とする。また，消灯時の草丈の目安は65cmとする。消灯前の予備加温は15℃で5日程度行ない，消灯後の夜間最低気温は16℃とする。消灯以降は自然日長が短くなっているため，電照によって12時間日長となるように日長延長（早朝電照）を行なう。再電照は，舌状花弁の増加を目的とし，検鏡によって確認しながら，花芽分化4.5期に4時間で3日程度行なう。

③ 3～5月出荷の作型

3月以降の出荷作型では上位葉のボリュームがつきやすいため，基肥は窒素成分で24kg/10aと，ほかの作型に比べて若干少なくする。追肥も草姿を見ながら行なう。管理温度は1～2月出荷の作型を参照する。消灯時の草丈の目安は3月65cm，4月60cm，5月55cmと徐々に短くする。日長管理は，短日処理が必要となってくる時期で，八女地域の目安では，2月20日以降の消灯で消灯後の日長を11時間となるよう調整する。再電照は3月出荷の作型までとし，4月出荷以降の作型では行なわない。

(2) 優花の生長・開花調節技術の体系

八女電照菊部会で栽培されている'優花'は，系統選抜が繰り返され，現在の系統は，在来のものと比較して伸長性が良いため，ほかの地域の'優花'と特性が異なることがあるので注意が必要である。八女地域で栽培されている'優花4号'についての作型を示す（第5図）。

① 6～8月出荷の作型

6月出荷の作型では直挿し時期がピンチ栽培で2月下旬，無摘心栽培で3月中旬となるため，定植後から夜間最低温度10℃での加温栽培と

191

キクの栽培技術と経営事例

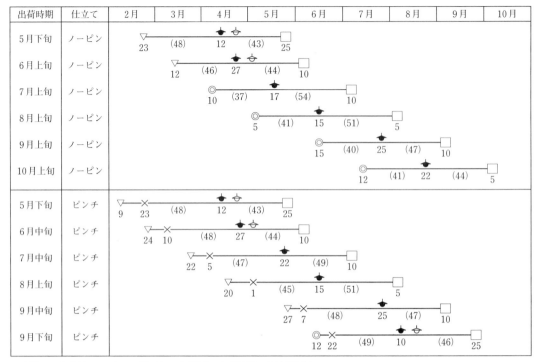

▽直挿し，◎定植，×ピンチ（摘心），● 消灯，☼ 再電照，□収穫盛り

第5図　優花の栽培基準
（　）内の数値は，直挿しまたは定植から消灯までの日数および消灯から収穫盛りまでの日数
ピンチ栽培の場合はピンチ（摘心）から消灯までの日数

することが望ましい。直挿しの場合は，15℃で加温することで発根，活着が早くなる。消灯時期も4月下旬となるため，16℃で加温を行なう。年によっては暖房機が稼働しないが，加温を怠ると貫生花が発生する事例が多い。

基肥は無摘心6月出荷の作型で15kg/10aとし，追肥は1.5～3kgを行なう。7～8月出荷の作型では9kg/10a程度とし，基本的に追肥は行なわない。基本的な坪当たりの定植本数は160本/坪とする。

再電照は上位葉の充実を目的とし，6月出荷の作型までは，花芽分化期3期に夜間暗期中断で3時間3日程度行ない，7～8月出荷の作型では再電照は行なわない。また，花芽分化期4期以降に再電照を行なうと貫生花になるため，確実に花芽検鏡を行なう。

② 9～10月出荷の作型

'優花'は7月季咲きの品種であるために，季咲き以降の日長では開花抑制がかからず，到花日数が早く，上位葉のボリュームがとりにくい。このため，消灯時の草丈は65cmを確保し，消灯5日前ころにはジベレリンを散布する。

基肥は24～27kg/10aとし，追肥は消灯後にようすを見て1.5kg/10a程度行なう。再電照は，9月出荷の作型で，花芽分化期3期に夜間暗期中断4時間の2日，10月出荷の作型で3期に4時間の3日で行なう。また，9月出荷以降の作型では早期発蕾による柳芽の発生が増加するため，摘心栽培をすることも多い。定植後から気温が高く，乾燥しやすい条件となるため，灌水はこまめに行ない早期発蕾や貫性花の抑制に努める。

(3) 精の一世の生長・開花調節技術の体系

導入されて年数が浅いことや徐々に出荷期間が拡大されたことから，栽培技術が確立されて

192

神馬と優花，精の一世の省力安定生産技術

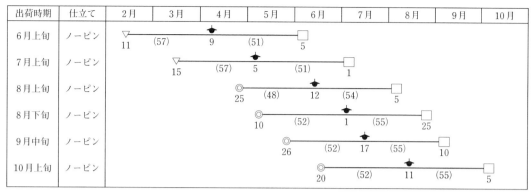

▽直挿し，◎定植，● 消灯，□収穫盛り

第6図　精の一世の栽培基準
（　）内の数値は，直挿しまたは定植から消灯までの日数および消灯から収穫盛りまでの日数

第7図　精の一世の栽培風景

いないため，現在の作型について示す（第6，7図）。

① 6～8月出荷の作型

6～7月の出荷の作型では開花遅延が見られる。親株や定植後の低温遭遇が疑われるため，この時期の作型では親株から生育期間は最低夜温13℃以上で加温し，花芽分化期は18℃以上を確保する。また，夏秋ギクに分類されているが，短日処理が必要となる。病害虫では白さび病が発生しやすいため，親株からの徹底防除を行なう。

基肥は，15～18kg/10aとし，追肥は基本的に行なわない。10a当たりの定植本数は48,000本/坪を基本とするが，多めに定植しても上位等級の発生率は高い。伸長性が劣るため活着後にはジベレリン散布を行ない，その後もようすを見て散布する。消灯時の草丈は60～65cmを

目安とし，消灯後は12時間日長となるように設定する。わい化剤は摘蕾時のみ散布を行なう。'優花' と比較し，栽培期間が長くなるが，生育期間を50日程度，消灯後収穫最盛期までの到花日数を50～55日程度となるよう調整を行なう。

また，収穫直前でも高温による立枯れや葉焼けが発生するため注意が必要である。日中の過度な遮光は開花遅延の原因となるため，遮光剤などを利用して葉焼け対策を行なう。

② 9～10月出荷の作型

9月以降の作型では5月以降の定植で定植時期が高温となりやすく，立枯れや扁平花などの奇形花が発生しやすくなるため，ハウス内の降温を徹底する。

基肥は15～18kg/10aとするが，追肥はようすを見て行なう。9月10日以降の消灯分については ようすを見ながら，暗期中断で4時間2日程度の再電照を行なう。9月下旬出荷以降は自然日長でも花芽分化が可能となるが，品質確保や開花遅延の対策としてシェードによる短日処理を実施する。

3. 栽培管理の実際

(1) 親株管理

親株は基本的にJAふくおか八女の育苗センターから毎年購入し，更新を行なっている。育

苗センターでは増殖前にウイルス・ウイロイドの検定を行ない無病の苗供給に努めている。

近年は，白さび病の発生が多く，親株からの徹底防除を推進しているなかで，UV-B電球型蛍光灯の試験を実施している（後述の病害虫対策の項も参照）。不明な点は多いが，白さび病の減少およびハダニ類の減少を感覚的に感じており，今後も試験を継続して技術を確立していきたい。

(2) 根域の確保と土つくり

基本的にうねを立てない平うね栽培を行なっているが，'精の一世' だけは低いながらうねをつくる。このため，排水や根域の確保に気をつかっている。排水はもともと良い土地柄であるために悪くならないように注意するだけであるが，根域についてはこだわりをもって取り組んでいる。

土壌消毒にはキルパー（60ℓ/10a）を用い，3〜10月に定植する作型での被覆期間はおおむね7〜10日程度で，土壌消毒後に堆肥を投入する。堆肥は毎作90袋/10aほど投入しているが，土壌消毒後に投入するため，完熟し，雑草種子の入っていないものを選定する必要がある。堆肥投入後，プラソイラーでうね部分となるところを耕起し，耕盤層を破砕する（第8図）。耕盤層を破砕することで40cm程度の有効土層を確保しており，これよりも下層には暗渠排水の疎水材があるためこれ以上の深耕は行なわない。

(3) 肥培管理

土壌の排水が良い分，肥持ちが悪く，過去に基肥に投入しても栽培途中で肥料切れを起こすことが多かった。このことから，基肥としてではなく，うね上にオイルジョッキなどの容器を利用して置肥として施肥する手法を用いるようになった。定植後（直挿しの場合は被覆除去後）10日以内にうね上に施肥する。品種によって肥料の種類を変え，'神馬' はダイアミノ（N：P：K＝7—5—6）を110kg/10a程度，'優花' や '精の一世' は長効きダイヤ（N：P：K＝

第8図　プラソイラーによる耕盤層破砕

10—6—7）を110kg/10a程度施用する。また，追肥もうね上に施肥する手法で行なっており，追肥はすべての品種共通で，消灯直後にさざなみ（N：P：K＝5—5—5）を90kg/10a程度施用する。

(4) 優花の日長管理

'優花' は短日処理を行なわなくても開花することから，八女地域でも広く栽培が行なわれている。しかし，貫生花の発生や高温・晴天が続くと開花遅延を起こすなど，問題もあった。そこで，消灯直後から13時間日長とし，収穫まで一定にすることで，再電照を行なわずに上位葉のボリュームを確保し，到花日数を一定に保つ手法を用いている。日長を一定とすることで貫生花の発生も抑制されている。

(5) 栄養生長期の管理

低温期は，'神馬' '優花' ともに夜間最低気温を10℃とし，伸長が悪い場合は温度を上げる。'精の一世' は低温遭遇による開花遅延が懸念されるため，夜間最低気温は13℃以上としている。

ボリュームのあるキクを栽培するため，ペンタキープを10,000倍程度でキクのようすを見ながら薬剤散布時に混用している。

夜間の温度管理は前項に記述したとおりであるが，昼間の温度はおおむね25℃とし，自動換気となっている。しかし，'優花' や '精の一世' では午前中30℃程度まで蒸し込み，茎

伸長促進や腋芽の消失を促している。

消灯までの期間は日数によって管理され，'神馬'で50〜55日，'優花'で45日程度，'精の一世'で50日程度を目安として，時期や品種によって異なるが，おおむね草丈が60〜65cmとなるようにジベレリン処理や水管理などで茎伸長を調節する。

(6) 花芽分化・発達から収穫

花芽分化をスムーズに行なうため低温期は消灯5日前から予備加温を実施する。消灯に合わせて前記したとおりの追肥を行ない，'神馬'では消灯から10日目ころに花芽検鏡を自分で行ない，花芽分化4.5期に再電照を行なう。消灯後はDIFの効果が高まるため，ようすを見ながら早朝電照やシェード時間を考慮し，早朝に－2や＋2程度のDIFによって草丈管理を実施する。DIFを用いた管理によって品質向上やわい化剤の軽減につなげている。

収穫は，部会の切り前基準に沿って行なう。収穫にも雇用労力を用いて，午前中に収穫作業が終えるように段取りする。収穫後は速やかに水揚げを行ない選花作業に移る。

水揚げには焼ミョウバンを添加した水（4,000倍）を用いる。焼ミョウバンは，抗菌作用のほか，水の中の不純物を吸着沈殿させる効果がある。焼ミョウバンの利用によって，水揚げを良くするとともにバクテリアによる導管詰まりを抑制し，出荷後の日持ち向上を心がけている（第9図）。

(7) 病害虫対策

親株をハウス内で栽培することで，黒斑病，褐斑病の発生は大きく減少したほか，冠水などによる立枯れも減少した。

白さび病の対策として，UV-B電球型蛍光灯の試験を実施している。イチゴの「うどんこ病」でUV-Bの照射によって病害虫抵抗性が誘導された事例があったため，キクにおいては白さび病での効果を検証している（第10図）。深夜2時から3時間の照射で，白さび病の発生が減少したと感じている。このため，週に1回以上行なっていた定期防除も2週間に1回とし，育苗を行なっている。

ハダニ類の防除は親株時に徹底して行ない，定植後消灯までは殺ダニ剤の散布を極力行なわないようにし，殺ダニ剤への抵抗性の発達を抑え，消灯後から再度，徹底した防除によってハダニ類の被害を抑制している。

第9図　焼ミョウバンを利用した水揚げ
　　　上：タッパーなどで除湿，下：スプーンで計量

第10図　UV-B電球型蛍光灯を利用した白さび病対策

キクの栽培技術と経営事例

(8) 調製・選花・出荷

調製・選花は風通しを良くした倉庫内で行ない，収穫したキクがいたまないように注意しながら行なう。調製は部会基準に合わせ，長さを90cmとし，20cm程度下葉をとる。基本的には全自動選花機が長さ調節と下葉とりを行ない，重量別に選花され，階級に10本束で結束される。等級は収穫時に奇形や曲がりなどをあらかじめ逆さ向きに束にしておくことで作業の効率化を図っている。

選花後，桶などで水揚げをし，5℃の冷蔵庫で一晩予冷を行なう。翌朝，水切り後に箱詰めし出荷する。出荷時は高温でいたまないよう幌をつけた車で搬送している。

(9) 雇用の活用

近藤さんの経営では大半の作業を雇用が担っている（第1表）。これまでは，芽摘みなどの限られた作業のみで，繁忙期に臨時の雇用で対応してきた。規模拡大に合わせ，年間を通した作業体系を確立し，作業内容を増加させ，常時雇用を増やし現状に至っている。

収穫や選花作業にも雇用労力を活用する。「自分や家族が選花すると基準が甘くなることがあったため，厳しい選花となるようにあえて雇用に任せている」という。

4. 今後の課題

近年キクの単価が低迷しているなかで，輪ギクによる経営を続けるため，平うね栽培や直挿し栽培などの省力化技術の導入や周年安定生産が進んできた。さらに，近藤さんは常時雇用を導入し，規模の拡大によって輪ギク経営の安定を図っている。

栽培上の課題として，周年での品質安定があげられる。'神馬'では高温期の茎の軟弱，日照の少ない時期の特級品率の低下，3月以降の上位葉の肥大，開花遅延，'優花'では，早期発蕾による柳芽，貫生花，9月以降の特級品率の低下が上げられる。'優花'に代わって栽培

第1表　雇用による作業一覧

作業内容	家族労力	雇用労力
耕起・整地	◎	○
施肥	◎	○
ネット張り	○	◎
採穂	○	◎
挿し芽・播種	○	◎
砂上げ・冷蔵	○	◎
灌水	◎	○
病害虫防除	◎	—
除草・除草剤散布	◎	○
摘蕾	○	◎
ホルモン剤処理	◎	—
換気・保温管理	◎	○
収穫	○	○
調製	○	◎
出荷	◎	—
後片づけ	○	◎

注　◎主作業者，○一部作業または作業補助

が増加している'精の一世'では，6〜7月出荷の開花遅延，高温期の立枯れ，9月出荷以降の奇形花（扁平花）など，高品質安定生産を行なううえでの課題は多くある。さらに，物日の需要期に合わせ，天候に左右されない計画的な生産技術の向上も必要とされている。

また，販売面からはニーズに応えるため，需要期のM（中級）品の安定生産が求められている。そのなかで，もっとも重要な課題は産地としての輪ギクの出荷量（ロット）の確保と思われる。これまで部会員数の減少に対し，個人の規模拡大によって輪ギクの出荷量が確保されてきた。八女地域だけでなく，キク生産者の減少が続いているため，今後も規模拡大を続けていくための省力化技術や雇用活用の技術確立とともに新規参入できる体制が産地として求められている。

《住所など》福岡県筑後市北長田662

近藤和久（44歳）

TEL. 0942-53-5547

執筆　佐伯一直（福岡県筑後農林事務所八女普及指導センター）

2016年記

沖縄県国頭郡国頭村　親川　登

〈輪ギク〉年末～5月出荷

施設＋露地で電照抑制，輪ギクと小ギクの組合わせ

―効率・品質重視の苗確保と適期作業―

1. 経営と技術の特徴

(1) 産地の状況と課題

①産地の概要

国頭村は沖縄本島の最北端，北緯26度，東経128度付近に位置し，東は太平洋，西は東シナ海に面する自然豊かな村である。面積1万9,480haで，沖縄県全体面積の約8.6％を占め，県内市町村のなかで5番目の大きさである。沖縄本島最北端の辺戸岬方面から西海岸にかけては沖縄海岸国定公園に指定されており，自然資源や景観に恵まれている。また，村土の約8割にも及ぶ森林には，ノグチゲラ，ヤンバルクイナ，ヤンバルテナガコガネなどの国指定天然記念物が棲息している。

国頭村の中央部には，本島でもっとも高い海抜503mの与那覇岳をはじめ，西銘岳や伊部岳など，本島の背骨を形成する山々がそびえている。またそれらを水源として多くの河川が豊富な水量を有し，沖縄県の主要な水源地域となっている。

土壌は一般的に国頭マージと呼ばれる酸性土壌が広く分布しており，有機質と保水力に乏しい。年間平均気温23.1℃，年間降水量は2,505mmで，温暖な亜熱帯性気候である。

耕作面積は667haで，そのうちキク類が658a，切り葉類が462aを占める。2006年度の農業粗生産額は34億1000万円で，畜産が24億8000万円（72％），果樹類が8億円（23％），

■経営の概要

経営　輪ギク＋小ギク切り花（2月上旬～6月は施設ニガウリ）

気象　年平均気温23.1℃，7月の平均最高気温32.1℃，1月の平均最低気温15.3℃，年間降水量2,505mm

土壌・用土　国頭マージ，酸性，水はけ・水持ちとも悪い，肥沃度低い

圃場・施設　露地面積1万,578m^2，パイプハウス2,975m^2（ミスト灌水装置付き），いずれも電照設備。育苗施設198m^2（60坪），集出荷施設165m^2（50坪）

品目・栽培型　輪ギク（品種：精興琉黄）：年末～3月出荷，栽培面積計1,983m^2（600坪），小ギク（品種：しずく，琉のあやか，みさき）：年末～3月出荷，栽培面積計1万578～1万3,223m^2（3,200坪～4,000坪），出荷量合計14万2,400本，2月以降は後作としてニガウリ栽培

苗の調達法　親株は種苗会社から購入，増殖したのち高床式ベッドによる自家育苗

労力　家族1人（本人），常時雇用2人，農繁期は1～4人追加

花卉が1億9000万円（5.6％）となっており，花卉のなかでキク類は1億4000万円と，そのほとんどを占めている。

②花卉生産の状況

国頭村の花卉栽培は1979年にさかのぼる。最初はリアトリスやグラジオラスなどの栽培から始まり，1980年には地域全体で本格的にキク類の栽培が始まった。当時おもに生産されて

いたキクは無電照栽培の寒ギクである。親川さんは国頭村の生産者3名とともに，沖縄本島中部地域の生産者グループに合流する形で組合を構成していた。

現在，国頭村の生産組織は2組織あり，1984年に組織された沖縄県花卉園芸農業協同組合国頭支部と，1987年に結成されたJA国頭村花き部会が活動している。2016年現在の組合員数は花卉園芸農業協同組合国頭支部24名，JA国頭村花き部会10名で，30～40代の青年層が少ない。親川さんはJA国頭村花き部会に出荷している。

花卉の産地として活性化するために国頭村花卉産地協議会が2002年に設立され，これまで活発な活動を続けてきた。2016年も，互いの圃場を回っての現地検討会や勉強会など，出荷団体の垣根を越えて活動している。

JA国頭村花き部会の出荷，選別の形態は，基本的には農家自身が選別，格付け，箱詰めを行なった花卉が，沖縄本島中部の浦添市内にある集出荷場に集められる。そこから空輸，船舶輸送によって県外出荷される。

③産地の課題

国頭村に限ったことではないが，当村でも生産者の高齢化・後継者不足の問題を抱えている。また，当村は人口の多い中部・南部地域から離れているため，雇用の確保がむずかしい。とくに輪ギクの栽培過程では，摘蕾などの熟練度を要する作業があるため，作業の正確性・効率の面を考慮すると，同じ人を雇い続けることが望ましい。そのためキク収穫後は土つくりだけでなく，夏秋ギクの栽培やニガウリの栽培に取り組むなど，各経営体に合った雇用の確保に努めている。一方で6月から10月にかけて台風の襲来が多い沖縄県では，夏秋ギクの生産はリスクが高い。さらなる経営安定化のために，夏場の栽培品目の検討が必要である。

高齢化と人手不足により，限られた期間内に従来どおりの作業量をこなすことはむずかしくなってきている。そのため，半耕起栽培や定植時の道具の開発など，作業の省力化がはかられている。しかし緑肥の栽培・すき込みなどの土つくりの作業は，簡略化するポイントが少ないため，現在は緑肥栽培そのものに取り組む生産者が少ない。緑肥栽培は，土つくりや土壌流亡防止のための重要な作業であるため，今後どのようにして緑肥などを用いた土つくりを実施するかが課題である。

近年は長雨が続いて畑の準備が遅れることがあった。出荷団体ごとのスケジュール管理で，早め早めの作業を心がけ，物日に焦点を当てた適期出荷を目指している。

ほぼ毎年，台風の襲来があるが，背の高いモクマオウなどの木々に囲まれている畑は，台風の被害も受けにくい。必要に応じて防風林・防風垣の設置が必要である。

(2) 経営と技術の特色

親川さんは輪ギクと小ギクを組み合わせた経営を行なっている。延べ面積は9,240m²となる。年末出荷と3月彼岸出荷作型を中心に栽培を行なっており，夏場の労働力の確保と労働力の分散のため，キクの後作として春先にニガウリを栽培している。出荷時期別の栽培面積を第1表

第1表 キク出荷時期別栽培面積と出荷量（2015年度）

	輪ギク		小ギク	
	栽培面積 (m²)	出荷量 (本)	栽培面積 (m²)	出荷量 (本)
年末出荷	992	40,500	10,578	464,000
2月出荷	331	13,500	0	0
3月出荷	661	27,000	10,578	464,000

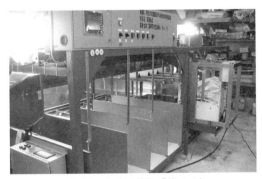

第1図 自動選花機「花ロボ」

施設＋露地で電照抑制，輪ギクと小ギクの組合わせ

に示した。

施設はパイプハウスのほか，育苗施設198m²，集出荷施設165m²がある。このほか46馬力トラクター，キクを選別するための花ロボ2台（第1図），1.5tトラック，軽トラックなどを所有している。

労力は本人と常時雇用2人で，農繁期には1人追加する。とくに3月彼岸作型では出荷のさいに人手を要するので，5人×半日程度応援にきてもらう。そのため摘蕾などに手間がかかる輪ギクと省力品目である小ギクを組み合わせ，無理のない労力配分をしている。

2. 栽培品種と栽培体系

親川さんの栽培している輪ギクの品種は'精興琉黄'であり，その特性を第2表に示した。また，主要作型の管理プログラムは第2図，第3，4表のとおりである。

3. 栽培管理の実際

(1) 親株管理

沖縄県では一般的には種苗をすべて自家苗で調達することが多いが，親川さんは親株の苗を地元種苗会社サザンプラント（株）から毎年3,000本程度購入している。

第2表　電照輪ギクの品種の特性と取扱い上の注意

品種名	花色	分類	自然開花期	品種特性と取扱い上の注意
精興琉黄	黄	秋	11月中旬	1）草丈伸長も良く，花形も良好である 2）花色は濃い黄色で，葉は濃緑色の照葉。本県の主要品種である太陽の響の後継品種である 3）早生種であるため電照には敏感で，しかも限界日長は14時間程度と長い 4）到花日数は約47日である。開花揃いが良い 5）摘心栽培では2本立てが良く，無摘心栽培では品質が向上する 6）精興の秋や太陽の響よりも奇形花（扁平花）が少ない

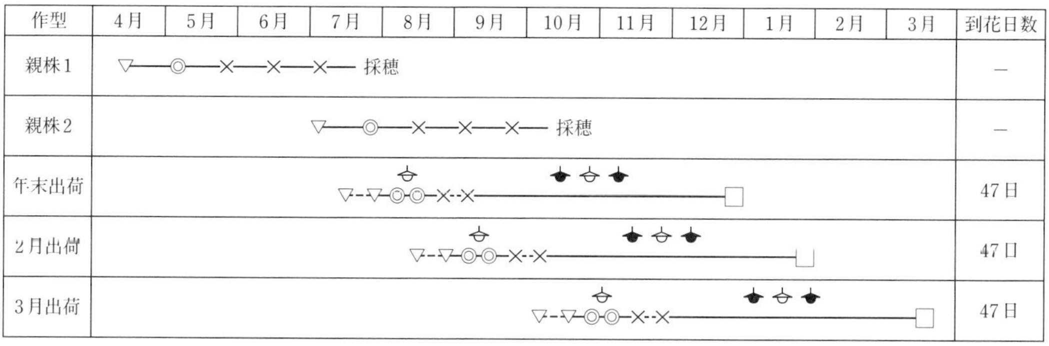

作型	4月	5月	6月	7月	8月	9月	10月	11月	12月	1月	2月	3月	到花日数
親株1	▽──◎──×──×──×── 採穂												―
親株2			▽──◎──×──×──×── 採穂										―
年末出荷				▽-▽-◎-◎-×-×─	⊖	● ⊖ ●		□				47日
2月出荷				▽-▽-◎-◎-×-×─	⊖	● ⊖ ●		□			47日
3月出荷					▽-▽-◎-◎-×-×──	⊖	● ⊖ ●		□	47日

▽挿し芽，◎定植，×摘心，⊖点灯，●消灯，□収穫

第2図　主要作型の栽培暦

第3表　主要作型の作業予定

	挿し芽	定植	摘心	最終消灯	収穫
年末出荷	7月15日～8月5日	8月1日～8月20日	8月15日～9月5日	11月3日～11月8日	12月20日～12月25日
2月出荷	8月15日～9月5日	9月1日～9月20日	9月15日～10月5日	12月3日～12月8日	1月30日～2月5日
3月出荷	10月13日～10月19日	10月27日～11月3日			3月11日～3月15日

第4表 栽培のポイント

1. 育　苗	1) 母株：3月出荷用株から選抜，5月下旬台刈り 2) 親株：6月上旬挿し芽，6月下旬定植。遮光して高温障害対策を行なう 3) 挿し芽：200穴セルトレイに挿し芽。培地は「PSグリーン」。主原料はココピート，木炭粉など。挿し穂をオキシベロン液剤500倍＋タチガレエース1,000倍液剤に5～10秒間どぶ漬け
2. 本　畑	1) 定植本数：3.3m²当たり69本 2) 仕立て本数：株当たり2.3本 3) 労働力分散のため20日程度に分散して定植 4) 摘心：定植からおおむね2週間後 5) 整枝：摘心1か月後～消灯前に，切り花のボリュームを確保し開花揃いを良くするための整枝を行なう。株の勢いなどを見ながら，生育の揃った芽を選び2～3本に揃えていく
3. 成長調節剤	1) ジベレリン：ジベレリンは使わない 2) ビーナイン：1回目は発蕾時，2回目は摘蕾前にいずれも150～200g/10a（1,000倍150～200ℓ）
4. 再電照	消灯12日後に4日間または5日間（気温に応じて）

採苗圃設置予定圃場は，管理に便利で排水の良い場所を選定する。ソルゴーなどによる土つくりに力を入れ，土壌消毒は行なわない。年末出荷用は4月中旬に挿し芽を行ない，5月初旬に定植する。親株設置面積は切り花栽培面積の10～20％準備し，採苗圃1a当たり300本程度の苗が必要となる。

育苗期間中は高温で紫外線が強く，株の老化が早くなるので，定植後，寒冷紗や2mm防風ネットで遮光する。定植後2週間ころには十分活着しているので日覆いを取り除いて摘心し，その後20～25日ごとに摘心する。

充実した挿し穂を得るため，摘心ごとに住友1号液肥300～400倍を，第1回摘心後に植物のようすを見ながら有機質肥料を追肥している。花芽分化を抑制するために電照を行なう。

(2) 育　苗

育苗施設は幅120cm，高さ30cmのベンチ式で，遮光と防風を兼ねて白色2mmネットで被覆した簡易なつくりとなっている（第3図）。ふだんは一重張りで30～40％程度遮光し，台風時には二重張りとする。親川さんの場合，幅120cm，高さ80cmのエキスパンダーメタルを用いた上げ床としている。沖縄県では挿し芽床用土として川砂などを用いた深さ10cm程度の挿し芽床に3cm×3cm程度の間隔で挿し芽することも多いが，親川さんは定植時の手間を省くために200穴セルトレイを用いてセル苗をつくっている（第4図）。培地はココピートに木炭粉などを混合した市販の培地（商品名「PSグリーン」）を用い，挿し芽をしていく。

高温期に発生しやすくなる腐敗の防止と挿し芽の発根を促すために，タチガレエース液剤1,000倍とオキシベロン液剤500倍の溶液をつくり，挿し穂を5～10秒間浸したのち挿し芽を行なっている。挿し芽後の管理はミストによ

第3図　簡易的な育苗床

第4図　育苗床の内部

る自動噴霧散水が良いとされているが，セルトレイ育苗では水かけにムラが出やすいため，親川さんの場合は手灌水を行なっている。挿し芽後は十分に灌水し，その後は1日3回をめどに行なう。

圃場準備の遅れや台風などの接近による挿し芽などの貯蔵が必要な場合，4℃で挿し穂30日間，苗20日間を限度として冷蔵する。JAがエチレンガス対策を施した共同冷蔵庫を導入したため，これを利用している。冷蔵庫から取り出したあとは室温に一晩置き，慣らしを十分行なってから挿し芽を行なう。

(3) 植付け～栄養生長期

親川さんのキク圃場がある一帯は沖縄本島では珍しい水田地帯であったため，キク栽培を始めるにあたって50～60cmの客土を施している。

また年末出荷作型では生育中に台風に遭遇することが多いため，防風ネットを被覆した強化型パイプハウスで栽培を行なっている（第5図）。パイプハウスは間口6m，奥行27mの7連棟×2棟と6連棟×1棟の全3棟である。

定植前には，堆肥3,000kg/10a，N＝20kg/10aを目安に化成肥料（バイオノ有機s）60kgを全面施肥する。親川さんはおそくとも7～14日前には基肥を施して圃場準備を行ない，定植後のトラブル（根焼けによる活着不良など）を防止している。施肥設計の事例は第5表のとおりである。

定植はうね幅140cm（うち植え幅80cm，通路60cm）で，12cm×12cm×6目のフラワーネット6目4条植えである。10a当たりの定植本数は2万2,000本である。沖縄県ではほかに，株間13cm×13cmの5条植えなども一般的である。

植付け後は十分に灌水して苗がしおれないようにする。定植して約14日目には浅く摘心し，住友1号液肥400倍を追肥して側芽の発生を促す。摘心はできるだけ小さく，生長点部の未展開葉だけを1cmくらい摘み取るようにする。

整枝は摘心後1か月後～消灯前に行なうが，側枝が15～20cm程度伸びたら，揃ったものから3本を目安に残し，ほかは除去する。整枝が終わったらフラワーネットを上げてキクの倒伏を防ぐようにする。

(4) 開花調節

電照設備の設置は定植前に行なう。照度は圃場全体が25lx以上になるように10m²に100W電球1個の割合で設置する。以前は電球と電球の間隔が3m×4m程度であり，キクの頂部から1.5mの高さで調節できるように設置されていた。現在は電球の上げ下げの手間を省くため，電球と電球の間隔は3m×3m，地上2.2～2.5mの高さで固定していることが多い（第6図）。親川さんの場合，電球間隔は3m×3m，地上からの電球の高さはハウス内で2.2m固定，露地で2.2～2.5m固定としている。

また本県では75W白熱電球が一般的に使用されているが，23W程度の電球型蛍光灯や，

第5図　パイプハウス

第5表　施肥設計の事例　（単位：kg/10a）

区　分	肥料名	成　分	施用量	肥料成分 N	P	K
基　肥	CDU553	15—15—3	120	18	18	3.6
	バイオノ有機s	7.2—4.0—2.5	60	4.32	2.4	1.5
	硫マグ	Mg25%	40			
	堆肥		3,000			
追　肥	CDU553	15—15—3	40	6.0	6.0	1.2
	バイオノ有機s	7.2—4.0—2.5	40	2.88	1.6	1.0

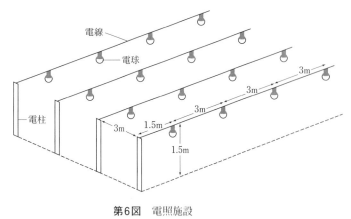

第6図　電照施設
破線はキクの頂部の高さ

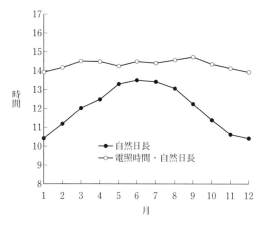

第7図　沖縄県の月別の日長と電照時間
沖縄県花き栽培要領より

決めたら，到花日数から逆算して電照を打ち切っている（第2図参照）。電照方法は，電気料金の節約のため深夜電力を利用し，夜の11〜3時に4時間の電照を行なう暗期中断の方法を用いている。

再電照は，消灯後再び電照し，栄養生長の促進および品質の向上をはかる方法である。輪ギクの場合，再電照の開始時期は総苞形成前期から小花形成期に行なうと効果的で，消灯してから8〜16日が適期とされている。開始時期は日長，温度，品種によって異なり，露地電照栽培が主流である沖縄県では，施設を用いた加温栽培のようにキクの花芽分化に適した温度条件をつくるのは不可能であるため，再電照開始のタイミングは花芽の分化程度を検鏡して決定するのが安全である。標準的には消灯後12日目に4〜5日間点灯する。親川さんの場合，消灯から12日後に，草勢や気温などを見ながら4日あるいは5日間点灯という方法を取っている。

4．今後の課題

生産性向上のために，緑肥作物ソルゴーを栽培し有機質の投入による土つくりを行なっている。もともと水田地帯で水はけが悪く，また重粘土質で団粒化しにくい国頭マージと呼ばれる土壌であるため，土壌管理を徹底して行なうことが生産を安定させるうえで重要である。

また輪ギクは摘蕾など短期間に多くの労働力を必要とするため，親川さんは今後も輪ギクと小ギクの組合わせや，キク後作の夏場ニガウリの栽培などで労力配分を適正に行ない，労働時間の平準化，雇用労働の確保および経営の安定化をはかっていく意向である。

産地としての今後の課題は，沖縄県自体が離島県であるうえに，国頭村は流通の拠点である那覇市・浦添市からもっとも離れた遠隔地である。運賃などの地理的条件を克服するため高品

LED電球も一部に導入されている。親川さんの場合，パイプハウス内では電球型蛍光灯，露地では白熱電球を使用している。

沖縄県の緯度では，6月を除けばどの月も花芽分化が可能であるが，高温抑制があるため，電照は8月下旬から行なう。沖縄県の月別の日長と電照時間は第7図のとおりである。

電照期間は消灯後の品種の草丈伸長性を考慮して決める。たとえば'精興琉黄'では到花日数（消灯から出荷までの日数）が47日と比較的短く，消灯後の伸びが期待できないため，消灯時草丈の目安は55〜60cmと長めである。12月年末や3月彼岸など目標とする出荷時期を

質・高単価な切り花生産出荷体制を強化していく必要がある。また，年間雇用の確保と収入の安定化のため，冬場だけでなく夏場にも，モンステラなどの切り葉類，夏秋ギクおよびゴーヤーなどの夏場野菜などとの組合わせを行ない，労働時間を分散していく必要がある。

《住所など》沖縄県国頭郡国頭村
　　　　　親川　登（63歳）
　　　　　連絡先：沖縄県北部農林水産振興セン
　　　　　　ター農業改良普及課
　　　　　沖縄県名護市大南1—13—11　沖縄県
　　　　　　北部合同庁舎1階
　　　　　TEL. 0980-52-2752
　　　　　FAX. 0980-51-1013
　執筆　宮城悦子（沖縄県中部農業改良普及セン
　　　　ー）
　　　　　町田美由季（沖縄県北部農林水産振興セン
　　　　ター農業改良普及課）
　　　　　　　　　　　　　　　2016年記

キクの分類と原産地

キクの学名

(1) キクの学名の変遷

キクの英名のクリサンセマム（chrysanthemum）は，1792年に命名された学名*Chrysanthemum morifolium* Ramat.に由来する。キクの学名については，これ以降，200年近くの間*Chrysanthemum morifolium* Ramat.が用いられてきたが，近年になってからいったん，*Dendranthema grandiflorum* (Ramat.) Kitamuraに変更され，再び*Chrysanthemum morifolium* Ramat.に戻された経緯がある（Ohashi and Yonekura, 2004）。ちなみに鉢もの仕立てのキクの「ポットマム」の呼称は，キクの英名の語尾のマムをもじったものである。ここでは，キクの学名の変遷について述べる。

(2) 広義のキク属から狭義のキク属へ

キク属（*Chrysanthemum* L.）の学名は，植物分類学の祖とされるリンネによって1753年に命名されたものである。ギリシャ語で，黄金色の（chrysos），花（anthemon）を意味するもので，地中海原産の黄色の花のシュンギク（*C. coronarium* L.）に由来する。キク属は，かつてシュンギク，モクシュンギク（マーガレット），フランスギク，シロバナムシヨケギク（除虫菊），キクなどを含み，世界におよそ200種が分布する大きな属（広義のキク属）であった。キクはそのなかで，東アジアを中心に分布する交雑可能な種とともに，キク節（Pyrethrum）キク亜節（Subsect. Dendranthema）に分類されていた。

一方，ロシア（旧ソ連）ではキク属を小さくとらえ*Dendranthema* (DC.) Des Moulinsとする見解が採用されており，1961年ツベレブはソ連植物誌（Flora URSS XXVI）でキクに*Dendranthema morifolium* (Ramat.) Tzvelevの学名（狭義のキク属）を与えた。属名の

*Dendranthema*とは「木の花」という意味で，キクが草本でありながらも茎が木質化することからつけられたとされる。

1976年に狭義のキク属とするツベレブの分類がヨーロッパでも採用されたのを受けて，1978年日本のキク科植物の権威である北村四郎は，わが国に自生するキク属近縁植物を中心に学名を見直し，キクには改めて*Dendranthema grandiflorum* (Ramat.) Kitamuraの学名を与えた。このように植物学の分野では1970年代に栽培ギクの属するキク属が*Chrysanthemum*から*Dendranthema*に変更されたものの，園芸学の分野ではこの変更はすぐには波及せず，1980年代後半になってから認識されるようになった。しかし，キクの学名については*Dendranthema grandiflora* Tzvelevといった北村が提唱した学名とは異なった学名が欧米中心に広まるなどの混乱が生じた。1992年に英国園芸協会が出版したThe New Royal Horticultural Society Dictionary of Gardeningのなかにも，実は二通りの表記がなされており，その混乱ぶりが理解できる。

Kitamura（1978）はキクの学名を見直すにあたって，属名としては前述のDes Moulinsのものを採用，種名としては1792年にラマツエルが最初に発表した*Anthemis grandiflorum* Ramatuelleがキクのもっとも古い種名であったことから，これまでの種小名*morifolium*（'クワの葉の'の意）に替えて採用し，*Dendranthema grandiflorum*とした。学名中，属名には名詞形のラテン語が用いられるが，これには文法的に男性名詞，女性名詞，中性名詞の区別がある。そして，種名（正確には種小名）の語尾は属名の性に従い，一般には男性の場合-us，女性の場合-a，中性の場合-umとされる。通常，属名の語尾と種名の語尾とは一致する場合のほうが多いが，そうならない場合もある（本田，1976）。北村は，ツベレブが*Dendranthema*を中性としたことを受けて*Dendranthema grandiflorum*と命名したのである。一方，*Dendranthema grandiflora* Tzvelevの表記は，1987年にHortScience誌に掲

載されたアンダーソンの論文が出所となっていると推定されるが，同氏は植物分類の専門家ではないことに加え，ツベレブが命名した学名が誤って記載されていて，信憑性に問題がある。

北村の論文がラテン語と日本語で書かれたのに対して，アンダーソンの論文が英語で書かれていたことから，欧米の園芸学者の間では*Dendranthema grandiflora* Tzvelevの記載が広がってしまったものと思われる。

(3) クリサンセマムの学名の復活

このような混乱も起こるなか，1990年代になって園芸植物の分類の専門家であるTrehane (1995) により，キクの学名を再び*Chrysanthemum*に戻すべきとの提案が行なわれた。すでに*Dendranthema*の名称はオランダなどを中心に広まっていたものの，まだ広く採用されていたわけではないこと，加えて英語圏ではchrysanthemum，独語圏ではkrisantemum，スペイン語圏ではcrisantemo，フランス語圏ではchrysanthemeなどと，chrysanthemumの名称は世界中で普通名称となっている経緯を考慮すべきとの主張であった。

この提案が1995年にセントルイスで開催された第16回国際植物学会議で論議され，投票の結果，9対3で可決され，再び*Chrysanthemum*に戻された（Brummit, 1997）。これにより，かつてのキク属のタイプ標本であったシュンギ

クの学名は*Gleobinis coronaria*へと変更され，東アジア原産の黄色の花を咲かせる野生種シマカンギク（*C. indicum*）が新しいキク属のタイプ標本となり，*Chrysanthemum morifolium* Ramat.の学名が復活した。

執筆　柴田道夫（東京大学）

参 考 文 献

Anderson, N. O.. 1987. Reclassification of the genus *Chrysanthemum* L. HortScience. **22**, 313.

Brummit, D.. 1997. Chrysanthmum once again. The Garden. **122**, 662—663.

本田正次. 1976. 学名とは. 週刊朝日百科. 世界の植物. 3335—3337.

北村四郎. 1964. 野生菊. 新花卉. **44**, 29—33.

Kitamura, S.. 1978. Dendranthema et Nipponanthemum. Acta Phytotax. et Geobot. **29**, 165—170.

Ohashi, H. and K. Yonekura. 2004. New combinations in *Chrysanthemum* (Compositae-Anthemideae) of Asia with a list of Japanese species. J. Jpn. Bot.. **79**, 186—195.

The Royal Horticultural Society. 1992. The New Royal Horticultural Society Dictionary of Gardening. 1. A-C. 611—618. The MacMillan Press ltd. London.

Trehane, P.. 1995. Proposal to conserve *Chrysanthemum* L. with a conserved type (Compositae). Taxon. **44**, 439—441.

キクの起源と日本への伝来

ここでは，現在栽培されているキクの起源は何か，交雑由来であればいつごろ，どこで生まれたか，わが国へはいつごろ入ってきたか，キクという和名の由来は何か，などの点について解説する。

(1) 最古のキクの記録

キクが文献上はじめて現われたのは，中国の『禮記』においてで，今から2,000年以上も前の紀元前200年ころのことである。しかし，このころ栽培されていたキクは現在の観賞を目的としたキクではなく，薬用（漢方としては頭痛，めまい，眼疾などの治療に用いる）を目的としたもので，中国北部に自生している野生種ではないかと考えられている。キクは中国では古来，不老長寿の薬とされ，9月9日の重陽の節句には長生きのために菊花の酒を飲んだとされる。この習慣はわが国にも伝わっているが，これらのキクはハイシマカンギク（*Chrysanthemum indicum* var. *procumbens* Lour.），セイアンアブラギク（*C. lavandulaefolium* var. *sianense* Kitamura）あるいはホソバアブラギク（*C. lavandulaefolium* Fischer ex Trautv.）ではないかと考えられている。

唐代に入るとキクをうたった詩文がふえていることから，北村（1950）はこのころには今日栽培されるキクが生まれていたのではないかと推定している。

(2) 栽培ギクの起源

キク科植物の権威である北村は，園芸大辞典（1950）のなかで栽培ギク（家菊）の起源に関する諸説を，以下のように整理している。

1）シマカンギク（*C. indicum* L.）から改良されたものであるとする説。これはツンベルグに始まり，わが国では中井猛之進が採用している。

2）シマカンギクとキクは別種であるとする説。これはリンネ，ラマツエル，サビネ，マキシモウィッチ，ヘムズレイ，スタッフ，わが国では牧野富太郎などが採用している。なかでも，牧野はノジギクなど *C. japonense* Nakai またはこれと近縁の中国の植物から家菊が淘汰されたとする一系説を主唱している。これに対し，マキシモウィッチ，ヘムズレイらは，チョウセンノギク（*C. zawadskii* var. *latilobum* Maxim.），オオシマノジギク（*C. crassum* Kitamura），リュウノウギク（*C. makinoi* Makino），ウラゲノギク（*C. vestitum* Stapf.）などが交雑してできたものであろうとする多系説を主唱している。

3）北村は，唐代またはそれ以前に，中国北部および東北部に分布する二倍体のチョウセンノギクと，中南部および中部に分布する四倍体のハイシマカンギクとが，両者の分布の重なる地域において交雑し，まず三倍体ができ，その後，染色体数が倍化して，六倍体であるキクの祖先ができたとしている。

丹羽（1932）はシマカンギク起源説やノジギク起源説に対して，野生種と現在のキクとの葉の形の類似性などから，安易に原種を推定していることを批判して，「キクはただ一つの種類の植物からできたというような単純なものではなく，数種の野生ギクが雑種を重ね，さらにまた突然変異なども加わって，そこに野生ギクでもなく，だからといって現在の栽培ギクでもない，どっちつかずのある種の中間物ができ，それが長い間の人為的淘汰を受けて，今日の栽培ギクに発達してきたのではないか。この中間物は，原野に自生するには野生種よりも弱く，栽培するにはその後発達したキクに美しさが及ばないために絶滅したものと考えている」と述べている。

キクの起源については形態的特性に倍数性を加味した北村の説がよく引用されるが，北村の起源説に関しても決定的な証拠が得られているわけではなく，栽培ギクの起源は未だに謎に包まれているといえる。キクと同じ六倍体であるコムギの起源については，コムギ（*Triticum*）属植物のゲノム解析によって明らかになったことはよく知られている。キク属植物のゲノムに

ついても長年にわたり広島大学において取り組まれてきたが，キク属植物は異なる形態的特徴をもつグループ間でも容易に交雑するなど，異質倍数体であるコムギとは異なり，倍数体におけるゲノム分化を明らかにしにくい問題があった。

近年，新たな遺伝子解析の手法により栽培ギクの起源を明らかにしようとする試みがなされている。谷口（2000）は，ハマギク（*Nipponanthemum nipponicum*（Franchet ex Maxim.）Kitamura）のゲノムDNAから得た反復配列を用いてキク属野生種と栽培ギクの核ゲノムの構成を解析した。その結果，栽培ギクは形態的にはきわめて多様性に富むものの，反復配列の構成ではきわめて均質性が高かった。また，北村の起源説について，ハイシマカンギクの関与は支持されたものの，チョウセンノギクの関与は見出されなかったとしている。

一方，筆者らは母方祖先の推定に有効とされている葉緑体ゲノムについてPCR-RFLP法を用いて解析した。その結果，谷口の結果と同じく，解析した栽培品種のほとんどが同じPCR-RFLPパターンを示したのに加え，北村の起源説を支持する結果は得られなかった（岸本，2000）。現代の栽培ギクは形態的にみてきわめて多様性に富んでいるものの，遺伝子からみるとほぼ均一で，丹羽が述べているように限定された祖先型から成立してきたものと考えられる。高次倍数性に加えてゲノムサイズが大きいキク属植物においては遺伝子関連の研究がまだ緒に就いた段階であるが，さらなる遺伝子解析から栽培ギクの起源について新たな知見が得られていくものと期待される。

（3）キクの和名の由来

キクという和名は「菊（古くは鞠）」という漢字の音読みに由来することから，栽培ギクは中国より由来したという見方が一般的である（北村，1950）。しかし，中村（1980）はキクの和名の由来について，当初，キクの和名はフジバカマやカワラヨモギとする説があったが，現在は否定されており，キクが多くの小花をめくくっている頭状花からなることから，「くくる」という意味の「クク」が起源で「キク」に転化したのではないかとしている。

ところが，これでは漢名と和名が奇妙にも一致することから，中村は牧野のノジギク説を支持し，もともと日本に分布しているノジギクが貿易航路を通じて中国に渡ると同時にこの「クク」の名前も伝わり，これが中国で「菊」に転化し，栽培品となって再びわが国に渡来し，キクと呼ばれるようになったのではないかと考えている。

ノジギク起源説については否定的な見解がなされているものの，中国よりも「キク」の和名が先に成立したとの考えは興味深い。

（4）わが国へのキクの伝来

わが国へのキクの伝来については，江戸時代の正徳2年（1712）に刊行された『和漢三才図会』において，仁徳天皇の時代（西暦385年）に百済（朝鮮）が青，黄，白，赤，黒の5種類のキクを貢いだと記されているのがもっとも古い記録であるとされている（安田，1982）。

一方，国学者を中心に，栽培ギクはわが国において生まれたものだとする見解もある（丹羽，1929a）。しかし，丹羽（1929b）は栽培ギクの起源について詳細に調べており，朝鮮から渡来したとする記述に信憑性がないことを指摘し，平安時代以前にはわが国において栽培ギクの栽培の記録がないこと，奈良時代において中国からの文物の伝来が盛んであったこと，キクの呼称が漢名由来であることなどから，栽培ギクは栽培品として中国より伝来したとし，その時期は天平時代（729～749年）ではないかと推定している。

執筆　柴田道夫（東京大学）

参 考 文 献

岸本早苗．2000．葉緑体遺伝子からみた栽培ギクの起源．園芸学会雑誌．**69**（別2），78—79．

北村四郎．1950．園芸大辞典．576—585．誠文堂新

キクの栽培技術と経営事例

光社. 東京.

中村浩. 1980. 植物名の由来. 44—49. 東京書籍.
東京.

丹羽鼎三. 1929a. 日本栽培菊の起源に関する考説
（一）. 日本園芸雑誌. **41**（5），1—17.

丹羽鼎三. 1929b. 日本栽培菊の起源に関する考説
（二）. 日本園芸雑誌. **41**（6），1—17.

丹羽鼎三. 1932. 原色菊花図譜. 23—28. 三省堂.
東京.

谷口研至. 2000. キク属植物の分布とその多様性.
園芸学会雑誌. **69**（別2），76—77.

安田勲. 1982. 花の履歴書. 97—110. 東海大学出
版会. 東京.

キクの原産地と野生種

(1) キク属植物の原産地

キク属植物の分布は，緯度で北緯22度から70度までで，亜熱帯から寒帯まで自生し，熱帯には自生しない（北村，1964）。シマカンギクが南限の種で，*Chrysanthemum articum* subsp. *polaris* Hulten や *C. integrifolium* Richardson が北限の種である。次に経度では，南方では中国の四川省・雲南省あたりの東経100度から122度あたりまでで，ヒマラヤやインドの分布は知られていないが，北方では分布が扇状に広がり，チシマコハマギク（*C. articum* subsp. *yezoense* (Mack.) H. Ohashi & Yonek.）はヨーロッパのコラ半島から，シベリア・アラスカを経てカナダのハドソン湾に及ぶ。

主として，東アジアに種類が多く，一般に年間を通じて湿潤な気候のところに自生しており，中央アジアのような乾燥地域には自生しない。

(2) キク属植物の染色体数

キク属植物は基本数が9の倍数性を示す。つまり，体細胞染色体数（2n）が18，36，54，72，90である野生種がある。栽培ギクは一般には六倍体（2n＝54）とされているが，実際には六倍体を中心としたかなり広い異数性を示す。2n＝53や55といった奇数の染色体数をもつ品種もかなり多く，しかも偶数の品種と比較して形態や稔性に違いがまったく認められないことはキク属植物に特有の現象といえよう。これまでに調べられた栽培ギクでもっとも染色体数の少ない品種は小輪ギク'YS（2n＝36）'（遠藤，1969）で，反対にもっとも多い品種は夏秋ギク'ハート（2n＝85）'（Shibata and Kawata, 1986）である。

キク属植物の染色体に関しては，広島大学において長年にわたる研究蓄積があり，わが国

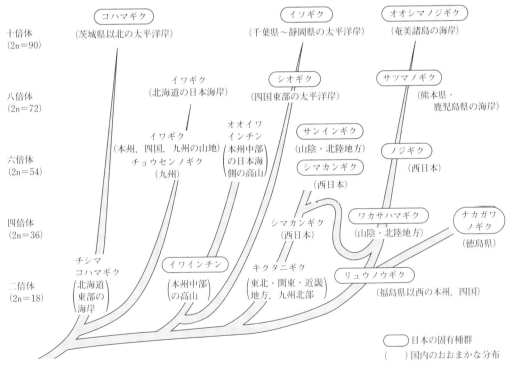

第1図　わが国に自生するキク属植物の系統分化

(中田, 1994)

に分布する野生種については，第1図に示すような細胞遺伝学的な系統分化が推定されている（中田，1994）。

(3) 日本に自生する野生種

ここではキク属（*Chrysanthemum*）に分類されるわが国原産の野生種と，かつて同じ属に含まれていた近縁野生種（第1表）について紹介する。第2図にこれらの野生種の葉形を示した（田中，1982）。キク属内の細分化や種の設定などについては研究者による若干の違いはあるが，ここでは原則として，分類については Kitamura（1978）および北村（1983）を，学名については Ohashi and Yonekura（2004）を採用した。

キク属野生種は2つに大別できる（北村，1983）。舌状花つまり花弁をもたない野生種ともつ種との2つであり（第2表），舌状花をもたない種はオオイワインチン節に（第3表），舌状花をもつものはキク節に分類されている（第4表）。ここでは，オオイワインチン節，キク節，かつてはキク属に含まれていた近縁種について，倍数性の順に記載した。なお，キク節についてはさらに舌状花の色ごとに分けて記載し

第1表 キク属とその近縁属との検索表 (北村，1983)

1. 低木，雌花には舌状花冠が発達する。雌花の果実は鈍三角柱，両性花の果実は円柱形で10肋があり，両者とも頂に冠があり，水につけても粘化しない ……………………………………………………………… ハマギク属
1. 草本 ……… 2
  2. 果実には冠があり，雌花の果実と両性花の果実は同様で5肋があり，水につけても粘化しない。雌花の花冠は筒状で3歯があり，舌状花冠は発達しない ……………………………………………………………… ヨモギキク属
  2. 果実に明らかな冠はない ………………………………………………………………………………………… 3
    3. 果実は水につけても粘化しない。雌花には舌状花冠が発達するが，果実は実らない。両性花の果実は円柱形で著しい10肋がある ……………………………………………………………………………………… ミコシギク属
    3. 果実は水につけると粘化する。雌花の果実も両性花の果実も同様で5〜6肋がある。雌花には舌状花冠が発達するものと，発達しないものとがある ……………………………………………………………………………… キク属

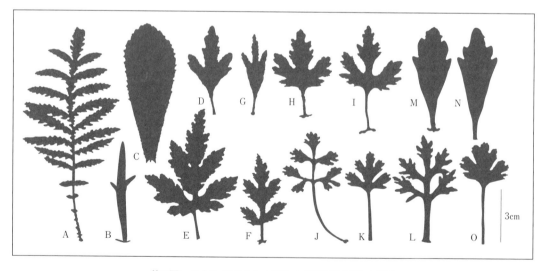

第2図 おもな日本産キク属および近縁属植物の葉形 (田中，1982)

A：エゾノヨモギギク，B：ホソバノセイタカギク，C：ハマギク，D：リュウノウギク，E：アブラギク，F：シマカンギク，G：ナカガワノギク，H：ワカサハマギク，I：ノジギク，J：イワギク，K：チョウセンノギク，L：ピレオギク，M：シオギク，N：イソギク，O：コハマギク

キクの原産地と野生種

第2表　キク属の節の検索表　　　　　　　　　　　　　　　　　　　　（北村，1983）

1. 雌花は筒状で先に3～4歯があり，舌状花冠が発達しない ………………………… オオイワインチン節	
1. 雌花は舌状花冠が発達する ……………………………………………………………… キク節	

第3表　オオイワインチン節の検索表　　　　　　　　　　　　　　　　（北村，1983）

1. 頭花は径3～6mm，葉は羽状中～深裂，高山の岩場に生える ……………………………… 2
1. 頭花は径5～10mm，葉は羽状浅～中裂，海岸の崖に生える ……………………………… 3
2. 頭花は径5～6mm，葉は羽状中～深裂，茎の高さは通常20～50cm ………… オオイワインチン
2. 頭花は径3～4mm，葉は羽状深裂，茎の高さは通常15～20cm ……………… イワインチン
3. 頭花は径5～6mm，総苞外片は卵形 …………………………………………… イソギク
3. 頭花は径8～10mm，総苞外片は線形 ………………………………………… シオギク

第4表　キク節の検索表　　　　　　　　　　　　　　　　　　　　　　（北村，1983）

1. 葉は裏面にT字状毛が密生して銀白色 ……………………………………………………… 2
1. 葉は裏面にT字状毛があって灰白色 ………………………………………………………… 3
1. 葉は裏面にうすくT字状毛があるか，またはなく，淡緑色 ……………………………… 6
2. 葉身の基部は切形，頭花は径4～5cm ………………………………………… サツマノギク
2. 葉身の基部はくさび形，頭花は径3～4cm，総苞片は等長，外片は線形 …… ナカガワノギク
3. 葉身の基部が少し心径，総苞片は覆瓦状に重なり，外片は短い ……………………… 4
4. 頭花は少なく，丈夫な長柄があり，葉身は大きく質が厚い ……………… オオシマノジギク
4. 頭花はより大きく，花柄はより短く，葉身はより薄い ……………………… ノジギク
5. 葉身はくさび形，表面は毛があって灰白色 ………………………………… ナカガワノギク
5. 葉身は卵形または広卵形，表面は緑色 ……………………………………… リュウノウギク
6. 葉身の基部はくさび形，羽状中裂，総苞は幅13mm，外片は線形 ……… ワジキギク
6. 葉身の基部は切形または心形 ……………………………………………………………… 7
7. 頭花は茎や枝の先に単生し，長柄があり，径は3～7cm，総苞外片は線形，葉裏にT字状毛はない …… 8
7. 頭花は散房状またはゆるい散房状につき，多数。葉裏にT字状の毛がある ………… 10
8. 葉身は質薄く，丘陵，山地または高山の岩場に生える …………………… イワギク
8. 葉身は質厚く，海岸に生える ……………………………………………………………… 9
9. 茎の下葉の葉身はふぞろいに3，4，5裂片があり，総苞外片は狭長楕円形，内片は長楕円形，葯の
上部付属体は広長楕円形鈍頭。花は7～9月 ……………………… チシマコハマギク
9. 茎の下葉の葉身は掌状5中裂，総苞外片は線形，内片は長楕円形，葯の上部付属体は葯より狭くや
や尖る。花は9～10月 ……………………………………………………… コハマギク
10. 頭花は径1.2～2cm，やや散状につく ……………………………………… 11
10. 頭花は径2.5cm以上，散房状またはゆるい散房状につく ……………………… 12
11. 総苞外片は覆瓦状に並び，外片は長楕円形または卵形，茎は開花時に下部は地上をはう
……………………………………………………………………………… オキノアブラギク
11. 総苞外片は線形で少ない。茎は通常直立し，地下茎は短い ……………… キクタニギク
12. 頭花は散房状につき，径2.5cm内外，総苞外片は卵形または長楕円形………… シマカンギク
12. 頭花はゆるい散房状につき，径3～4.5cm内外，総苞外片は長楕円形または線形
……………………………………………………………………………… サンインギク

た。

　「キクの学名」の項で記したように，キク属（*Chrysanthemum*）植物については，これまでのシュンギクをタイプとした広義のキク属か

ら，シマカンギクをタイプとした狭義のキク属に変更されたが，中国やロシアでは，舌状花をもたないオオイワインチンの仲間を*Ajania*属，痩果の性質が異なるチシマコハマギクを

211

Arctanthemum 属として別属で扱うことが多い。しかし，北村はこれらの植物がキク属とふつうに交雑することからキク属（*Chrysanthemum*）に含めている。この見解は被子植物の分類で広く採用されているリボソーム遺伝子のITS領域および葉緑体*trn*L-F遺伝子のIGS領域に関するキク属およびキク属近縁種の解析結果からも支持されている（Zhao *et al*., 2010）。Ohashi and Yonekura（2004）も同様とし，日本産キク属をArctanthemum，Chrysanthemum，Ajaniaの3つの亜節に分類し，チシマコハマギクとコハマギクとを別種としている。また，ワジキギクとサンインギクは現在は雑種起源とされている。

①舌状花をもたない野生種

1) イワインチン（染色体数2n＝18）
Chrysanthemum rupstre Matsum. et Koidz.

岩に生えるヨモギという意味の和名。本州中部の標高1,200〜2,600mの山地の岩場に生える。高さ10〜20cmで，葉は深く3〜5裂し，裂片は線形。花の直径は3〜4mmと小さいが多数が密生。

2) オオイワインチン（2n＝54）*C. pallasianum* Fisher ex Besser（第3図）

分布はやや日本海側に偏り，富山県，長野県，群馬県の高山にみられるが，シベリア東部，サハリン，中国，朝鮮半島にもみられる。イワインチンよりも大型で，高さ50cmに達することもある。

3) シオギク（2n＝72）*C. shiwogiku* Kitamura（第4図）

四国東端の徳島県蒲生田岬から高知県物部川までの太平洋岸に分布。後述するイソギクと似るが，花の直径が9mmと大きく，葉の幅が広い点で異なる。和歌山，三重両県の太平洋岸にみられるものは，キノクニシオギク（*C. kinokuniense* (Shimot. & Kitam.) H. Ohashi & Yonek.）とよばれ，イソギクとの中間的形態をもち，両者の雑種と考えられている。

4) イソギク（2n＝90）*C. pacificum* Nakai（第5図）

千葉県の犬吠埼から静岡県の御前崎までの太平洋岸と伊豆諸島の海岸に自生。10月下旬から11月に直径5mmの頭花を密集させる。葉の裏面にはT字状の毛が密生して，銀白色となる。1990年代に沖縄において普及した'沖の白波'などの小輪ギク品種はイソギクが育種素材として使われた（柴田，1994）。

②舌状花が白色の野生種

1) リュウノウギク（2n＝18）*C. makinoi* Matsum.

第3図　オオイワインチン

第4図　シオギク

第5図　イソギク

キクの原産地と野生種

第6図　リュウノウギク

第8図　ノジギク

第7図　ナカガワノギク

第9図　チョウセンノギク

& Nakai（第6図）

　葉をつまんで指で揉むと，樟脳に似た強い香りがする。福島県以西から山口県東部までの本州と四国に分布。日当たりのよい山野，とくに道路沿いの崖などに見ることが多い。高さ50～70cmほどで，茎は細く，葉は3裂する。葉の裏面はT字状の短毛が密生していて，白く見える。10月下旬から11月中旬に，直径2.5～5cmの花をつける。

　2）ナカガワノギク（2n＝36）*C. yoshinaganthum* Makino ex Kitamura（第7図）

　徳島県那賀川中流域の河川内の岩盤上にのみ生育する。葉が裏白で，くさび型になるのが特徴。10～12月に径3～4cmの花を開花。川沿いの鷲敷町ではシマカンギクとの自然雑種が発見され，ワジキギク（*C.* × *cuneifolium* Kitam.）とよばれている。

　3）ノジギク（2n＝54）*C. japonense* Nakai（第8図）

　愛媛，大分両県と兵庫，広島，山口各県の瀬戸内海沿岸，高知，宮崎，鹿児島各県の太平洋沿岸，そして種子島に分布。茎は高さ90cmに達し，密な群落をつくる。葉はワカサハマギクに似るが，葉柄がはっきりしている。10～12月に開花。花径は3～5cm。葉や花の形態には変異が多い。四国南端の足摺岬などに分布する，葉が3裂し厚く毛が多いタイプは，変種のアシズリノジギク（var. *ashizuriense* Kitam.）とよばれる。

　4）イワギク（2n＝54）*C. zawadskii* Herbich

　北海道から九州までの高山の岩場に分布。北海道では海岸にも自生し，東アジアから東部ヨーロッパに及ぶ広い地域に分布。7～10月に直径3～6cmの花を咲かせる。北海道日本海側の自生種については，染色体数が72であり，ピレオギク，別名エゾノソナレギク（*C. weyrichii* (Maxim.) Miyabe & T. Miyabe）と区別されることもある。変種のチョウセンノギク（*C. zawadskii* var. *latilobum* Kitam.）（第9図）は九州の低地や対馬，朝鮮半島や中国北部に分

213

第10図　オオシマノジギク

第12図　キクタニギク

第11図　コハマギク

布。8～11月に径3～8cmの花が開花。モンゴルや中国東北部に分布するものは2n＝18であり，栽培ギクの祖先の一つと考えられている（北村，1964）。

5）サツマノジギク（2n＝72）*C. ornatum* Hemsl.

熊本，鹿児島両県の東シナ海側，甑島，屋久島の海岸に分布。ノジギクに似るが，毛がさらに密生して葉の裏は銀白色になり，周囲も白く縁どられて美しい。花首は太く，長い。11月に開花。

6）オオシマノジギク（2n＝90）*C. crassum* (Kitam.) Kitam.（第10図）

奄美大島とその周辺の島，徳之島，喜界島，与論島，請島，加計呂麻島の海岸に自生する。ノジギクを大型にしたようで，茎は太く，葉も厚い。

7）コハマギク（2n＝90）*C. yezoense* Maek.（第11図）

北海道根室から太平洋沿岸沿いに茨城県日立市まで分布している。9月から10月に開花。花径約4cm。アラスカ，サハリン，千島，北海道の網走，根室に分布する二倍体のチシマコハマギク（*C. articum* subsp. *yezoense* (Maek.) H. Ohashi & Yonek.）は痩果の特性が異なることから，別種として取り扱われる。

③舌状花が黄色の野生種

1）キクタニギク（2n＝18）*C. seticuspe* f. *boreale* (Makino) Ohashi & Yonek.（第12図）

京都東山の菊渓（きくたに）に自生したことからこう呼ばれるが，黄金色の花が泡のように密生することからアワコガネギクとも呼ばれる。岩手県以南の東北，関東，近畿と九州北部にみられ，日当たりのよい山野に生える。朝鮮半島，中国東部にも分布する。茎は直立して60～100cmになるが，地下茎は伸ばさない。葉は5深裂して裂片に切込みが多く，薄い。直径1.5cmほどの花を密生する。二倍体であることから，近年，分子生物学的なアプローチにおいて，キク属のモデル植物として注目され，幻の開花ホルモンとされてきたフロリゲンやアンチフロリゲンをコードする遺伝子が本種から単離，機能解析されている（Oda et al., 2012; Higuchi et al., 2013）

2）シマカンギク（2n＝36）*C. indicum* L.（第13図）

近畿以西の本州，四国，九州から，台湾，朝鮮半島，中国，ベトナム北部にまで分布する。しかし，種名にあるインドには分布しない。茎が途中で倒れ，地下茎を伸ばす点がキクタニギクとは，異なる。茎は30～80cmで，花は2.5cmとやや大きいが，花数は少ない。これと

第13図　シマカンギク

第14図　ハマギク

近縁の中国に自生するハイシマカンギク（*C. indicum* var. *procumbens* Lour.）が栽培ギクの祖先の一つと考えられている（北村，1964）。

④近縁野生種

1) ハマギク（2n＝18）*Nipponanthemum nipponicum* (Franchet ex Maxim.) Kitamura（第14図）

青森県から茨城県那珂湊まで，太平洋岸の岸壁や砂浜に自生。葉は肉質でさじ形。頭花は白色で，径約6cm。栽培は容易で繁殖は挿し木による。園芸的価値は高く，野生種そのものが鉢物として利用されている。胚珠培養によるキクとの雑種獲得が報告されている（長谷川，1998）。

2) エゾノヨモギギク（2n＝18）*Tanacetum vulgare* L.（第15図）

北海道の日本海，オホーツク沿岸の草原に自生。朝鮮半島，中国東北部，サハリン，シベリアなどにも分布。茎の高さは50～80cmほどで地下茎がよく伸びる。葉は2回，羽状に全裂する。頭花は舌状花を欠き，黄色で直径約1cm，散房状に多数つく。植物体全体に芳香がある。

3) ミコシギク（2n＝18）*Leucanthemella linearis* (Matsumura) Tzvelev

ホソバノセイタカギクともよばれる。山間の水がよどまない湿原に自生し，関東，東海，中国，九州の各地に隔離分布し，朝鮮半島，中国東北部にも分布する。頭花は白で，径3～6cm。ハマギクと人為的な交雑が可能。

第15図　エゾノヨモギギク

(4) 滅びゆく野生種

キク属野生種は海岸性のものと内陸性のものに大別できるが，現在，わが国の海岸線は開発が進んでおり，自然の海岸線が急速に減ってきていること，また，内陸性のものは日当たりのよい道路沿いの崖などにおもに自生するが，これらの崖も吹付けなどによって急速に減ってきていることから，野生ギクは急速に自生地を失っている状況にある。すでにイワギク（含むピレオギク），チョウセンノギク，ナカガワノギク，チシマコハマギク，オオイワインチン，エゾノヨモギギクおよびミコシギクが絶滅危惧種に位置づけられており（レッドデータブック，1993），わが国原産のキク属野生種を遺伝資源として保護あるいは保存していく必要が生じてきている。さらに，キク属野生種は栽培ギクと交雑しやすく，自生地のなかにある墓などに栽培ギクが供えられたりすると，周辺の野生種との間に容易に雑種が生じてしまう。このような

栽培ギクによる遺伝的な汚染も純粋な野生種を減らす一つの原因となっており，キク属野生種の保護を困難なものにしている。

執筆　柴田道夫（東京大学）

参 考 文 献

遠藤伸夫. 1969. 栽培ギクの染色体研究.（第2報）栽培ギクの染色体数について（その2）. 園学雑. **38**, 343—349.

長谷川徹. 1998. 胚珠培養によるキクとハマギクとの雑種作出. 今月の農業. **42**（4）, 104—106.

Higuchi Y., T. Narumi, A. Oda, Y. Nakano, K. Sumitomo, S. Fukai and T. Hisamatsu. 2013. The gated induction system of a systemic floral inhibitor, antiflorigen, determines obligate short-day flowering in chrysanthemums. PNAS. **110**, 17137—17142.

北村四郎. 1964. 野生菊. 新花卉. **44**, 29—33.

北村四郎. 1975. 週刊朝日百科. 世界の植物. **3**, 72—84.

Kitamura, S.. 1978. Dendranthema et Nipponanthemum. Acta Phytotax. Geobot. **29**, 165—170.

北村四郎. 1983. 日本の野生ギク. 新花卉. **119**, 54—59.

中田政司. 1994. 週刊朝日百科. 植物の世界. **1**, 51—59.

日本植物分類学会編. 1993. レッドデータブック. 日本の絶滅危惧植物. 118—119. 農村文化社. 東京.

Oda A, T. Narumi, T. Li, T. Kando, Y. Higuchi, K. Sumitomo, S. Fukai and T. Hisamatsu. 2012. *CsFTL3*, a chrysanthemum *FLOWERING LOCUS T*－like gene, is a key regulator of photoperiodic flowering in chrysanthemums. J. Exp. Bot. **63**, 1461—1477.

Ohashi, H. and K. Yonekura. 2004. New combinations in *Chrysanthemum* (Compositae-Anthemideae) of Asia with a list of Japanese species. J. Jpn. Bot. **79**, 186—195.

Shibata, M. and J. Kawata. 1986. Chromosomal variation of recent chrysanthemum cultivars for cut flower. Development of New Technology for Identification and Classification of Tree and Crops and Ornamentals. 41—45. Fruit Tree Research Station. MAFF. Japan.

柴田道夫. 1994. 花きの品種―キク―. 農業および園芸. **69**（5）, 巻頭.

田中隆荘・下斗米直昌. 1978. 日本産野生菊の種類. 植物と自然. **12**, 6—11.

田中隆荘. 1982. キク, 植物遺伝学実験法. 343—356. 共立出版. 東京.

Zhao, H-B., F-D. Chen, S-M. Chen, G-S. Wu, and W-M. Guo. 2010. Molecular phylogeny of *Chrysanthmeum, Ajania* and its allies (Anthemideae, Asteraceae) as inferred from nuclear ribosomal ITS and chloroplast *tra*L-F IGS sequensces. Plant Syst. Evol. **284**, 153—169.

トルコギキョウの経営事例

苗生産事例　219ページ

経営事例　223ページ

長野県伊那市　農事組合法人いなアグリバレー

〈トルコギキョウ〉苗生産

地域に適した苗の生産，上伊那オリジナル品種の開発

1. 地域の状況と苗生産の経緯，事業の現状

　JA上伊那でのトルコギキョウ生産の歴史は古く，約40年前より営利用栽培に取り組んでいる。2017年現在で，トルコギキョウ農家戸数90戸，栽培面積は約900ha。上伊那の特徴としては，地域全体で標高500～850mと，350mの標高差があり，この標高差を活かして，6月上旬～11月中旬の5か月間にわたる栽培を行なっている点にある。

　栽培当初，栽培農家は種苗メーカーや個人の育種家より苗を購入して栽培を行なっていた。しかし，苗のロゼットの発生，条まき苗のため定植時に時間がかかるなど，問題も数多くあり，生産者数も増えない状況であった。

　上伊那独自で育苗を始めたのは1999年で，生産者とJA出資による「農事組合法人いなアグリバレー」を設立したことがきっかけである。当組合は上伊那地域のトルコギキョウ生産者で組織されており，JAと連携をはかりながら，組合員による意思決定で生産性の高いオリジナル品種の育成や，高品質な苗を効率的に生産し安定的に組合員へ供給することで，上伊那地域をトルコギキョウの一大産地に育てる一翼を担っている。現在では，一部，全農委託苗として，長野県内のJAへも供給している。

　また，上伊那には育種家の伊東茂男さんと息子の雅之さんがおり，オリジナル品種の種子の維持や，新品種開発を行なっている。品種育成の目標は，市場性の高い品種，ロゼット化やチップバーンなどの発生が低い品種である。また，ここ数年，連作障害が大きな問題となって

第1図　上伊那オリジナル品種（試作圃場）

おり，耐病性品種の開発にも取り組み始めている。

　こうして育成された品種は，上伊那の主力作型である抑制栽培での高温期でも，切り花率，秀品率が高く，組合員の経営安定に大きく貢献している（第1図）。現在，約40品種が商品化され，上伊那オリジナル品種（第2図）として全国各地の市場へ出荷されている。また，栽培している8割以上がオリジナル品種である。

　播種は生産者の注文時期に合わせ，1月上旬～5月下旬まで，年間約14回行なっている。

　作業は実際に組合員（専属作業者）15名で行ない，ピーク時には日量2,500トレイを播種。そのほかに，仮設ベンチ設置作業，仮設ベンチ片づけ作業を組合員全員出席により行なっている。

　育苗管理については，育種家の伊東さん親子が主となり，その管理全般を委託している。

トルコギキョウの経営事例

第2図　上伊那オリジナル品種

JA上伊那のトルコギキョウの特徴は，オリジナル品種が8割，標高差500～850mを活かした長期出荷体制，1枝1花1蕾を徹底している（八重種）ことである

2. 生産設備と生産システム

作業施設と面積，環境制御機器，作業機器の装備は次のようになっている。

〈作業施設と面積〉
・育苗ハウス2棟（合計200m^2，第3図）
・作業棟1棟（50m^2，第4図）
・資材倉庫1棟（130m^2）
・予冷庫1棟（20m^2）

〈環境制御機器〉
・暖房機2台
・ボイラー1台
・ヒートポンプ2台
・冷房機4台

〈作業機器〉
・真空播種機3台（第5図）

第3図　育苗ハウス

第4図　作業棟

地域に適した苗の生産，上伊那オリジナル品種の開発

第5図　播種作業

第6図　土詰め作業

・土詰め機1台（第6図）
　（土混合機）
・マスプレー一式
・灌水機1台
・土振るい機1台

3. 苗生産の技術と苗の特徴

(1) 種子冷蔵

　苗生産技術のひとつは「種子冷蔵」である。この技術は，播種をしたあとにコート（種子の造粒素材）がしっかり溶けるように水分を加え，黒マルチでラッピングを施し，光を遮断する。その後，10℃の冷蔵庫に入れて，約30日間冷蔵処理を行なう。このことにより発芽勢を揃えるとともに，ロゼットも同時に回避できる技術で，普及センターなど，関係機関の協力を得て，2004年より導入した。

(2) 暖房育苗，冷房育房

　もうひとつは，「暖房育苗」「冷房育苗」である。これはトルコギキョウの生育適温である15〜25℃を確保するために，1〜4月の低温期はビニールを使いトンネルがけを行なって温度を保ち，6〜8月の高温期には冷房機を使い夜温を25℃に保つ技術である。この温度管理により苗の早期抽台をコントロールし，老化苗にならないよう，注文時期に合わせた苗生産が可能になる技術で，2003年より導入した。

(3) 白黒の2タイプのトレイを使い分け

　育苗の特徴としては，白と黒の2タイプのプラグトレイを使い分けていることである。組合員の定植時期により，トレイの色を変えている（第7図）。

　低温期の3月下旬〜4月下旬までは黒トレイ，高温期の5月上旬〜8月上旬は白トレイを使用。いずれも406穴のトレイを使用するが，組合員の希望により288穴トレイを使う場合もある。288穴トレイを注文する生産者の多くは，年間2回転栽培を行なう生産者が主である。

　また，定植時期により苗の大きさも変えている。半促成作型（3〜5月）は大苗，抑制作型（6〜8月）は小苗での配苗を行なっている。これは定植時に活着が良くなるようにするためである。

4. 供給と普及

　JA上伊那では，その年の作付け前に，農事

第7図　育苗中の苗

トルコギキョウの経営事例

第8図　完成した苗
本葉2対で長径1.5〜2.0cm程度

第9図　日本一のトルコギキョウ産地をめざして

組合法人いなアグリバレーと花き部会トルコギキョウ専門部の双方と連携をとり，専門部で栽培品種をしぼる。ロットをまとめることにより，市場への長期出荷および安定供給を行ない，有利販売へ結びつけるためである。組合員は，推奨品種を基に，注文品種を決定する。

苗の配苗方法は，仕上がる1週間〜10日前に注文した組合員を集めて，実際に苗の状態を見てもらったあと，各組合員ごとにシールを貼り付けて区割りを行なっている。苗の引取りについては，組合員の圃場の準備が出来しだい，個々に持ち出しをお願いしている（第8図）。定植の準備が間に合わない場合は，予冷庫にて一時的に苗を保管する。

苗代については毎年，理事会で決定し，できるだけ安価に組合員へ供給している。406穴のトレイ1枚300本を保証として，1穴に2本出ている場合は間引きをするが，苗の差し替えなどは行なわず，その分コストを下げている。

5. 今後の課題

年々，組合員数も増加傾向であるが，今後は法人や若い生産者を増やすことに力を入れ，今以上に苗供給数，出荷本数を伸ばしたい。また，新しい技術や設備を導入し，さらなる苗の品質向上に努める。

育種についても伊東さん親子の力を借りて，消費者ニーズに合った品種の開発と現在のメイン品種を維持し，日本一の産地となるような取組みを行なっていきたい（第9図）。

《住所など》長野県伊那市狐島4291番地
　　　農事組合法人いなアグリバレー
　　　TEL. 0265-72-8833
　執筆　城取五十昭（JA上伊那営農部園芸販売課）
2017年記

伊東茂男さん（左）と雅之さん親子

長野県伊那市　株式会社フロムシード（伊東茂男・雅之）

〈トルコギキョウ〉6月下旬～8月，9～11月出荷

抑制栽培作型を主体にオリジナル品種の組合わせによる安定生産

―気象条件にあった土壌病害に強い品種育成，土つくりによる連作障害対策―

1. 経営と技術の特徴

(1) 地域の状況と課題

上伊那地域は，長野県南部の天竜川に沿った伊那盆地の北部に位置する。天竜川の河岸段丘が広がり，東に南アルプス，西に中央アルプスと，いずれも3,000m級の峰を有する山脈に囲まれ，耕地は標高480～1,000mにおよび，夏季は冷涼で，冬季日照時間が豊富な内陸性気候である。

総農家数は1万939戸，うち専業農家数は1,171戸で，専業農家率は10.7％となっている。2015年産の農業産出額は211億円で，おもな作物別の構成比は水稲30％，畜産18％，野菜17％，きのこ10％，花き14％，果樹8％，その他3％と，多品目にわたる農業経営が展開され，県下有数の農業地帯として発展している。

上伊那地域の花き生産は1960年ころから始まった。栽培は露地のキク，シンテッポウユリ，リンドウから始まり，現在は，県内生産量の77％を占めるアルストロメリア，その他にも，カーネーション，ユリ，トルコギキョウの切り花，シクラメン，洋ランの鉢花をはじめとして，多くの品目が生産されている。

トルコギキョウの栽培は1980年ころから始まり，年々栽培面積が拡大されて，2015年度の栽培面積は900a，生産本数は約230万本である。近年は集落営農組織の水稲育苗ハウスの後利用として，トルコギキョウ栽培の導入やJA

■ 経営の概要

- 経営　トルコギキョウ切り花，トルコギキョウ育種，ラナンキュラス切り花専業
- 気象　年平均気温11.3℃，8月の最高気温の平均29.5℃，1月の最低気温の平均-6.8℃，年間降水量1,422mm
- 土壌・用土　沖積砂壌土
- 圃場・施設　鉄骨ハウス（硬質フィルム）2,500m²，パイプハウス（ビニール）7,800m²，借用ハウス（水稲育苗あと）3,500m²
- 品目・栽培型　トルコギキョウ切り花12,000m²（6月下旬～8月出荷3,000m²，9月～11月出荷9,000m²），ラナンキュラス切り花1,440m²（12月下旬～3月下旬），ストック切り花700m²（11月），トルコギキョウ育種・採種1,000m²
- 苗の調達方法　セル成型苗の共同育苗
- 労力　家族（本人，長男），社員4人　年間雇用6人，季節雇用（最大20人），研修生1人

インターン研修終了後の新規栽培者の取組みが始まったことから，毎年栽培者が増えている。

地域の技術課題として，1）出荷期間の拡大と継続出荷，2）土壌病害を中心とした病害虫防除対策，3）品種特性に合わせた栽培技術の見直し，4）気象変動に対応した栽培管理技術の改善などがあげられている。

(2) 経営と技術の特色

（株）フロムシードは，2012年4月に伊東茂男さんを代表取締役に，長男の雅之さんと社員4人で設立された，切り花，育種専門の会社である（第1図）。

223

トルコギキョウの経営事例

第1図　2017年に新築したハウス3棟
軒高が高いので、夏場、ハウス内の温度があがりにくい

①父から引き継いだ育種への取組み

雅之さんは大学卒業後、民間種苗会社に入社して5年間勤めたあと、2010年、父のもとに就農した。現在は父茂男さんと一緒に（株）フロムシードの経営を担い、父から引き継いだトルコギキョウの育種部門と切り花部門を担当している。父茂男さんがこれまでに育成してきた品種は30品種以上にのぼる。

現在、JA上伊那「共選トルコギキョウ部会」で栽培されているトルコギキョウの84％は、父茂男さんと雅之さんが育成した品種である。

雅之さんは、これまで父茂男さんがノートにまとめた1,000系統の素材に関するデータをパソコンにインプットし、素材管理が一目でわかる工夫を行なうとともに、父茂男さんとの育種に関する共有もはかり、現在新しい品種育成に取り組んでいる。

第2図は、オリジナル品種の'しずく'。花色はラベンダー、土壌病害に強く、花弁がいた

第2図　オリジナル品種しずく

みにくい。極晩生種で抑制栽培に向く品種である。

②品種育成の目標

現在、新品種育成を目的とした交配は、年間100～150の組合わせ程度で、育種と採種を合わせて、1,000m^2のハウスで行なっている。

父茂男さんが育種を始めた当時は、ロゼットの発生率が高く、育種目標としてロゼット発生率の低い品種の育成を主眼において育種を行なってきた。しかし、時代が経過するとともに地域の栽培上の課題も大きく変わる。高冷地でも近年は8月の気温が高く、早期開花による品質低下や連作圃場での土壌病害の発生による切り花率の低下が課題となっている。このような課題を解決するため、育種での取組みも始まり、これからの育種目標として、夏場の高温時でも草丈確保が容易な品種育成と、立枯病や茎腐病に強い品種を目指し、現在育成中である。また、これからの需要を見据えた花色や花形の育種、つくりやすく枝整理作業が少ない省力品種の育成も検討している。

③切り花栽培

栽培面積は1万2,000m^2と、県内でも大規模に栽培されている。

しかし、6月下旬から8月出荷作型の切り花面積は3,000m^2と、全体の4分の1にすぎない。これは、7月、8月は育種や採種作業に多くの労力と時間を要するためで、切り花面積を減らすことで対応しているからである。そのかわり、主力となる9月から11月出荷の抑制栽培は、面積を9,000m^2に増やしている。

品種は育成された品種のほかに、試作品種の実用性や選抜を兼ねて、新品種の作付けを行なっている。出荷期のコントロールは、品種の組合わせと播種時期を変えることで対応しているが、近年は気象変動の振れ幅が大きく、品種や播種時期の対応だけでは計画的な生産がむずかしくなっている。

そこで、春先の大苗利用による栽培期間の短縮や種子冷による生育促進、ヒートポンプ利用による早期加温により安定生産に取り組んでいる。

抑制栽培作型を主体にオリジナル品種の組合わせによる安定生産

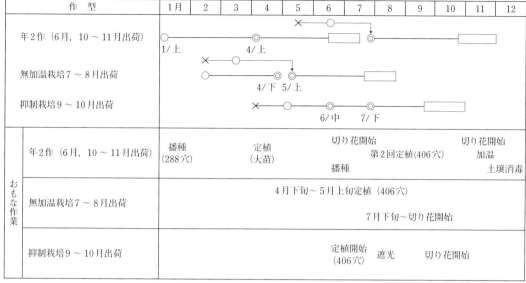

第3図 トルコギキョウのおもな作型と作業

2. 栽培体系と栽培管理の基本

(1) 生長・開花調節技術の体系

（株）フロムシードでは，生長・開花調節技術については品種と播種時期で対応しており，電照やシェード栽培による取組みは行なっていない（第3図）。抑制栽培では，ヒートポンプや暖房機を使って15℃を目標に加温している程度である。

早い作型では6月下旬出荷から始まり，抑制栽培は10月いっぱいを目標に切り花を行ない，おそくても11月末までに切り花が終了するように，定植時期や品種を組み合わせている。

第4図が，（株）フロムシードで作付けされているトルコギキョウの品種割合である。

(2) 品種の特性と活用

伊東さんが育成し，地域の基幹品種として栽培されている品種について特性を紹介する。

①一重パステル紫

オホーツクの夏 8月中旬～9月出荷用で，パステル紫の主力品種。小中輪系で花数が多

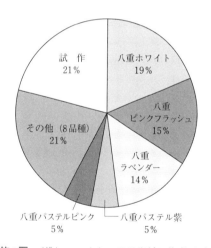

第4図 （株）フロムシードの作付け比率（％）

い。カップ咲きで花色のコントラストがよく，花弁が厚く日持ちもよい。近年，夏場，高温の影響により草丈が伸びないまま咲いてしまう傾向がみられる。来年から'オホーツクの夏'に代わり後継品種が主力品種として導入される予定。

トゥナイト 7～10月出荷用で，中大輪の中生種。'オホーツクの夏'より5日開花が早い。斑入りがはっきりしており，コントラスト

225

がよい。また，気温が下がってきても色流れは
少ない。

②八重系

仙丈の雪 8〜11月出荷用で，純白種中大
輪で花弁がやや反転し，高温期でも花弁数は減
りにくい品種。草丈は80〜90cmとなり，茎は
比較的硬く折れにくい。分枝は3〜4本と多い。

しずく 7〜11月出荷用で，ラベンダー色
の中大輪極晩生種。草丈は80cm以上となり，
丈はとりやすい。茎は硬く分枝，花蕾数は多い。
連作による土壌病害に強い。

しろくまのワルツ 6〜8月出荷用で，八重
フリンジホワイト，中大輪の中早生種。茎，花
弁とも硬い。分枝は2本程度で，草丈は60〜
70cm。

雷鳥 8〜10月出荷用で，パステル紫の中
晩生種。中〜中大輪で花弁はとくに厚く，日持
ちに優れる。草丈は70〜80cmで分枝数は少な
く，2〜3本である。茎はとくに硬く，茎折れ
も少ない。日射量の強い時期は，花弁の先に焼
け症状が出やすいので，遮光をする。

③その他（八重品種）

八重品種には次のようなものがある。

トワイライト，カーチャ 花色はピンクフラ
ッシュ。

アースイエロー 花色はイエロー。

ピノ 小輪セミダブルで，花色はピンクフラ
ッシュ。

しろくま 6〜7月出荷用で，白の大輪。

仙丈の夏 9〜11月出荷用で，花色はパス
テル紫，中生種。

3. 栽培管理の実際

(1) 圃場の準備

栽培を始めて30年経過し，連作圃場では根
腐病をはじめ，茎腐病などの立枯れ性病害の
発生がみられ，土壌病害対策が重要な課題とな
っている。(株) フロムシードでも，耐病性の
ある品種導入や土壌消毒の徹底をはかるととも
に，優良な堆肥づくりに力をいれている。近く
のキノコ農家から出されるおが粉を主体に，イ

ネの籾がらを混ぜ，切り返しを繰り返して十
分発酵させ，1年以上寝かせた堆肥を，10a当
たり1.5t施用している。今後は堆肥舎をつくっ
て，優良な堆肥を安定供給できる体制づくりに
取り組む計画である。

(2) 育 苗

育苗の特徴は共同育苗であり，使用している
苗全量が，農事組合法人「いなアグリバレー」
で生産されている点である。「いなアグリバレ
ー」は，苗供給を目的にして，1999年にいな
アグリバレーとJAの共同出資で設立された。
播種は，早いものが1月から始まり，もっとも
おそいもので6月中旬まで，計画的に播種は行
なわれている。通常406穴のセル成型育苗が基
本であるが，第3図でわかるように，同じハウ
スで年2作栽培する場合，早い作型で288穴を
使った大苗を利用して栽培期間の短縮をはかる
取組みも行なわれている。ここでいう大苗と
は，本葉3〜3.5対が展開し，抽台を開始した
ものである。

(3) 土壌管理と施肥

施肥量の基本は，第1表に示した三要素を基
準に施用するが，連作圃場では，土壌診断結果
を基に施肥量を変えている。長年連作を続けて
きた圃場では肥料が集積していることが多く，
(株) フロムシードでも，石灰，苦土，カリ，
リン酸の値が高い圃場が多くみられる。連作障
害回避の取組みとして，土壌診断結果に基づい
た施肥設計の取組みが始まり，塩基バランスの
改善がはかられてきている。産地のなかでは，

第1表 (株) フロムシードの基本施肥量
(単位：kg /10a)

肥料名	施肥量	備 考
有機アグレット888	140	(N：P：K＝8：8：8)
ボブピータース	量はその時によって変わる	生育のようすをみて液肥施用 (N：P：K＝20：20：20) 1,500倍
炭酸苦土石灰	200	土壌pHにより量を決定

パイプハウスのビニールを外し，冬期間，雨や雪をハウス内に取り込み，除塩対策を行なっている事例もみられる。

(4) 定植

2002年に（株）フロムシードでは，県内でも早く8条植えから4条植えに切り替えて，品質，管理面の改善に向けた取組みを行なった。現在では，上伊那管内はほぼ4条植えが主流となっている。定植適期は，2対葉が完全に展開し，3対葉が茎立ちを始めたときである。植える深さは，根の一部がみえる程度の浅植えを基本にし，深植えは行なわない。浅植えを基本にするのは，病害の発生や活着の遅れを防止するためである。

(5) 水分管理

定植直後から活着するまでは，ハウスの側面に設置した灌水パイプから頭上灌水を行なう。これは，活着までの間はこまめな灌水管理が必要だからである。一番花が咲き始めてからは，ベッド上に設置してある点滴灌水装置を使って，週1回30分間灌水を行なう。

水分管理でとくに注意する点は，花芽分化が始まる時期の水分である。この時期に土壌水分が多いと，チップバーン（葉先枯れ）が発生しやすくなるからだ。この時期は土壌水分を抑える。灌水に関しては細かな技術を要するため，灌水担当者が責任をもってハウス34棟の管理を行なっている。

(6) 温度管理

早い作型では，小トンネルと暖房機を併用して，夜間15℃を目標に温度管理を行なう。

近年，8月の暑さが厳しく，管内でも品種によっては短茎で開花してしまい，ボリュームが確保しにくい状況がみられる。夏場の高温対策としては，軒高の高いハウス（第6図）を利用してできるだけハウス内の温度を下げるとともに，定植直後は，40％程度の遮光資材を4週間程度被覆し，活着促進を促している。

パステル系品種も多く作付けされている（第5図）ため，気温が低下してくる時期に開花する抑制作型では，色流れが発生する。色流れは低温で発生するため，夜温が15℃以下にならないように保温・加温を行なって，色流れを防止する。

(7) 定植後の管理

枝整理は品種によって異なる。これは，品種によって側枝の多く出るタイプと出ないタイプがあるからである。側枝の出やすい品種は，一番花が出るまでは側枝を除去するが，基本的には側枝の整理は2回程度行なう。

茎折れは品種間の差が大きく，多肥を避け，急激な水分の変化を避ける。とくに灌水は，1回の灌水量を少なくする一方で，回数を多くして灌水不足を防ぐ取組みを行なっている。

第5図　加温装備した鉄骨ハウス

第6図　軒高の高い簡易鉄骨ハウスでの抑制栽培のようす

トルコギキョウの経営事例

第2表 トルコギキョウ出荷規格（2017年度，JA上伊那）

| 等級 | 階級 | 草丈(cm) | 1箱入り本数 | 1束本数 | 選花基準（切り口の太さ，花・蕾数は選別の目安） |||
					切り口の太さ	花・蕾数	側枝の条件
秀	70	70	>30	10	8mm（タバコ）	12輪以上	スリーブ一杯のボリュームで，選花揃いバランスの良さ重視
秀	60	60	40～30	10	6mm（ストロー）	10輪以上	ボリュームにより本数調製。基本は40本
秀	50	50	50～40	10	5mm	7輪以上	ボリュームにより本数調製。基本は50本
秀	40	40	>50<	10	5mm	5輪以上	
優	60	60以上	>50<	10	秀60に準じ，商品価値のあるもの。農薬の汚れなどの程度の軽い物		
優	50	50以上	>50<	10	秀50に準じ，商品価値のあるもの。農薬の汚れなどの程度の軽い物		
良	40	40アレンジ	>100<	10～14	1枝3輪以上で1束40輪以上確保（1束の本数は輪数で調製）		

第3表 八重種トルコギキョウの出荷規格（2017年度，JA上伊那）

等級	階級	草丈(cm)	1箱入り本数	開花数	蕾数
秀	70	70	>30	3輪	4個以上
秀	60	60	40～30	3輪	3個以上
秀	50	50	50～40	2輪	3個以上
秀	40	40	<50	4輪以上で1束40輪確保	
良	40	40アレンジ	<100	3輪以上で1束30輪確保	

第7図 出荷前（前処理中）のようす

ネットは1段で，生育に応じて上方に上げていく。

(8) 病害虫防除

土壌病害対策については，発生している病害に対応して，蒸気消毒や土壌くん蒸剤による消毒を行なっている。低温期に発生する根腐病に対しては，生育中の薬剤灌注と併せて，土壌水分を乾燥状態にすることで，被害拡大を抑える対策をとっている。

オオタバコガ，アザミウマ類の食害や媒介するウイルス病対策も含めて，現在，ピンク色ネットの0.6mm目合いをハウスの側面に張り，害虫のハウス内への侵入防止に取り組んでいる。

(9) 収穫

第2,3表に示したJAの共選出荷規格に合わせて選花選別を行ない，その後，箱詰めする。JA上伊那では，全（出荷）期間STSによる前処理を行なって出荷している（第7図）

STSはクリザールトルコギキョウ用で，2,000倍液に20時間，または1,000倍液に10時間処理である。また，JA上伊那では，2001年から出荷は全量湿式縦箱輸送とする鮮度保持の取組みを行なっている。

4. 今後の課題

今までは経営の安定をはかるため，面積を拡大し生産量を上げることを目標にしてきた。しかし今後は，切り花品質を高めることと，トルコギキョウの後作としてラナンキュラスなどの冬季切り花の拡大をはかり，周年を通じて経営の安定を目指すことに取り組みたい。

現在，父茂男さんと雅之さんが力を入れて取り組んでいることは，産地の継続的発展を目指して，産地を担う人材育成である。新たに上伊

那管内でトルコギキョウ栽培を始めたい人を県
内外から研修生として受け入れて，技術習得支
援や就農に向けた活動支援を積極的に行なって
いる。2017年，伊東さんの支援を受けて，30
代2組の夫婦が地域でトルコギキョウ栽培を始
めた。また，茂男さんが主体となって，産地の
さらなる発展を目指して，トルコギキョウ団地

構想への取組みも着々と進み始めている。

《住所など》長野県伊那市東春近榛原8921
　　　　　伊東茂男（66歳），雅之（37歳）
　　　　　TEL. 0265-73-5401

執筆　中村幸一（長野県上伊那農業改良普及セン
　　　ター）

2017年記

福島県南会津郡南会津町　株式会社土っ子田島farm
　　　　　　　　　　　　（花き部門代表：湯田浩仁）

〈トルコギキョウ〉7～11月出荷

作業効率の向上，高品質・花持ち性を確保

―定植・仕立て方の改良と徹底した省力化，育苗システムの改良―

1. 経営の技術の特徴

(1) 地域（産地）の状況と課題

　私が住む南会津町（旧田島町）は，福島県の南西部に位置し，2006年3月に旧田島町と隣接する3村と合併して現在の町になった。旧田島町は1,000mを超える山々に囲まれた中山間地域であり，私が住む田部地区は標高560mに位置している。夏季は冷涼な気候に恵まれ，園芸品目の夏秋出荷に適しているが，降雪量が多く，日照量も少ない。

　この地域は，古くから切り花やアスパラガスの産地であり，夏季冷涼な気候を活かした園芸品目が生産されている。切り花は，おもに宿根カスミソウやリンドウ，カラー，HBスターチスなどが生産されており，私のようなトルコギキョウの生産者は若干名程度である。また，積雪によるハウス倒壊のリスクが高いため，冬季の施設栽培はきわめて少ない。

(2) 私の経営の特徴

　私は，1978年に高校を卒業後，1年間，当時の福島県会津農業センターでの研修を経て，1979年に就農した。当時は父が経営するアスパラガスと加工トマト，加工ブドウの複合経営を営んでいたが，知人からの勧めで，1985年にトルコギキョウの試作を行ない，翌年からハウス2棟で本格的に栽培を始めた。1989年には

■経営の概要

経営　トルコギキョウを主とした切り花経営＋農産加工

気象　年平均気温9.3℃，最高気温（8月）28.6℃，最低気温（1，2月）−6.9℃，年間降水量1,317mm，年間日照量1,374時間

土壌・用土　砂壌土，有効土層60～70cm

圃場・施設　ビニールハウス6,480m^2（24棟），育苗ハウス160m^2（1棟）

品目・栽培型（2017年度の栽培面積など）
　トルコギキョウ（7～11月出荷）3,200m^2
　カラー（4～11月出荷）2,700m^2
　ハイランドジア（8～10月出荷）540m^2

苗の調達方法　セル成型苗を自家育苗，購入苗（3，4月定植分）

労力　家族（本人，妻）2人，パート3人

栽培面積を20a（ハウス8棟）まで拡大し，アスパラガスとの複合経営を確立した。その後，花き部門の拡大をはかり，2006年にはアスパラガスを廃作し，切り花専作経営に転換した。

　冬季は，積雪によりハウスが倒壊しないように，ビニールを取り除く。そのため，厳冬期の1～3月には切り花出荷がむずかしい。そこで私は，経営の安定をはかるため，2004年冬から味噌製造を開始した。2010年には他産業に従事していた息子が味噌製造を引き継ぎ，新たにジュースやジャムなどの委託加工の請負を開始するなど，農産加工部門を本格的に立ち上げた。これをきっかけに，農産加工部門を担当する息子を社長として，私が花き部門を担当する

「株式会社土っ子田島farm」を2015年3月に設立した。

また，2008年から開始した花き栽培の国際認証である「MPS（花き産業総合認証プログラム）」の取組みにより，環境に配慮するという意識の向上に加え，記帳する習慣が身についた。そのデータは栽培管理の改善に活かしている。

2. 栽培体系と栽培管理の基本

(1) 生長・開花調節技術の体系

私は，夏季冷涼な気候を活かした夏秋出荷をするなかで，高品質なトルコギキョウ生産を目指しているが，生育期間が低温期から高温期にまで及ぶため，作型に合わせて栽培方法に工夫を凝らしている。

①生育が低温期となる7月出荷

生育期間が低温期となる7月出荷の作型（3月定植）は，3重被覆に加え，定植前から4月中旬まで，暖チューブ（厚さ0.2mm/幅175mm）をハウスの両端のうねの縁に設置している（第1図）。昼間の太陽熱を吸収して水に蓄熱する暖チューブは，うねの縁に設置することで，生育が停滞しやすいうねの両端の地温を上げて，根をしっかり張らせるとともに，加温による保温効果を高め，うね中央部と両端との生育差の解消にも効果的である。

②育苗～定植期が高温期となる9月以降出荷

育苗から定植までが高温期となる9月以降出荷の作型では，発芽揃いや定植後のロゼット化防止のため，「吸水種子冷蔵処理」を行なっている。吸水種子冷蔵処理は，省スペースで効率的な冷蔵処理が可能で，定植後のロゼット化や早期抽台を抑え，品質を高めることができる。

③作型別の管理作業のポイント

作型別の栽培概要は次のとおりである（第2図）。

7～8月出荷は購入苗を使用し，3月上旬から順次定植する。定植後はハウスの二重被覆と定植床のトンネルを加えた三重被覆で保温する。その後，気温の上昇にあわせて被覆資材を

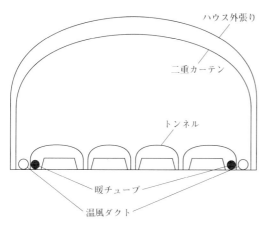

第1図　保温資材の被覆方法と暖チューブの位置
（7月出荷の作型の場合）

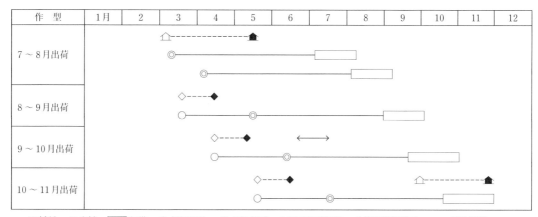

第2図　トルコギキョウのおもな作型

取り除く。この作型は，開花時期が高温期になるが，品質的には一番安定している。3月定植の作型は前述のとおり，暖チューブを設置し，品質の向上をはかっている。

9月出荷は，4月から播種を始める。この作型は，定植が高温期のため，定植圃場をあらかじめ遮光率35％の遮光資材で覆い，地温上昇を抑える工夫をしている。また，9月以降出荷の作型では，ロゼット化などを防止するため，「吸水種子冷蔵処理」を行なって品質の向上をはかっている。

10～11月出荷は，5月に播種する。育苗から定植までが高温期であり，定植前後は遮光資材によりハウス内の地温上昇を抑え，活着を促している。また，生育後半は加温をすることで開花を促進させるとともに，花ジミや退色などによる品質低下を抑えている。

各作型に共通する栽培管理としては，土壌の団粒構造を壊さずに活着を促進するため，すべての圃場に点滴灌水チューブを設置し，こまめな水管理を行なっている。

(2) 品種特性の見方と活用

導入品種については，日ごろから種苗会社との情報交換を密にし，消費地からの需要が高い品種群を選定している。それらのなかから，1) 花弁がしっかりして花持ちが良く，2) 消費地が求める花の形や色（白八重，黄八重，淡ピンク）で，3) ブラスチング（日照不足などによる蕾の発育停止）しにくく，4) フォーメーションの良いものを選択している。

2017年の導入品種はすべて八重咲き品種であり，色別では白系が60％，ピンク系が20％，黄色系が10％，その他（赤，オレンジ，グリーン，紫，パステル種など）が10％となっている。

作型ごとに，品種の早晩性を使い分けている。たとえば，3～5月定植で7～9月出荷の場合は極早生から晩生まで幅広い品種を導入しているが，気温や日照時間が低下する10～11月出荷の場合は，短期間で開花が揃うように，早生品種や中生品種を導入している。

3. 栽培管理の実際

(1) 播種・育苗

苗は大半を自家生産しているが，3～4月定植（7～8月出荷作型）では種苗会社からプラグ苗を購入している。

自家生産の育苗は，406穴の固化培土（MMイージープラグ／ミヨシ）を使用している。以前は，低温期に288穴の発泡スチロールトレイ（白，深さ4cm，穴幅21mm，丸穴）を使用し，高温期には406穴の固化培土（プラントプラグ／サカタのたね）やペーパーポット（406本，2cm角，高さ5cm）を使用していたが，乾燥による苗ストレスの懸念や作業性を考慮し，2017年にはすべて406穴の固化培土（MMイージープラグ／ミヨシ）に切り替えた。

固化培土はすでにセルに用土が充填されているため，1セルに1粒ずつ播種し，播種後は育苗箱にいれ，底面を水に浸けることによって底面からたっぷりと給水させる。その後，吸水種子冷蔵処理を行なうため，8～9℃に設定した冷蔵庫に並べて1か月間冷蔵する。そのさい，種子は吸水した状態であるため，発芽を抑えるための遮光と乾燥防止のためにセルトレイを黒ポリビニールで覆う。この処理により，高温によるロゼット化が防止され，品質向上につながっている。冷蔵処理終了後は，育苗ハウスで底面給水とミスト灌水を行なって発芽させる。

発芽までの設定温度は25℃，発芽後は18℃に設定し，育苗中は30℃以上にならないように注意している。2011年にヒートポンプを導入し，冷暖房費の経費削減をはかっている。

(2) 圃場の準備と定植

①圃場の準備

私は，根をよく活着させるためには「圃場の排水性」を高めることが最重要と考えており，これまで，山土の客土と暗渠排水の整備を自力で行なってきた。暗渠排水の整備は，圃場の透水性が著しく悪い地盤を掘り，砂利を投入することで排水性の改善をはかった。また，土壌分

作業効率の向上，高品質・花持ち性を確保

第1表　トルコギキョウの施肥基準（10a当たり）

肥料名	施肥量 (kg)	成分量 (kg) 窒素	リン酸	カリ
カニがら	80	2.4 (3.0%)	1.6 (2.0%)	
タキアーゼ	140	2.2 (1.6%)	7.1 (5.1%)	2.0 (1.4%)
ぼかしこんぶ	75	1.4 (1.8%)	0.4 (0.5%)	0.1 (0.1%)
小　計		6.0	9.1	2.1
追肥（液肥） マグショット カリショット	1～2回			

注　圃場条件に合わせてタキアーゼの施用量の調節や硫酸マグネシウムを施用している

析を行ない，圃場に適した肥培管理を徹底している。

土壌pHは，pH6.5を目標にカルシウム資材で矯正している。

連作障害対策としては，カラーとの輪作を計画的に行なうとともに，トルコギキョウの作付け前にはクロルピクリンで土壌消毒を行なっている。

施肥前には，ハウスサイドに設置している点滴灌水チューブで十分に土壌を湿らせたあと，トラクタで耕うんできるくらいまで適度に乾かしてから施肥し，団粒構造の維持を意識しながらゆっくりとロータリ耕うんする。

②施肥量

基肥には有機質肥料を利用し，土壌分析結果を参考に作成した処方箋に基づき，適正施肥に心がけている。施肥は，定植の1か月前には行なうようにしている（第1表）。

③栽植密度と灌水チューブの設置方法

栽植密度は，作業性や採光性，通風の向上を目的に，2011年に6条植えから4条植えへ切り替えた。床（うね）幅80cm，通路幅40cm，株間12cm，条間12cmで，2条目と3条目の間は24cm間隔である（第3図）。4条植えにすることで植付け本数は減少するが，ロス率を抑えるとともに，上位等級率の向上を目指している。具体的には，出荷率は6条植えが83％に対し4条植えが97％。秀品率は6条植えが70％に対し，4条植えが80％だった。

フラワーネットは12cm角の5目を1段設置し，草丈の生育とともに引き上げる。

私の場合，高温期の栽培が中心のため，マルチは白黒ダブルマルチを使用している。マルチの規格は業者に加工委託している。

灌水チューブは20cmピッチの点滴チューブを使用しており，2条に1本ずつ設置している。また，点滴灌水チューブは均一に灌水できるようマルチの下に設置し，灌水装置で一括管理で

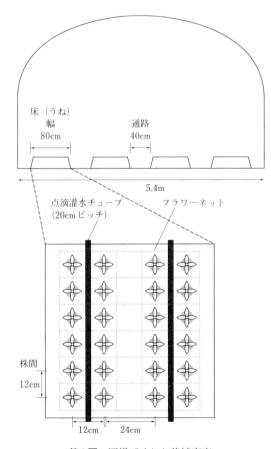

第3図　圃場づくりと栽植密度

通気と採光を考慮し，2条ごとに間隔を少しあけている。また，点滴灌水チューブを設置する条間は，灌水量にムラが出ないように少し間隔を狭めている

トルコギキョウの経営事例

第4図　定植前の灌水
点滴灌水チューブにより，じっくりと定植床を湿らす

きるようにすることで，作業の省力化をはかっている。

④うねの設置と定植方法

うね立ては定植1週間前までに行なう。高さは15cm程度としている。定植前の灌水は，うねの水分が蒸発しにくい夜間に行なうが，うねが過湿だと根張りが悪くなるため，灌水量には十分注意している（第4図）。私の圃場の場合は，点滴灌水チューブにより4～5分の灌水を1時間おきに5～6回繰り返したあと，うねに白黒ダブルマルチを被覆する。

通常，本葉2対葉期を定植適期としている。定植は，まず定植箇所に指で穴をあけ，根を傷つけないように定植する。定植後は，苗が圃場になじむよう頭上から手灌水する。

(3) 定植後の管理

①灌水管理

定植してから10日間は，多めの灌水を行なう。灌水量の目安は，1ハウス（約6,400株/270m²）当たり400l（点滴灌水チューブ利用で5分程度）を1日に1～2回行なっている。活着したあとは，植え穴の乾き具合を確認しながら，水分過剰にならないように2～4日おきに灌水を続ける。pFメーターで確認し，pF1.9～2.0を灌水の目安としている。

出蕾時からはさらに灌水間隔を広げるが，収穫するまで灌水を続ける。灌水量は天候や品種に応じて調整する。

②温度管理

当地域の3～5月の気温は生育適温に満たないため，その時期に定植する場合はビニール被覆による保温を行なう。しかし，昼夜の温度変化が大きい時期でもあるので，朝晩のハウス開閉をこまめに行なっている。

もっとも早い3月定植の作型は，根張りを確保するために加温を行なっている。定植直後から1か月は19℃に設定し，その後徐々に温度を下げ，最低夜温で15℃を保つように管理する。また，地温確保のため，前述のように4月中旬までハウス両端のうねの縁に暖チューブを設置している。それらのおかげで，2℃近くあった定植株直下10cmの地温差が縮小し，ハウス両端のうねの内側と外側で生じていた生育差は解消された。

6月以降は高温期になるため，ハウスサイドは昼夜を問わず開放する。当地域は夏場でも夜間は20℃以下まで下がるが，日中は35℃を超える日もあるため，ハウス内に熱気が溜まり，生理障害を助長する可能性がある。これを回避するため，ハウスサイドに加え妻面も開放することで，熱気がハウス内に溜まらないよう工夫している（第5，6図）。

8月下旬からは夜温が低下してくるので，最低夜温で15℃を保つようにハウスサイドの開閉を行なう。トルコギキョウは13℃以下になると花ジミが出やすくなり，また，品種によっては発色が悪くなるものがあるため，ハウス内の最低夜温が13℃以下になる前（当地域では9月下旬ころから）に加温を開始し，通常17℃設定から徐々に温度を上げ，最大20℃まで上げる。これまでの経験では，秋冬期の加温はできるだけ早く開始したほうが，結果的に品質や採花率が向上し，燃料消費の削減にもつながっている。

③遮　光

遮光は，6月以降の定植のさいに，定植床の地温上昇抑制を目的に実施している。そのため，うねづくりと同時に，遮光率30％のシルバー寒冷紗を設置する。定植後は，7日間を目安に遮光し，活着を確認してから取り除くよう

第5図 高温期のハウス
会津でも，日中は35℃を超える日もある

第6図 熱気が溜まらないよう，ハウス妻面を開放
ハウスサイドと妻面の開放で，熱気をハウス内に溜めない

にしている。

また，生育初期に日焼けしやすい品種に対しては，活着後も遮光率20％の白寒冷紗を設置する場合もある。

④追　肥

活着を確認したら，すぐに点滴灌水による追肥を1回行なっている。その後は生育状況を見ながら，1週間後に再度追肥をする場合もあるが，それ以外は追肥をしない。

⑤仕立て方法

収穫までに4回の整枝管理を行なう。まず，主茎が20〜30cmくらいに伸長したときに，下方側枝の除去を行なう。次に，1株当たりの側枝数を3本に整理し，一番花の除去を行なうとともに，側枝数を3本に決める。最後に余分な蕾を除去し，1側枝に1花1蕾がバランスよく配置されるようフォーメーションを整える。

3〜4月定植の作型では，最低温度15℃以上を確保することで，下方の側枝の発生を抑え，下方側枝の除去作業が省力化された。

9月以降はブラスチングが発生しやすいため，圃場内で余分な孫芽を早めに整理し，採光確保により品質向上に努めている。また，ブラスチングの発生を軽減させるために，適正施肥や過剰灌水に十分注意している。

⑥生理障害対策

「葉先枯れ症」や「茎折れ症」などの生理障害には多くの対策があるが，私の場合は，障害を出にくくするために，「根をしっかりと伸ばす」ことを心がけている。そのため，1）ハウス内が高温にならないよう遮光資材を設置する。2）妻面を開放する。3）生育旺盛時期に窒素肥料が過剰に吸収されないよう，あらかじめ基肥の量を抑える。4）適正量灌水を行なう，といった対策を行なっている。

品種によってはまれに生理障害が出ることがあるが，根からの養分吸収を重視し，カルシウム資材などの葉面散布は一切行なっていない。

(4) 病害虫防除

おもに灰色かび病の発生が心配されるが，私の場合は，耕種的防除を重視している。前述のとおり，ハウス内の風通しを良くし，点滴灌水により水分を制御することで軟弱徒長を防ぎ，誘発原因でもある葉先枯れ症の発生を抑え，発病を未然に防ぐよう努めている。また，除去した側枝や蕾は圃場内に放置せず，清潔な圃場環境づくりにも努めている。

害虫ではヨトウガやタバコガ類，アザミウマ類などの被害が心配される。ハウス開口部に1mm目合いの防虫ネットを被覆するのが一般的だが，私の場合は風通しを考慮し，3.6mm目合いの防虫ネットでガの仲間であるチョウ目害虫の侵入を防ぎ，それより小さいアザミウマ類は侵入してしまうことになるが，それは殺虫剤で防除している。また，病害虫の発生源をつくら

トルコギキョウの経営事例

ないよう，圃場周辺の除草に心がけている。

さらに，連作障害や土壌病害の蔓延を防ぐために，はさみで切り取り収穫したあとの根は，圃場を片付ける前にすべて引き抜き，残さないようにする。

(5) 収穫・調製

切り前は，二〜三番花が開花したとき。採花は早朝の涼しい時間帯に行ない，はさみで地ぎわから切り取って収穫する。収穫後はただちに，鮮度保持剤（クリザールK20C 1,000倍）で4時間処理を行なう。

水揚げに使用したバケツは，バクテリアの繁殖を防ぐため，毎日スポンジなどで洗浄している。

出荷調製は，長さ70cmを基本とし，花付きや枝の状況により2L，L，Mに区分する。花蕾数は3輪3蕾とし，1側枝に花と蕾が1つずつつく形を基本にしており，咲き終わった花や小さな孫芽は除去する。花蕾数は品種特性や出荷時期を考慮し，そのつど調整している。

結束したのち，1束ごとにスリーブで覆い，前処理剤（美咲ファーム200倍）を入れたELFバケットで出荷する（第7図）。出荷時は，バクテリアの繁殖を防ぐために抗菌剤（クリザールバケット1袋/水1l）を加える。また，輸送中のいたみを最小限に抑えるため，ひもや輪ゴムなどで，花束をバケットにしっかりと固定して出荷する。1バケットの入り本数は20本である。

調製室はエアコンで常時21℃，湿度60〜70％に保ち，出荷前から品質管理に細心の注意を注いでいる。

4. 今後の課題

私は，農業者の高齢化が進んでいくなか，「低コスト生産」と「労働生産性の向上」が重要な課題と考えている。労働生産性の高いカラーや

第7図　ELFバケットによる出荷

ハイドランジアを組み合わせつつ，トルコギキョウでは，仕立てにかかる手間や時間を削減するため，大輪や中小輪系の品種特性にあった仕立てを行なうとともに，栽培割合を最適化するなど，生産性の高い管理を目指していく。

また，2008年からMPSへの取組みを開始したことから，記帳したデータにより，1ハウスごとに燃料や水の使用量の「見える化」がはかられ，生産コストを把握することにより，増収益につながる管理に取り組むことができるようになった。前述した有利な加温開始時期の決定は，その成果の一つである。今後も継続して取り組むことで，経営の改善に活かしていく。

今後もより多くの消費者とつながり，お客様に求められる花づくりを続けていくことを目指し，また，永続的に高品質が保てるよう，「土つくり」や「環境」に配慮した生産をしていきたいと考えている。

《住所など》福島県南会津郡南会津町
　　　　　株式会社土っ子田島farm
　　　　　湯田浩仁（57歳）
執筆　湯田浩仁（株式会社土っ子田島farm）
執筆協力　高田真美（福島県南会津農林事務所）
　　　　　　　　　　　　　　　　2017年記

最新農業技術　花卉 vol.10
特集　切り花ダリア栽培最前線

2018年3月5日　第1刷発行

編者　農山漁村文化協会

発 行 所　一般社団法人　農 山 漁 村 文 化 協 会
郵便番号　107-8668　東京都港区赤坂7丁目6 - 1
電話　03(3585)1141（営業）　　03(3585)1147（編集）
FAX　03(3585)3668　　　　振替　00120-3-144478

ISBN978-4-540-17059-1　　　　印刷／藤原印刷
＜検印廃止＞　　　　　　　　　製本／根本製本
© 2018　　　　　　　　　　　 定価はカバーに表示
Printed in Japan

キク大事典

農文協編　B5判上製　968ページ
定価 20,000円＋税

　キクの生理・生態から栽培の基本，研究の最先端，全国のトップ生産者の事例までを収録。輪ギク・スプレーギク・小ギクそれぞれの課題に応える技術に焦点を当てる。

構成
カラー口絵
●野生種と育種　●省力化技術　●切り前
●病虫害と障害　●品種

◎原産と栽培・育種史
◎経営戦略
◎生理・生態と生長・開花調節
◎収量増を目指した環境制御技術
◎各種省力技術
◎日持ち保証技術
◎動向とマーケティング
◎生理障害，病害虫対策
◎輪ギクの技術体系と基本技術
　　実際家の経営:10事例
◎スプレーギクの技術体系と基本技術
　　実際家の経営:6事例
◎小ギクの技術体系と基本技術
　　実際家の経営:5事例
◎鉢物の技術体系と基本技術
　　実際家の経営:2事例

索引／キク苗の入手先一覧

◆輪ギクの生産者事例
- 北海道・桑原敏
　ハウスの有効利活用で出荷期間拡大
- 秋田県・羽川與助
　EOD変温管理による省エネ高品質生産
- 長野県・大工原隆実
　量販向け輪ギクで大規模経営を目指す
- 静岡県・木本大輔
　白色花と有色花を組み合わせた体系
- 愛知県・河合清治・恒紀
　大苗直挿しと環境制御による生産性の向上
- 愛知県・山内英弘・賢人
　環境データの「見える化」への取り組み
- 奈良県・吉崎光彦
　二輪ギクの季咲き栽培
- 香川県・福家和仁
　フルブルーム，ディスバッドタイプ
- 福岡県・近藤和久
　神馬と優花，精の一世の省力安定生産
- 沖縄県・親川　登
　輪ギクと小ギクの組み合わせ：

◆スプレーギクの生産者事例
- 栃木県・君嶋靖夫
　良質挿し穂の確保と低コスト化：
- 群馬県・荒木順一
　2週間後ごとの直挿しで労力分散
- 愛知県・藤目方敏・健太・裕也
　消費者ニーズに応えるマム生産
- 和歌山県・厚地恵太
　冬季省エネ栽培の実現による安定生産
- 鹿児島・桑元幹夫
　変温管理で省エネ・高品質生産
- 鹿児島県・三島澄仁
　耐候性LED+小型発電機を利用した生産

◆小ギクの生産者事例
- 福島県・川上敦史
　露地電照で計画出荷生産
- 茨城県・鶴田輝夫
　露地電照で物日に当てる
- 奈良県・米田幸弘
　電照＆ネットハウスで安定生産
- 福井県・松田裕二
　寒さが厳しくなる前に定植「暮植え」

花卉園芸大百科　全16巻
農文協編　B5判　揃価 176,194 円＋税

キク，ユリ，シクラメン，花壇用の1・2年草や多年草からハーブ，サボテン類，緑化植物など世界の花・観葉植物約600種の栽培方法を紹介。原産地や原種，品種，開花調節，土つくりと施肥，環境管理など花栽培の基本から園芸療法やガーデニング，都市緑化，室内緑化まで最新技術を満載。また，絶滅が危惧されている自生植物の保護と栽培など新しい動きも収録。プロから園芸愛好家まで役立つ，花と緑の大百科。

巻構成

1	生長・開花とその調節	11,429 円＋税
2	土・施肥・水管理	11,429 円＋税
3	環境要素とその制御	11,429 円＋税
4	経営戦略・品質	9,524 円＋税
5	緑化と緑化植物	7,619 円＋税
6	ガーデニング・ハーブ・園芸療法	7,619 円＋税
7	育種・苗生産・バイテク活用	14,286 円＋税
8	キク	12,381 円＋税
9	カーネーション（ダイアンサス）	7,619 円＋税
10	バラ	9,524 円＋税
11	1，2年草	14,286 円＋税
12	宿根草	14,286 円＋税
13	シクラメン・球根類	14,286 円＋税
14	花木	11,429 円＋税
15	ラン	9,524 円＋税
16	観葉植物・サボテン・多肉植物	9,524 円＋税

原色　花卉病害虫百科　全7巻
農文協編　A5変形判　平均940ページ
揃価 93,333 円＋税

250品目1600病害虫を網羅した従来にないスケールの「診断と防除百科」。現場経験が豊富な技術者・研究者が執筆。豊富なカラー写真と症状のイラストで的確に判断。発生しやすい条件や防除のポイントを詳述。

巻構成

1	草花①（ア～キ）	13,333 円＋税
2	草花②（ク～テ）	13,333 円＋税
3	草花③（ト～ワ）	13,333 円＋税
4	シクラメン・球根類	12,381 円＋税
5	ラン・観葉・サボテン・多肉植物・シバ	14,286 円＋税
6	花木・庭木・緑化樹①（ア～ツ）	14,286 円＋税
7	花木・庭木・緑化樹②（ツ～ワ）	12,381 円＋税

『農業技術大系』がご自宅のパソコンで見られる
インターネット経由で、必要な情報をすばやく検索・閲覧

農文協の会員制データベース 『ルーラル電子図書館』

http://lib.ruralnet.or.jp/

ルーラル電子図書館は、インターネット経由でご利用いただく有料・会員制のデータベースサービスです。パソコンを使って、農文協の出版物などのデジタルデータをすばやく検索し、閲覧することができます。

●豊富な収録データ
　―農と食の総合情報センター―

農文協の大事典シリーズ『農業技術大系』、『原色病害虫診断防除編』、『食品加工総覧』がすべて収録されています。さらに、『月刊　現代農業』『日本の食生活全集』などの「食と農」をテーマにした農文協の出版物も多数収録。その他、農作物の病気・害虫の写真データや農薬情報など様々なデータをまとめて検索・閲覧でき、実用性の高い"食と農の総合情報センター"として、実際の農業経営や研究・調査など幅広くご活用いただけます。

●充実の検索機能
　―高速のフリーワード全文検索―

収録データの全文検索ができるので、必要な情報が簡単に探し出せます。その他、見出しや執筆者での検索、AND検索OR検索、検索結果の並べ替え、オプション検索も可能です。検索結果にはページ縮小画像も表示されるので、目当ての記事もすぐに見つけられます。

●ご利用について

・記事検索と記事概要の閲覧は、どなたでも無料で利用できますが、データの本体を閲覧、利用するためには会員お申込みが必要です。会員お申込みいただくと、ユーザーＩＤ・パスワードが郵送され、記事の閲覧ができるようになります。

・料金　25,920円／年

・利用期間　1年間

※複数人数での利用をご希望の場合は、別途「グループ会員」をご案内いたします。詳細は下記までご相談下さい。

●ルーラル電子図書館に関するお問い合わせは、農文協 新読書・文化活動グループまで

電話０３－３５８５－１１６２　ＦＡＸ　０３－３５８９－１３８７

専用メールアドレス　lib@mail.ruralnet.or.jp